微地形砂防の実際
微地形判読から砂防計画まで

大石道夫 著

鹿島出版会

はじめに

　わが国では、山地とその縁辺部、特に山地内の埋積谷や谷の出口に広がる沖積錐や扇状地などのどこかで、毎年のように土砂災害が発生している。

　特に最近では比較的大規模の土砂災害が多い。1997(平成9)年7月九州針原川の土石流災害を皮切りに、2005(平成17)年9月鰐塚山の崩壊、2008(平成20)年6月の岩手・宮城内陸地震による栗駒山周辺の大規模な土砂移動、2010(平成22)年7月広島県庄原市、2011(平成23)年7月の新潟・福島豪雨災害、同じく9月の奈良・和歌山両県の豪雨災害と続き、2012(平成24)年7月に九州北部を襲った豪雨では、気象庁が国内で「これまでに経験したことのないような大雨」と表現したほど凄まじいもので、阿蘇地方を筆頭に広範に被災した。さらに2013(平成25)年10月、関東や東海地方では台風26号に伴う大雨に見舞われ、特に伊豆大島では24時間雨量824ミリという未曾有の豪雨により大きな被害を発生した。

　さて、山地の崩壊や地すべり、土石流、土砂の流出や堆積、さらに堆積地の再侵食といった土砂移動現象は、見方を変えれば、過去から現在にわたって時に大災害を伴って様々に繰り返されてきた地形変化の一断面である。このような地形変化は、主として数十年に一度、数百年に一度というようにアクシデンタルに発生してきたと考えられ、現在目にする地形は過去から現在までの土砂移動現象の履歴書とでもいうべきものである。

　この土砂移動現象が、われわれの社会・経済・文化活動の場と重なるとき、そこで「土砂災害」が発生する。砂防事業は、この土砂災害を未然に防止あるいは軽減し、さらには地域の自然環境・生活環境・社会環境の維持・改善に貢献することを目的としている。したがって砂防事業を検討するには、まず対象地域のどこにどのような土砂移動現象が発生するかを想定しなければならない。この土砂移動現象は、流域それぞれが持つ荒廃特性を反映して発生する。

　流域の荒廃特性を構成する要素には、地形、地質、土壌、植生、気候等がある。その中で、地形は、地質構造の配列、地表を構成する岩石の風化・侵食に

対する抵抗性、これらに由来する土壌、これと関連を持つ植生等の諸要素、さらに内的営力〔地殻変動、地震や火山活動〕や外的営力〔気候（古気候を含む）、気象条件〕などの諸要素あるいは諸作用が相互に関連しつつ形成されたものであり、過去の様々な環境要素が相互に働きかけて形成された歴史的産物であるということができる。

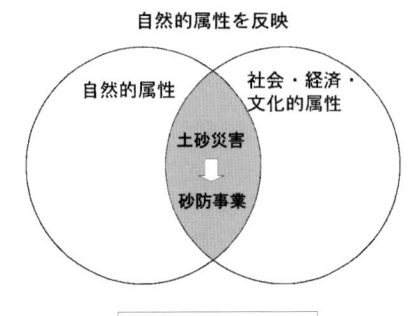

土砂災害発生の場

このことから砂防事業を検討するという実務的な立場からは、施設によるハード対策、土地利用、避難等のソフト対策、いずれの場合にも将来予想される豪雨時に、対象とする地域に土砂移動現象がどこにどのように発生するか、言い換えれば、豪雨時にどのような微地形変化が想定されるかの見通しを持つことが基礎となる。また、融雪、火山活動や地震に起因する土砂移動現象についても同様

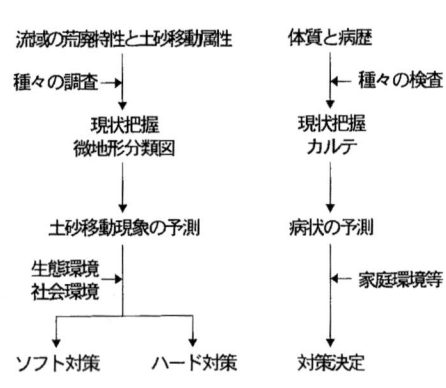

土砂災害対策と人間の病気に対する対策との対比

である。われわれが砂防事業や治山事業のみならず、道路や宅地の開発など地表地形の変化に関わりを持つ場合には、将来起こるであろう土砂移動現象の箇所や規模、現象の起こりやすさの危険度などを予測することは必須の事項であり、砂防や治山、土木の領域ではもとより、地質や地形等の理学的な分野でも古くから土砂移動現象を対象として、調査・研究が進められてきた。

私は1958（昭和33）年、建設省利根川水系砂防工事事務所在勤中根利川筋柿平試験地で洪水時の流砂量測定に関わり、土砂水理学的アプローチの難しさと大きな壁を知る一方、はじめて経験した利根川水系神流川支住居附川の崩壊調査で、ここで起こった1910（明治43）年の大崩壊が稜線に近い山腹の傾斜変換

帯という微地形と大きく関連していることを知り、その後、富士川上流釜無川や神通川上流蒲田川、日光火山群南斜面の稲荷川等での現場経験や、科学技術庁国立防災科学技術センター（現防災科学技術研究所）出向後、いくつかの大規模災害地の現地調査、また、長年にわたる砂防微地形の空中写真判読等を通して、砂防をはじめとする山地防災計画は土砂移動現象に関わる微地形をベースとして、ここから組み立てられなければならないことをフィールドにおける実感として感じてきた。本著の**第1章**は「微地形から出発する砂防計画」となっているが、地形を学として勉強していない私がこのような謳い文句を掲げるのは、上述のような経験に基づく実感からである。

　さて、私は1985（昭和60）年、鹿島出版会から『目でみる山地防災のための微地形判読』を上梓した。ここでは山地地域とその縁辺部で、土砂災害の発生に関わる微地形要素をおよそ100件の空中写真判読事例で例示したもので、その内容は本著の前段階として位置づけられる。

　砂防微地形から砂防計画への展開は、まずこのような微地形が、対象としている流域あるいは地域にどのように分布しているかを知ることから始まる。そのために空中写真を判読してこれらの微地形要素を拾い出し、これを地形図上に移写して、まず広域微地形分類図を作成する。ここで空中写真を判読するのは、空中写真は撮影時の地表の状況を忠実に写し出していて、地形図では表現できないような水系模様、リニアメントなども読み取らせてくれ、またこのような微地形だけでなく、写真の階調、地表の形、細かい起伏、色、乱れ、陰影などいろいろの要素から地質構造、土砂移動に関わるような微地形などについての情報を提供してくれるからである。次に、広域微地形分類図から、さらに特に荒廃性が著しく、優先的に対策を検討しなければならない流域あるいは地域について、現地調査や、より大縮尺の空中写真判読するなどによって詳細微地形分類図を作成する。これらの微地形分類図は対策検討のための基礎資料であるばかりでなく、より基本的に人々がその上で生活し、活動する場の安全性を確認する資料となる。また広域微地形分類図、詳細微地形分類図作成の過程で、判読者は流域の荒廃性ばかりでなく、具体的な土砂移動現象についていろいろとイメージする。このイメージは判読者が砂防技術者として常に対策を意識しているため、おのずから浮かび上がってくるものである。そして、このイメージを対策に向けてより確固としたものにするため、さらに一歩踏み込んで写真判読と現地調査を繰り返して検討し、先にイメージした内容、すなわちど

の箇所で，どのような土砂移動現象がどのくらいの規模で起こりそうなのか，その発生の危険性の度合いはどの程度なのか，起こった現象によって，どこにどのようなトラブルが起こりそうなのかなどを予測する。この予測はいいかえれば，こうした事前の調査・検討に基づく土砂移動現象の物語づくりで，1件につき2～3のストーリーができるであろう。そしてこのストーリーに基づいて，ハード対策，ソフト対策を検討することとなる。本著の主題はいわば，ここまでの予測，ストーリーづくりについての私見である。

　われわれが対象としている土砂移動現象は，地表に作用する種々の外力と地表を構成する物質との間に，一定の法則のもとに作用する物理的，力学的プロセスであり，その中味は極めて複雑で現時点では予測には不確実さ，あいまいさが避けられない。この不確実さ，あいまいさは現象に対する理解の浅さに由来するものであって，われわれが対象としている現象そのものは決してあいまいなものではないということをあらためて思い知らされている。このような問題の予測には，数理科学的に処理する方向と数式モデルによらないで実践に堪えうる手法を追求するものとがある。私は砂防計画立案という差し迫った立場に立ったとき，数理科学的な手法によるだけではなく土砂移動に関わる微地形を手がかりとするという考えに傾斜し，地表地形を忠実に表現している空中写真を判読することによって，どこまで予測が可能なのかを過去のいくつかの事例について検討してきた。

　このようななか，たまたま2005（平成17）年に宮崎県鰐塚山北側斜面の別府田野川他3渓流で発生した崩壊，2008（平成20）年に岩手・宮城内陸地震によって両県境の栗駒山周辺に発生した大規模な地すべり，崩壊は，この点について自分自身が空中写真を判読することによってどこまで予測できるかをテストする絶好の機会であった。そこで両者とも崩壊前後の空中写真を判読し，事前の写真で予測した崩壊危険箇所と実際に発生した崩壊箇所とを重ねてチェックした。その結果，岩手・宮城内陸地震で発生した荒砥沢ダム上流の巨大な土砂移動現象は全く予測できなかったが，そのほかの大・中規模の崩壊については，過半の崩壊が事前の空中写真から危険箇所として抽出した箇所で発生していた。このことから，空中写真判読による危険箇所の予測が極めて有効であることを知った。

　また，この作業の過程で，地震の場合，崩壊危険箇所は降雨による場合とそう変わらないことがわかったが，降雨によって稜線の下位（傾斜変換帯）を頭

部とする崩壊が予想される場合、地震では稜線を頭にする崩壊あるいは稜線を跨いで大きく崩壊するものもあった。地震加速度は稜線部分やシャープな傾斜変換線に特に強く働いているはずであり、今後このような点からの検討もこれからである。

　土砂移動危険箇所とともに予測しなければならないのが、土砂移動の規模、様態である。土砂移動の規模は、微地形判読から引き出される予測箇所の面的な広がりだけからは推定できない。また、過去の崩壊事例から崩壊面積が同じ程度のものを拾っても、その崩壊深は著しく異なることが知られている〔千木良(1995)〕。さらに、抽出した崩壊箇所近傍の地質構造や地質、崩壊跡地形などから類推するとしても、かなりの幅でしか推定できない。土砂移動の規模は、結局担当者が判断の助けとなる素材を集め技術的に判断することになる。崩壊土砂の様態も現地の過去の崩壊、土砂移動の痕跡などから、これも技術的な判断に委ねられる。

　一方、砂防計画は、長い間「建設省河川砂防技術基準」にもとづくマニュアルに示された計画法に従って組み立てられてきた。この手法は施設によるハード対策を対象としたもので、流域での計画生産土砂量と計画流出土砂量の2本立てとなっている。そのため砂防にかかわる調査・研究の流れも大きく二つの方向に分れてきた。一つは斜面崩壊、土壌侵食等土砂生産についての理論的、実験的研究であり、他の一つは土石流、土砂流等土砂移動についての土砂水理学的な研究である。しかし、最近の砂防学会研究発表会で発表される研究内容を見ると、航測技術やGIS等の発達につれ、新しい解析手法が開拓され、研究内容は年とともに多様化、細分化し、専門的な成果が加速的に蓄積され、現象の局所的な部分については理論的、実験的研究成果も続々と発表されている。しかしそれと同時に、砂防計画立案という実務的な立場からはますます遠ざかってゆくように感じられる。またさらに、土砂災害は谷の出口の沖積錐に多く見られてきたが、1999(平成11)年6月広島県を中心に発生した土砂災害を契機に、2000(平成12)年「土砂災害警戒区域等における土砂災害防止対策の推進に関する法律」、いわゆる「土砂災害防止法」が公布され、土砂氾濫、堆積域について、警戒区域、特別警戒区域が指定され、警戒避難態勢の整備等諸々の施策が講じられるようになった。しかしこの場合、土砂氾濫・堆積域と上流山地部の土砂生産域の土砂移動のポテンシャルとは特別警戒区域決定の際の指定作業時以外は切り離されていて、片手落ちの感は免れない。

上述したように、筆者の立場は山崩れ、地すべり、土石流といった土砂移動現象は地表地形の微細な変化であり、またそうした土砂移動現象はその土地の潜在的な荒廃特性を反映している、という基本的な捉え方から地形そのものに立ち返り、そこから砂防計画、山地防災計画を展開しなければならないということである。しかし論理の展開の過程で、現状では飛躍しなければならない部分があるのはやむを得ないが、少なくとも現状で可能な限り合理的な技術的判断によって、砂防計画ひいては山地防災計画というゴールをめざすべきであり、ここで示した土砂災害対策の考え方、進め方が、より広がり、深められ、発展することを期待する。　そのために、まず、われわれ砂防技術者は、地形判読技術に習熟することを心掛け、専門領域のいかんにかかわらず、微地形が示す情報をベースとし、ここから出発することが基本的な態度であると考える。

目　次

はじめに …………………………………………………………………………… *i*

第1章　微地形から出発する砂防計画 ………………………………… *1*

1.1　なぜ微地形なのか ………………………………………………… *1*
　1.1.1　土砂移動現象は地形変化の一断面 ……………………………… *1*
　1.1.2　微地形とは ………………………………………………………… *1*
　1.1.3　なぜ微地形か ……………………………………………………… *2*
　1.1.4　従来の砂防計画の手法 …………………………………………… *3*
　1.1.5　微地形をベースとした砂防計画 ………………………………… *5*
1.2　地形分類 ……………………………………………………………… *5*
　1.2.1　地形分類の手法 …………………………………………………… *5*
　1.2.2　地形分類の歴史 …………………………………………………… *6*
1.3　空中写真判読 ………………………………………………………… *8*
　1.3.1　空中写真の有効性 ………………………………………………… *8*
　1.3.2　空中写真判読ということ ………………………………………… *10*

第2章　微地形から出発する砂防計画検討の手順 ………… *13*

2.1　微地形から出発する砂防計画の概要 …………………………… *13*
2.2　基礎調査 ……………………………………………………………… *19*
　2.2.1　文献調査 …………………………………………………………… *19*
　2.2.2　砂防情報図 ………………………………………………………… *20*
2.3　空中写真の判読による広域微地形分類図 ……………………… *21*
2.4　重点流域と特定地域の詳細微地形分類図 ……………………… *23*

2.4.1 詳細微地形分類図 ……………………………………	*23*
2.4.2 現地調査 …………………………………………………	*24*
2.4.3 対策素案の作成 …………………………………………	*26*
2.5 土砂移動履歴と土砂移動規模の予測 …………………………	*26*
2.5.1 土砂移動履歴調査 ………………………………………	*26*
2.5.2 土砂移動規模の予測 ……………………………………	*28*
2.6 土砂移動箇所と危険度の予測 …………………………………	*29*
2.7 環境調査 ………………………………………………………	*30*
2.8 対策計画案の策定 ……………………………………………	*30*
2.8.1 対策計画の基本的考え方 ………………………………	*30*
2.8.2 ハード対策計画案の策定 ………………………………	*31*
2.8.3 ソフト対策計画案の策定 ………………………………	*32*
2.8.4 関係諸機関・地域住民との合意形成 …………………	*36*
2.9 施設配置計画、設計 …………………………………………	*37*
2.10 ソフト対策計画 ………………………………………………	*37*
2.11 追跡調査とフィードバック …………………………………	*38*

第3章　侵食・堆積に関わる微地形要素 …………………… *41*

3.1 日本列島の基盤としての変動地形 ……………………………	*41*
3.2 荒廃に関わる三つの要素 ………………………………………	*50*
3.2.1 地殻変動要因 ……………………………………………	*50*
3.2.2 火山性要因 ………………………………………………	*53*
3.2.3 寒冷気候（高山性）要因 ………………………………	*57*
3.2.4 その他の要因 ……………………………………………	*59*
3.3 土砂移動に関わる地質的、水文的要素 ………………………	*59*
3.4 抽出すべき微地形要素 …………………………………………	*61*
3.4.1 微地形要素の概要 ………………………………………	*61*
3.4.2 微地形要素解説 …………………………………………	*63*

第4章　微地形分類図と計画素案の検討 ……………………… 71

- 4.1　微地形分類図による施設配置計画素案検討事例 ……………………… 71
- 4.2　微地形分類図の作成 ……………………… 72
  - 4.2.1　広域微地形分類図から施設配置計画素案を検討したもの ……… 73
  - 4.2.2　詳細微地形分類図から対策の計画素案を策定したもの ………… 75
  - 4.2.3　ある区域の土石流危険渓流について微地形分類図から対策を検討したもの ……………………… 78
  - 4.2.4　比較的大流域の土石流危険渓流の対策素案を策定したもの …… 82
- 4.3　新法基礎調査 ……………………… 86
  - 4.3.1　木曽川左岸（山口第六区）の沖積錐 ……………………… 87
  - 4.3.2　釜無川右岸の沖積錐 ……………………… 89
  - 4.3.3　揖斐川上流坂内川左岸の沖積錐 ……………………… 89
  - 4.3.4　防府市特別養護老人ホーム「ライフケア高砂」の土砂災害 …… 91
  - 4.3.5　扇状地の三つのタイプ ……………………… 94

第5章　規模からみた土砂移動のタイプ ……………………… 97

- 5.1　大規模土砂移動現象と小規模土砂移動現象 ……………………… 97
- 5.2　大規模崩壊事例 ……………………… 99
  - 5.2.1　古い崩積土堆の再移動 ……………………… 99
    - （1）宮崎県えびの市真幸の地すべり性崩壊 ……………………… 100
    - （2）兵庫県一宮町の地すべり性崩壊 ……………………… 107
    - （3）岐阜県根尾白谷の崩壊 ……………………… 113
    - （4）新潟県大所川の赤禿山の崩壊 ……………………… 116
  - 5.2.2　地質構造支配の崩壊 ……………………… 124
    - （1）岐阜県徳山白谷の崩壊 ……………………… 124
    - （2）長野県天竜川流域大西山の崩壊 ……………………… 126
    - （3）有田川流域金剛寺の大崩壊 ……………………… 131
  - 5.2.3　火山地に見られる大規模崩壊 ……………………… 133
    - （1）山形県立谷沢川支にごり沢の地すべり性崩壊 ……………………… 134
    - （2）熊本県集川の崩壊 ……………………… 137

		(3) 蒲原沢の崩壊地形 ･････････････････････････････････････	*149*

5.3 急速な地形変化の事例 ･････････････････････････････････････ *156*
5.3.1 急速な地形変化 ･･･ *156*
5.3.2 北松地すべり地帯平山・樽川内地すべり ･･･････････････････ *156*
 (1) 平山地すべり ･･･ *161*
 (2) 樽川内地すべり ･･･ *163*
5.3.3 神通川上流外ヶ谷右岸段丘の渓岸侵食 ････････････････････ *163*
 (1) ルーズな地質からなる渓岸の侵食 ･････････････････････････ *163*
 (2) 蒲田川左支外ヶ谷の河道堆積地形 ･････････････････････････ *163*
 (3) 段丘渓岸からの湧水 ･････････････････････････････････････ *167*
 (4) 段丘の渓岸侵食の推移 ･･･････････････････････････････････ *168*
 (5) 外ヶ谷流域の荒廃特性 ･･･････････････････････････････････ *175*
5.3.4 神通川上流平湯川右支白谷の荒廃特性 ････････････････････ *177*

第6章　計画立案過程での計画規模・危険度の予測 ･････････ *185*

6.1 予測ということ ･･･ *185*
6.2 土砂移動規模の予測 ･･･ *186*
6.2.1 土砂移動履歴の検討 ･････････････････････････････････････ *186*
6.2.2 日光大谷川流域の堆積地形解析 ･･･････････････････････････ *188*
6.2.3 雲仙水無川筋の堆積構造 ･････････････････････････････････ *196*
 (1) 雲仙普賢岳の 1990 ～ 1995（平成 2 ～ 7）年の活動状況 ･･･････ *196*
 (2) 水無川筋ボーリング資料による堆積構造の検討 ･･････････････ *197*
6.3 土砂移動箇所の移動危険度の予測 ･････････････････････････････ *201*
6.3.1 土砂移動危険度の予測 ･･･････････････････････････････････ *201*
6.3.2 別府田野川ほか 3 渓流の崩壊予測 ････････････････････････ *203*
6.3.3 宮城県荒砥沢ダム周辺の地すべり性崩壊 ･･････････････････ *215*
 (1) 広域地形図による対象地域の概観 ･････････････････････････ *215*
 (2) 崩壊前の空中写真から読み取れる荒廃地形概要 ･･････････････ *218*
 (3) 崩壊箇所の予測 ･･･ *219*

第 7 章　砂防は微地形からという考えが
　　　　　次第に身についてきた過程 ……………………… *245*

7.1　はじめに ………………………………………………………… *245*
7.2　砂防調査のスタート（昭和 20 年代後半〜31 年）…………… *245*
7.3　土砂生産・移動現象の実態把握のはじまり（昭和 31 年後半〜36 年）… *246*
　7.3.1　崩壊調査 …………………………………………………… *246*
　7.3.2　柿平試験地における洪水観測 …………………………… *248*
　7.3.3　ラジオ・アイソトープを利用した調査 ………………… *251*
　7.3.4　柿平試験地でのその他の調査 …………………………… *253*
　7.3.5　砂防全体計画の立案 ……………………………………… *256*
7.4　釜無川流域の微地形からみた土砂流出（昭和 37 年前半）………… *257*
7.5　神通川上流流域の荒廃の 3 要素（昭和 37 年後半〜38 年）……… *259*
　7.5.1　神通川上流域の特徴的な地形 …………………………… *259*
　7.5.2　気候地形 …………………………………………………… *261*
　7.5.3　火山噴出物堆積面 ………………………………………… *262*
　7.5.4　変動地形 …………………………………………………… *265*
　7.5.5　微地形砂防の萌芽 ………………………………………… *268*
7.6　日光大谷川の災害履歴と流路工計画（昭和 39 年）………… *268*
7.7　総合研究の世話と微地形判読（昭和 40 年〜60 年）………… *269*
7.8　まとめ …………………………………………………………… *271*

参考文献 ………………………………………………………………… *275*
おわりに ………………………………………………………………… *281*

第 1 章　微地形から出発する砂防計画

1.1　なぜ微地形なのか

1.1.1　土砂移動現象は地形変化の一断面

「はじめに」にも述べたように、土砂移動現象は、過去から現在にわたって繰り返されてきた地形変化の一断面で、現在目にする地形は、過去から現在までの土砂移動現象の履歴書とでもいうべきものである。それゆえ、この履歴書つまり現在の地形を解析し、そこから今後の土砂移動現象を予測する手がかりを探し出す、これが砂防を核とする山地防災の出発点ではなかろうか。

ここでは、このような視点に立って、まず、山崩れ、地すべり、土石流といった土砂移動現象は、地表地形の微細な変化であることに着目し、また、そうした土砂移動現象は、その土地の荒廃特性を反映しているという基本的な捉え方から、地形そのものに立ち返り、そこから砂防計画を展開しようとするものである。なお、砂防計画は山地防災計画と基本とするところは同じであるので、以下は砂防計画の中に山地防災計画も含めて表現している。

1.1.2　微地形とは

われわれがその上で生活し、活動している地表面の起伏、形態を地形といい、海水面上に突出している部分の地形が陸上地形、海水面下にある地形が海底地形である［町田（1981）］。

地形学では、地形を規模により大地形、中地形、小地形に分けるのが一般的で、さらに微地形が取り上げられる場合もある。大地形は地殻変動の結果として生じた大規模な地形で、日本では西南日本外帯・内帯といった規模の地形、中地形は断層地形（群）や曲動地形（群）と未固結、半固結層の褶曲・断層群など、地殻の変動を反映した地形である。小地形は外的営力による侵食・堆積現象を主として反映して生じた地形で、ひと連なりの斜面や段丘面、河食地形、氷河地形などである。微地形は、小地形よりさらに小規模・微細な地形、

すなわち平野内に見られる小規模な自然堤防、旧流路などの微細地形である［米倉ほか（1990）］。しかし、砂防の分野で微地形というとき、それは砂防という視点から、山地とその周縁部の侵食・堆積現象に関わる地形という意味で用いている。したがって、砂防で対象とする微地形は、後述するように土砂移動の痕跡を示す崩壊跡地、堆積地としての崩積土堆、土砂生産の兆候を示すクラック、土砂移動現象を規制する小起伏面縁辺部、扇状地のインターセクションポイントなどである。したがって、砂防で取り上げる微地形は土砂の生産・流出・堆積といった視点から、形態や規模や成因にこだわらず関連のある地形要素で、この点が地形学でいう微地形とは異なる。

1.1.3　なぜ微地形か

　土砂災害は、豪雨や地震、火山活動によって引き起こされる崩壊や地すべり、土石流といった土砂移動現象がわれわれの生活の場と重なったときに発生する。砂防事業は、この土砂災害を未然に防止あるいは軽減し、さらに地域の自然環境、生活環境、社会環境の維持・改善に貢献することを目的としている。したがって、土砂災害対策の検討に当たっては、堰堤などの施設によるハード対策、避難などの施設によらないソフト対策、いずれの場合にもまずどのような営力のもとで、どこに、どのような土砂移動現象が発生するかを想定しなければならない。

　この土砂移動現象は、流域それぞれが持つ荒廃特性を反映して発生する。「はじめに」で述べているように、荒廃特性を構成する要素の中で、地形はその土地の荒廃特性、これに由来する土砂移動特性を総合的に表現したものと考えることができる。

　このことから、土砂移動現象を対象とする砂防事業では、まず流域の荒廃特性を把握し、これを反映して繰り返してきた土砂移動現象の履歴を示す現在の微地形を解析して、将来の土砂移動現象を予測することから出発しなければならない。すなわち砂防計画を構築するには、予想される気象擾乱に際して、対象とする地域のどこにどのように土砂移動現象が発生するかの見通しを持つことが基礎となる。火山活動や地震に起因する土砂移動現象についても同様である。この微地形変化の見通しを持つための情報は、対象とする地域について過去に起こった土砂移動現象がどのような微地形と密接に関わっていたのか、そしてその関わり方がどのようであったかを解析することによって示唆が得られる。砂防計画における微地形解析の意義はここにある。

1.1.4　従来の砂防計画の手法

　ごく最近までの砂防計画は、主として「建設省河川砂防技術基準(案)」をベースとするマニュアルに従って計画立案されてきた。この技術基準は昭和33年に制定され [日本河川協会編（1958）]、同51年 [日本河川協会編（1976）]、同61年 [日本河川協会編（1986）]、平成9年に改訂され [日本河川協会編（1997）]、最も新しいものとして同16年に改正版が出されている [日本河川協会編（2005）]。

　このマニュアルによる砂防基本計画は、有害な土砂（土砂災害を起こすような生産土砂、流出土砂）を計画基準点より上流の砂防計画区域内で合理的、効果的に処理するように策定されるもので、計画基準点ごとに計画生産土砂量と計画流出土砂量が検討される*。計画基準点は、砂防計画地域の最下流点である。計画生産土砂量は新規崩壊土砂量、既崩壊拡大見込土砂量、既崩壊残存土砂量のうち崩壊等の発生する時点で河道に流出するもの、および河床等に堆積している土砂量のうち二次侵食により流下するもので、砂防基本計画の対象となる計画超過土砂量算定の基礎となるものである。また計画流出土砂量は、計画生産土砂量のうち、土石流または流水の掃流力等により運搬されて計画基準点に流出する土砂量である。しかし現在、これらの計画諸量を理論的、実験的手法で求めることはできないので、計画生産土砂量については、計画対象区域の現況調査資料、既往の災害資料、類似地域の資料等をもとに定めるとし、計画流出土砂量についても既往の土砂流出、流域の地形、植生の状況、河道の調節能力等を考慮して定めるとしている [日本河川協会編（1976・1986）]。

　表1-1、表1-2は、昭和51年の建設省河川砂防技術基準改訂版 [日本河川協会編（1976）]、同じく昭和61年の改訂版 [日本河川協会編（1986）] に示された表である。この改訂版には、「土砂生産、土砂流出の実態解明は、砂防計画上重要な研究課題で、各地で実態調査が行われている。しかし、現状では解明されていない多くの問題があるが、さしあたっての取り扱いとしては、　次のように算定する。……」「対象区域内での土石流に関する資料がなく、かつ地すべり型大規模崩壊の発生が予想されない場合には、次の値を参考に定めてもよい」として表1-1を、「掃流区域で同じく地すべり型大規模崩壊の発生が予想されない場合には次の値を参考に定めてもよい」として表1-2を示している。

＊　計画超過土砂量＝計画流出土砂量－計画許容流砂量
　　計画流出土砂量：計画基準点に流出する土砂量
　　計画許容流砂量：計画基準点から下流河川等に対して無害、かつ必要な土砂量として流送すべき量

表1-1 土石流区域の1洪水比流出土砂量 [日本河川協会編 (1976)]
(標準流域面積1km² の場合)

地 質	1洪水比流出土砂量		(m³/km²/1洪水)
1) 花崗岩地帯	50,000	～	150,000
2) 火山噴出物地帯	80,000	～	200,000
3) 第三紀層地帯	40,000	～	100,000
4) 破砕帯地帯	100,000	～	200,000
5) その他の地帯	30,000	～	80,000

流域面積が標準の10倍の場合には数値は0.5倍、1/10倍の場合は3倍程度として用いることができる（建設省河川局砂防部調べ）。

表1-2 掃流区域の1洪水比流出土砂量 [日本河川協会編 (1986)]
(標準流域面積10km²、年超過確率1/50の場合、1/100の場合は1.1倍とする)

地 質	1洪水比流出土砂量		(m³/km²/1洪水)
1) 花崗岩地帯	45,000	～	60,000
2) 火山噴出物地帯	60,000	～	80,000
3) 第三紀層地帯	40,000	～	50,000
4) 破砕帯地帯	100,000	～	125,000
5) その他の地帯	20,000	～	30,000

流域面積が標準の10倍の場合には数値は0.5倍、1/10倍の場合は3倍程度として用いることができる（建設省河川局砂防部調べ）。

しかし、この表では、
① 地質区分が適切でない。
② 1洪水比流出土砂量の値に相当の幅がある。
③ 荒廃地域、危険地点を抽出できない。
④ 現実には、この値を上回る例もある。
⑤ 大規模崩壊を予想しなければならない場合もある。

ばかりではなく、より基本的には、
⑥ この手法では流域の個性（荒廃特性・土砂移動特性）が全く消されてしまう。

という重大な欠点があった。

平成16年3月の「河川砂防技術基準計画編の改定について」[国土交通省河川局(2004)]（第3章 第2節 砂防基本計画）では、これらの表は消され、「水系砂防計画における計画規模は水系ごとに既往の災害、計画区域等の重要度、事業効果等を総合的に考慮して定めるものとし、一般的には対象降雨の降雨量の年超

過確率で評価して定めるものとする」としていて、それ以上の展開は示されていない。

1.1.5 微地形をベースとした砂防計画

上述した現行砂防計画の手法にはそれなりの根拠と歴史があるが、様々な様態で生産され、移動する土砂を対象とする砂防では、上述したような流砂量方式のみでは不十分である。(社)建設コンサルタント協会は1997(平成9)年、当時進行中であった「旧建設省河川砂防技術基準」の改訂に関連して、同年12月24日付の意見交換メモの中で「技術的裏付けのない規定、技術的水準からみて妥当な計画策定が困難な規定を削除するか、あるいは体系を変えることにより回避する」とし、その事例として「砂防計画の土砂抑制に関わる規定」を挙げている。指摘されるまでもなく、上述の技術基準に基づく砂防計画立案方式では、計画を組み立てている諸種の流砂量の技術的裏付けは希薄である。その根本的な理由は、土砂移動現象は極めて複雑で、細分化された現象についての研究は高い水準に達してはいるものの、現状ではそれらの研究成果からは計画立案モデルが組まれないということと同時に、にもかかわらず、ハード、ソフト計画の立案と施設の築設が行われなければならないという現実があるからである。

ここで提案する微地形から出発する方式は、文献調査、空中写真判読、現地調査から得られた流域の荒廃特性を踏まえ、土砂移動履歴を追跡し、ここから、今後発生するであろう土砂移動現象の場所と様態を予測して、ハード、ソフト両面から対策を検討する。この微地形情報のはか、さらに入手しうる限りの情報を合わせ、総合的に検討して最終的には技術的判断によって具体的に計画を立案する。その上で地域の理解、協力を得て実現に移すというもので、その手順を**第2章**に述べている。

1.2 地形分類

1.2.1 地形分類の手法

地形学では地表を構成する地形の性質を、既知の地形学的知識に従って分類することを地形分類 [大矢 (1956)] という。地形分類はその手法によって成因分類と形態分類に区別される。成因分類は地形を形成年代と形成プロセスによって分類するもので、同一年代に同じプロセスで形成された地形が一つの地形単

位となる。形態分類は地表面の形態のみによる分類で、原則として一つの連続した形態を示す部分が一つの地形単位となる。純粋地形学的な分類では成因分類を用いるが、成因の不明な部分については、地表面の形態による形態分類で代用する。一方農業、林業、土木、防災などの分野では、その応用する目的によって地形の分類基準が異なる。砂防計画立案のための地形分類（微地形分類）も流域の荒廃特性や土砂移動特性に関わる微地形の成因や形態を対象とした分類となる。

1.2.2 地形分類の歴史
（a）治水対策のための地形分類

地形分類が活発に論じられるようになったのは、第二次世界大戦後である。戦後、わが国にとって、食糧難打開のための土地改良と、相次ぐ水害に対する治水対策は、プライオリティーの高い行政課題となった。このような状況から1951（昭和26）年に国土調査法が制定され、土地資源の保全、土地利用の高度化、土地的災害の予測などを目的として、地形分類が1/50,000図幅単位で試みられることになった。国土調査法に基づく土地分類基本調査の地形分類図（1954）、科学技術庁資源調査会その他による水害地形分類図（1956～68）などが、初期の代表的な地形分類図である［科学技術庁資源調査会（1956～68）］。

このような地形分類への注目は、国土地理院の中野尊正先生たちによって、既に1945～46（昭和20～21）年頃には始められていたが、本格的に活動が開始されたのは、1954（昭和29）年、資源調査会に多田文男先生を長とする水害地形調査小委員会が設けられてからである［中野（1967）］。その小委員会のもとで大矢雅彦先生は、日本の平野は河川が運んだ砂礫によって形成された堆積平野であり、その堆積状態は洪水の歴史を示す、これを分類図示すれば単に過去の洪水だけでなく、将来の破堤・氾濫の予測も可能となるはずであるとの考え方に基づき、1956（昭和31）年に濃尾平野の水害地形分類図の作成に着手された。この濃尾平野の水害地形分類図で予測した洪水状況が、後の伊勢湾台風（1959（昭和34）年）における高潮範囲と一致していたことから、大矢先生の水害地形浸水分類図は注目を浴び、国会で紹介されて大蔵省の認めるところとなり、国土地理院の土地条件図として国家予算化され、以後継続して一級河川の水害地形分類図が作られることになった。

（b）土地利用に関連した地形分類

また、1958（昭和33）年から3カ年計画で行われた農林水産技術会議の土地

利用区分の基準作成に関する方法論的研究では、表層地質を考慮した成因分類が採用され、国土調査のそれに比べ格段に進歩した内容になっている。これは、土壌調査のための地形分類が地形学者と土壌学者の協力によってなされたものであったからである［門村（1977）］。

同じ頃、歴史地理学の分野では、藤岡謙二郎先生が「歴史地理学における微地形研究の意義と問題点」［藤岡（1966）］など、微細な地形の起伏とその上で営まれる人間関係、つまり都市や農村の土地利用と微地形との関わりを研究し成果を発表された。

(c) 水文現象と関連した地形分類

治水対策のための地形分類および土地利用に関連した微地形分類は、主要対象は平野部であり、土砂生産と直結する視点は少なかった。しかし、1970年代以降、土砂生産域である丘陵地谷頭部の微地形分類が行われ、微地形と水文現象（地中水の挙動）の関連を検討することにより、谷頭崩壊過程およびそれによる谷地形の発達過程に関する考察が行われた［田村（1974）］。

(d) 砂防に関連する微地形分類

砂防に関連して地形が取り上げられ始めたのは1955（昭和30）年頃からである。

砂防の領域では、1950年代から1970年代にかけて、土砂移動（土砂生産・流出・堆積）現象に関して、現地調査結果の解析、理論的実験的研究が手がけられ、その成果も整理されつつあった。しかし同時に、現実の土砂移動現象を的確に説明し、現象発生の予測に結び付けるために必要な情報とのギャップが次第に明らかにされ、これを埋めるための新しい試み、すなわち土砂移動現象を地形学的な考え方に基づいて考察し、土砂移動現象の特性を捉えるために有効な調査方法を確立しようという努力が1950年代後半から始められた。例えば「崩壊調査のあり方について」［大石ほか（1962）］、「砂防調査における地形解析について」［大石（1956）、大石ほか（1959）］、「砂防における地形調査試案」［大石ほか（1966）］等において筆者らが多くの提案を行った。その背景には、前述したように砂防技術者が現場にあって、与えられた時間内に砂防計画を立案するという実務的な立場から、従来の理論的実験的方法によらない手法を追求せざるをえないという状況があったからである。

一方、1971（昭和46）年福岡林業試験場の竹下敬司先生は、1953（昭和28）年北九州門司・小倉地区に発生した山地崩壊を対象として、斜面の土砂移動形態

と斜面微地形との関係を詳細に解析された［竹下（1961）］。これは、土砂災害の微地形解析という点で画期的な研究であった。また、東京農工大学の塚本良則先生が 1973（昭和 48）年に「侵食谷の発達様式に関する研究（Ⅰ）、豪雨型山崩れと谷の成長との関係についての一つの考え方」を砂防学会誌に発表された［塚本（1973）］。そこでは稜線に近い山腹の横断方向の断面が凹型、つまり集水型をなす斜面は、水文・侵食現象から極めて重要な地形であるとの認識から、これを 1 次谷より 1 オーダー下の流域とみなし、0 次谷と名付け、主として、0 次谷と山崩れとの関係を追求されている。塚本先生の 0 次谷の概念は、山地（広義）の削剥過程、特に斜面崩壊や森林保全を考察するのに極めて重要な意義を持つものである。

　また、筆者は 1974（昭和 49）年から 1981（昭和 56）年まで、7 年 27 回にわたり、砂防学会誌「新砂防」に"空中写真判読シリーズ［大石（1974～1981）］を紹介し、1985（昭和 60）年、これらにいくつかの事例を補足して『目でみる山地防災のための微地形判読』［大石（1985）］を鹿島出版会から上梓した。本書は「山地防災のための微地形判読」と表現しているように、山地とその縁辺部で特に土砂災害の発生、その対策の立案に関わる微地形要素をできるだけ多くの判読事例によって例示したものである。

　ここで紹介している微地形要素は、例えば崩壊や地すべりなどの土砂生産源となる地形、崖錐や沖積錐などの堆積地形のほか、クラックのように土砂生産源の兆候を示す地形、山腹の遷急線のように崩壊や地すべり現象にある種の規制を加えると考えられる地形、流下土砂の氾濫・堆積に関わる地形などである（表 3-5 参照）。また、土砂の生産・流出・堆積といった視点から、このような現象と関連を持つと考えられる地形要素、例えば組織地形や支川の不調和合流、水系パターンの乱れ等にも注目している。

1.3　空中写真判読

1.3.1　空中写真の有効性

微地形解析の方法としては、地形図から微地形を読み取る方法［鈴木隆介（1997～2004）］、数値地図を利用して解析する方法、レーザープロファイラー測図を利用する方法、ランドサット等の衛星画像を解析する方法等いろいろと行われているが、砂防で必要とする微地形要素を抽出するには、縮尺数千分の 1 か

ら 4 万分の 1 程度の空中写真を判読して得られる情報が、実用的かつ有効である。空中写真は撮影時の地表の状況を忠実に記録しており、砂防計画検討に必要な極めて多くの情報を持っているからである。しかし、空中写真が地表の状態を克明に写しとっているとはいえ、空中写真判読のみで必要な情報のすべてが得られるわけではなく、精細な地形情報を得るためのレーザープロファイラー測図、地上現地調査、ヘリコプターによる空中からの調査は欠かせない。解析された情報は地形分類図として図示されるが、空中写真判読と地上から、空中からの現地調査とが繰り返し補完し合ってはじめて、高い精度で微地形が抽出、分類されるのである。

　空中写真に表現される情報は、撮影年次によって異なるのは当然であるが、判読する空中写真の縮尺によっても異なる。入手可能な最も古い空中写真は終戦直後の 1947 〜 48（昭和 22 〜 23）年（一部 1952（昭和 27）年）に撮影された、いわゆる米軍写真である。当時の写真は戦時中の林地の荒廃を反映していて、最近の空中写真によるよりも地表地形、特に山地の地形を読み取りやすい。しかし米軍写真は大部分が縮尺約 1/40,000 と小縮尺であり、この点に難点がある。

　一般に空中写真の判読は、写真の階調、階調構造、色調、きめ、形態、模様などを手がかりとして判読するが、撮影の季節により、また撮影の時間（太陽の位置）により写真の色調は変わる。積雪、日陰、雲や火山噴煙などにより読み取れない場合もある。また空中写真に表現される情報、読み取れる情報は縮尺によって異なる。知りたい情報によって、小縮尺、大縮尺と写真の縮尺を選ぶ必要もあり、モノクロかカラーかを選ぶことも必要である。

　写真判読では、例えば、ここは崩壊跡地か、地すべりか、とか、このリニアメント（線状模様）はクラックなのか、段差があるのか、どのくらいの崩壊の危険性があるのかとか、これは過去に崩れた土堆であろうか、それとも地山かなど、微地形要素の特定やこの地形はどうしてできたのか、その成因は、崩れやすさの程度は、など迷うことも多い。その都度その周辺の微地形を見直し、また撮影時期や縮尺の異なる写真を検討するなどいろいろと検討しながらこれと決めて分類図を作成する。現地調査で判断をチェックし、認識を改める場合も多い。

　このような経験を何度も積み重ねると、それなりにかなりの判断ができるようになる。しかし何人かが同じ写真を判読しても、判読内容に個人差が生じる

ことは避けられない。後述するように、専門家同士が同じ箇所の判読図を持ち寄って判断を調整し（デルファイ法にならって）、できるだけ判読のばらつきをなくする努力が必要である。

　最近、前述した航空レーザスキャナーを微地形分類に利用する試みが活発に始められている［鈴木隆司ほか（2003）］。これは航空レーザー測量から得られた等高線図が、遷急線や比較的新鮮な崩壊跡地、地すべり地などの微地形をよく表現していて、判読者に微地形要素の特定を容易にさせるとともに、判読の個人差を小さくする。また空中写真によって判読された微地形要素をレーザー測図に移写すれば、地理院の地形図に移写する場合に比して精度は格段に向上する。今後さらにこの分野の発展が期待される。

1.3.2　空中写真判読ということ

　一般に「見る」という行為は、単に「視覚的な刺激を受けとる」ということとは根本的に異なる。空中写真を「見る」ということは、つねに「解釈」を伴う。つまり「判読する」、言い換えれば「診断する」ことである。

　医師が病人を「診断する」ということは、症状のパターンを「区別（分類）」して、何ものかとして「知る」ことである。それは、ある兆候からその背後にある何ものかを読み取り、その経過（過去から現在、さらに将来にかけて）を推定することをいう。われわれが意図する微地形判読は、微地形のパターンから土砂移動履歴とその背後にある荒廃特性を読み取り、これを近い将来の土砂移動現象の予測につなぐことである。判読（区別）が成り立つのは、区別が先立ってあるからではなく、ある目的、つまり荒廃、土砂移動という視点からみた特定の微地形要素を抽出するという目的が設定されてはじめて、特定の要素とそうでない要素との間に区別が生ずる。したがって、判読にははっきりした目的意識と分別能力が要求される。

　こうして判読者は、まず地学的な素養を身につけていること、判読技術に習熟していることが必要であり、判読に当たっては対象地域について何を知ろうとしているのか、何を引き出そうとしているのかを明確にした上で判読すべきである。そのため現地調査は欠かせないし、また対象地域の地質図、活断層図等の情報図のほか、対象地域を含むより広い地域の関連情報を考察、検討しておくことが必要であることは言うまでもない。

　空中写真判読は、一つの技術である。技術は身体全体で繰り返し実践して会得するものである。特に砂防技術は現地を離れては成り立たない。空中写真判

読にも現地調査は欠かせない。しかし現在、われわれは現地を歩いて身体で知る知恵の世界からあまりにも遠くうとくなっている。砂防技術者は特にこの点を反省し、現場に立ち戻らなければならない。

第2章　微地形から出発する砂防計画検討の手順

2.1　微地形から出発する砂防計画の概要

　微地形から出発する砂防計画検討方式のフローを図 2-1 に示している。まず本章で検討の流れを紹介し、第 3 章から第 6 章に個々の内容について述べる。
　① 基礎調査
　いま対象としている地域が、土砂災害という点からどのような特性を持っているのか、どんな土砂移動現象、土砂災害を経験してきたのかなど、種々の環境条件を文献や地質図、既往の災害史、新聞記事、古老の話等によって把握する。その上で空中写真を判読し、侵食・堆積に関わる微地形要素を読み取り、これを国土地理院発行の縮尺 1/2.5 万地形図、あるいはさらに大縮尺の地形図、レーザープロファイラー測図などに移記して広域の微地形分類図を作成する。この図は、いわば予察図である。
　侵食・堆積に関わる微地形要素は次章の 3.4 節に述べているが、山崩れの跡や山腹に残された崩積土堆、渓床に残された土石流の堆積や、これが削られた土石流段丘、活動中の地すべりや古い地すべりの末端の新しい地すべり、傾斜変換線やリニアメント、扇状地のインターセクションポイント等々多彩である。
　この写真判読では、微地形の特定に迷うことが極めて多い。例えば、この部分は崩壊跡地か地すべりか、あるいはクリープか、とか、このリニアメントはクラックだろうか、とか、この山腹斜面のふくらみは地山そのものか、過去の崩壊の残積土堆であろうか、とか、実に様々である。われわれはその都度、その周辺の微地形を見直し、また撮影時期の異なる写真を検討するなどいろいろと手さぐりしながら、これと決めて記載する。地上からあるいは空中からの現地調査でチェックし、認識を改める場合もある。
　② 広域微地形分類図と施設配置素案
　将来の土砂移動に起因する災害を防止することを意識しての写真判読である

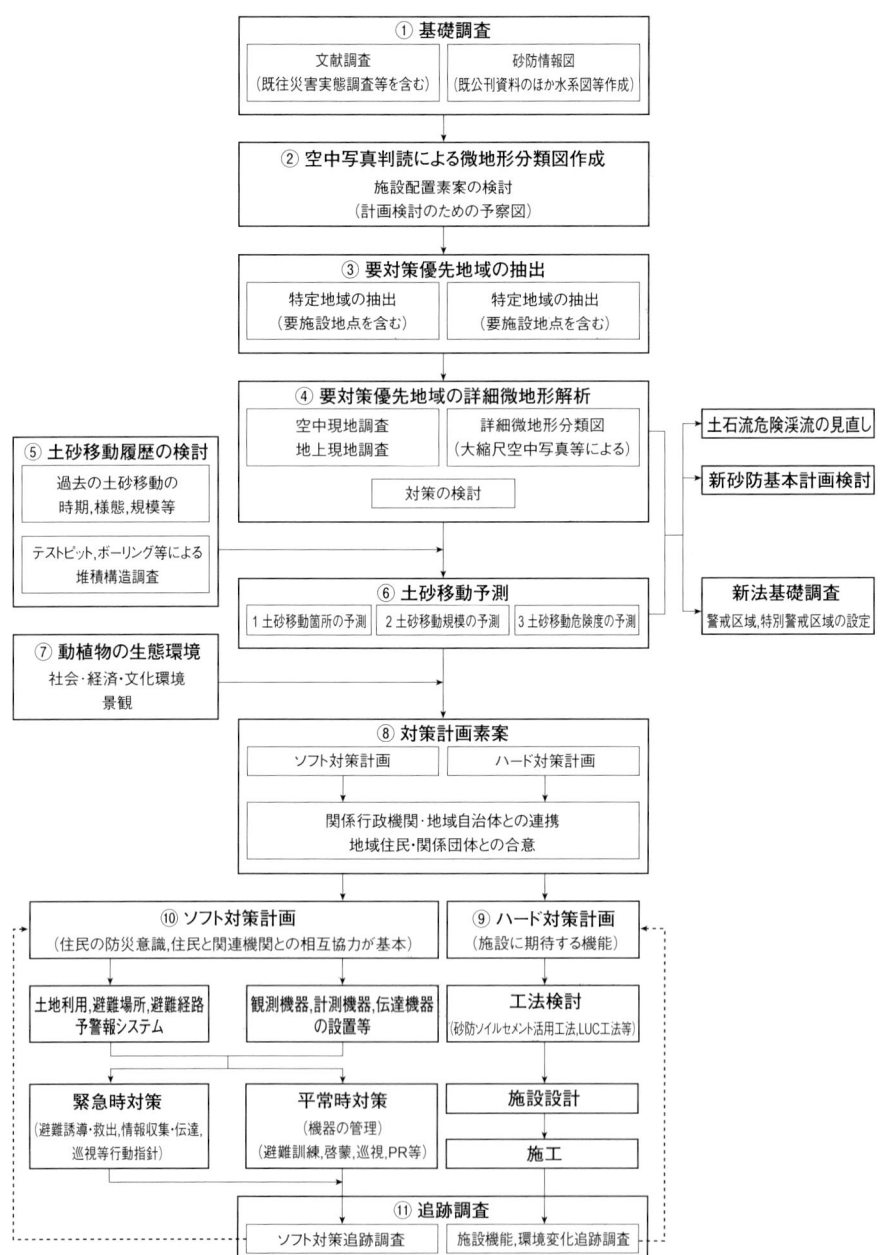

図 2-1　流域の荒廃特性から出発する砂防計画の考え方

ので、判読の過程で流域の荒廃が著しく土砂移動の危険度が高いと思われる荒廃流域、さらに不安定な箇所、ここに施設がほしいと思われる箇所、施設に期待する機能、施設の種別、さらには崩壊や地すべりによって河道の埋塞が起こりそうな箇所とその規模など、将来の土砂移動の姿や輪郭、ソフト対策の必要性なども、おぼろげながら見えてくる。このような経験を何年も積み重ねると、それなりにかなりの判断ができるようになる。こうして広域の微地形分類図作成の過程で流域全域の施設配置のイメージが形づくられる。この計画は流域全域の施設の全体像で、いわば長期計画素案といえる。

③ 要対策優先地域の抽出

こうしていろいろと思案をめぐらせながら判読すると、荒廃性が強く、対策を優先して検討すべき「重点流域」、および特にインフラの点などから安全の確保が要求される地点と、これに関連する「特定地域」も絞られてくる。

④ 要対策優先地域の詳細微地形分類図作成

こうして抽出された重点流域、特定地域について、より詳細に微地形を検討する。検討に当たっては、大縮尺（倍伸し等）の空中写真によって細かい部分を判読する必要もあり、断層やしっかりしたリニアメントを拾う場合には、より小縮尺の空中写真で広く観察することも必要になる。また撮影時期の異なる写真、レーザープロファイラー測図、陰影図による小崖地形の確認等いろいろと検討すべき材料を見立てて詳細に判読する。同時に、地上現地調査を実施する。地上調査では観察する範囲に限界があり、ヘリコプターによる空中からの現地調査は欠かせない。こうして大縮尺の詳細微地形分類図を作成する。

⑤ 土砂移動履歴の検討

一方、対象流域の土砂移動履歴を検討する。検討に当たっては、まず撮影時期を異にする空中写真から崩壊地、河道堆積地の推移を解析するとか、文献、古絵図等から現象を復元するなどは一般に行われている。このほか、地上現地調査によって過去の土砂移動の痕跡を調査する。特に規模の大きな堆積地などでは、テストピットの掘削あるいはボーリングなどによって堆積構造を調査し、土砂移動・堆積の時期、規模等を把握する。また同時に、可能な限り土砂供給源を調査する。この大規模堆積地の掘削調査の実施例はほとんどない。ここでは、筆者らの関わった日光大谷川と雲仙水無川の事例を 6.2.2 項、6.2.3 項に紹介する。

過去に流木被害がある場合には、流木の実態等を知ることも欠かせない。

⑥-1　土砂移動箇所の予測

　微地形分類図、特に詳細微地形分類図では、流域内の崩壊や地すべり、侵食前線、クリープ、クラック、リニアメント、過去の崩壊時の残積土堆等々微地形要素が克明に記入されている。この図の作成過程から、流域内の土砂移動の履歴、土砂移動と関わる微地形が概括的ではあるが読み取れ、これによって荒廃性の特徴、例えば断層あるいは断裂系が発達していて、崩壊や地すべり等の土砂移動履歴が活発であるとか、過去に大規模崩壊を経験した流域であり、今後も大規模崩壊が懸念されるとか、また地すべりやクリープが繰り返されている流域で、何かのきっかけで動きそうな不安定な箇所があるとか、いろいろな荒廃性に関わる情報をつかむことができる。

⑥-2　土砂移動規模の予測

　こうして、いま対象とする地域ではどういったタイプの土砂移動が予想されるのか、大規模な崩壊を想定しなければならないのか、大規模崩壊は起こりそうではないのか、あるいは小崩壊が群発する流域なのか、そういった視点からまず判読し、大きな崩壊や地すべりなど大規模な土砂移動現象が予想される場合は、その箇所や範囲とその規模をおおまかに複数段階想定するのが現実的である。

⑥-3　土砂移動危険度の予測

　危険度については、抽出箇所の微地形要素と営力としての降雨条件（あるいは地震）を想定し、地質構成や地下水なども考慮し、その上で技術的、経験的判断によって、対象箇所を崩れやすさの程度から、例えばＡ、Ｂ、Ｃの３段階程度にランク分けする。しかし、危険度が高くＡと判断した場合でも、土砂移動の規模が大きい深層崩壊や深い崩積土の崩壊が予想される場合には、かなりの降雨があって、地下水位が上昇し力学的な条件を満たさなければ崩れないと思われるものもある。地盤の状況を、なお詳細に知る必要がある場合には、例えば観測井、テストピットあるいは試錐によって地質構成を知るとか、空中電磁法によって地盤の比抵抗の分布を求めるなどして検討する［中里ほか（2004）、長崎県農林部林務課（2006）］。空中ガンマ線による不安定土砂を調査すること［森山（1986）］も試みられている。こうして土砂移動危険箇所とその危険度、土砂移動に伴うトラブルスポットを想定する。

　このような情報に、⑦別途に調査した流域の動植物の生態環境、社会・経済・文化環境等の実態を重ねて検討し、景観も配慮した上で、⑧対策の目的と緊急性、予算、計画施設の施工性、必要とする時間等を総合的に勘案して、対

策の手法をハード・ソフトの両面から検討し対策素案を策定する。その上で関連機関や地方自治体、関係団体、地域住民等、地域社会との合意・連携のもとに、対策の内容を総合的に検討し、⑨ハード対策計画、⑩ソフト対策計画を策定する。対策計画の作成に当たっての判断過程は、後日判断の妥当性を検討するため記録に残しておく。また、地元の住民、関係機関や関係団体の理解と協力を得る際に、微地形分類図は視覚的にもわかりやすい格好の資料となる。

　ここで提案する微地形分類から出発する砂防計画策定の手法は、諸種の流砂量によって組み立てられる現行の計画検討方式とは別に、諸種の流砂量を検討する以前に流域が潜在的に持っている荒廃特性、その現れとしての土砂移動履歴を流域の微地形から検討し、流域それぞれが持っている荒廃特性をベースとして、ここから検討していることが大きな特徴である。しかし同時に、土砂移動現象の予測に当たって、その様態や規模、危険度等は技術者個人あるいは判断グループの判断に委ねられるので、その妥当性の検討のための⑪追跡調査は欠かせない。

　以上は、流域の荒廃特性から出発する砂防計画検討の流れである。次節以降にその手順の概要を述べる。なお、判読のために用いる既存の空中写真の種類は**表 2-1** のとおりである。

表 2-1 空中写真の種類

[スペーシャリストの会編（2008）、(財)日本地図センター（2000）、(財)日本地図センターホームページ、林野庁ホームページに基づき編集]

撮影計画機関	撮影区域	撮影年次	およその縮尺	照会先・頒布申込先*
国土地理院 （国土基本図作製用）	平野部	1960～1989	1/20,000 一部 1/10,000	国土地理院、 (財)日本地図センター*
		1990～	1/25,000 一部 1/12,500	
		1997～	1/30,000	
国土地理院 （1/25,000 地形図作製・修正用）	日本全域	1964～	1/40,000	
国土地理院 （カラー）	日本全域	1974～1989	平野部 1/8,000～ 1/10,000 山地部 1/10,000～ 1/15,000	
	一部の都市	1990～	1/25,000 一部 1/12,500	
		1997～	1/30,000	
		2002～	1/20,000 ～ 1/25,000	
旧日本陸軍	北海道南部、東北、関東、名古屋、広島、福岡、大分、屋久島の一部	1936～1945	1/5,000 ～1/50,000	
米　軍	日本全域	1946～1948	1/40,000～1/55,000	
	主要平野部、鉄道沿線等	1946～1954	1/10,000 ～1/20,000	
	沖縄	1944～1947 1962～1963	1/15,000 ～1/40,000	
旧琉球府	沖縄	1970～1971	1/10,000, 1/20,000	
沖縄県（カラー）	沖縄	1993～1994	1/10,000	
林野庁および 都道府県林務課	山地部	1952～	1/16,000 ～1/20,000	林野庁計画課、都道府県林務課、林野庁管理委託業者*
各官公庁および 民間会社など	日本各地	1952～	1/10,000 ～1/30,000	撮影計画機関*、航空測量会社*、(財)日本地図センター*
空中写真を閲覧できるサイト	国や自治体などの各機関・組織が保有している空中写真を総合的に検索することができ、該当する写真が WEB 上で公開されている場合は、検索結果からリンクされ、写真へアクセスすることができる			
航空写真画像情報所在検索・案内システム （国土交通省国土政策局国土情報課）	http://airphoto.gis.go.jp/aplis/Agreement.jsp			
国土情報ウェブマッピングシステム （国土交通省国土政策局国土情報課）	http://w3land.mlit.go.jp/WebGIS/			
地図・空中写真閲覧システム（国土地理院）	http://archive.go.jp/airphoto/			
自治体ホームページで公開しているところがある				

2.2 基礎調査

2.2.1 文献調査

　空中写真の判読に先立って、対象地域についての既往の文献や砂防情報図等から、対象地域とこれを含むより広い地域の荒廃特性、土砂移動特性に関わる情報をあらかじめ考察する。空中写真判読は、このような知識にさらに個人の経験を加え、これをベースとしてはじめて可能となる。また対象地域についての文献を収集、検索する前に、地学的基礎知識として教科書的な文献などにより、次の①、②、③の項目について対象地域を含む広域の概要を把握し、その中で対象地域を位置づける。

　①　第四紀後半（せいぜい50万年前以降）の地殻変動
　②　火山の分布と火山地形
　③　氷期から後氷期にかけての気候変化

対象地域に関して収集・検討すべき文献は、まず地学的な領域では、

　④　地質（地質構造、岩質、断層）
　⑤　変動地形、地震（履歴）
　⑥　火山地形、火山活動
　⑦　氷期から後氷期（1万年前以降今日まで）にかけての気候変化の影響を受けた地形および堆積物（高山地）
　⑧　近年の土砂移動実績

などである。いま対象地域が地殻変動の激しい地域であれば、④とか⑤の文献を、さらに高山地を含むなら、さらに⑦の文献、そのほか雪食関係の文献にも当たらなければならない。こうして対象地域の荒廃を支配する要素について、あらかじめ検討する。

　次に、砂防計画に関連する動植物の生態環境、社会・経済・文化環境、景観等に関して収集すべき文献は以下のとおりである。

　⑨　動植物の生態系
　⑩　景観に関する資料
　⑪　災害史（古文書、古絵図、市町村史、寺の過去帳等）
　⑫　過去の新聞
　⑬　治山計画、砂防計画に関する資料
　⑭　地方自治体の諸種の計画資料

さらに、LANDSAT、SPOT、ERS、IKONOS等の衛星画像データは、荒廃状況調査、植生活性度調査などの解析のための有力な資料である。また、地方の大学はじめ、小・中学校および高校の先生方の中にも関連分野の調査・研究成果をお持ちの方がおられるので、そこから資料を掘り起こすことも忘れてはならない。土地の古老の話なども災害履歴の参考になる場合がある。

ハード対策に関しては、関連する土砂水理学的な資料、施設の機能とこれに見合う工種、材料、経済性等についての文献、既往資料、ソフト対策に関連して警戒避難体制に関わる土地条件、雨量関連、予警報情報伝達システム、住民に対するPR等広い領域にわたる資料がある。

以上のような文献あるいは資料と砂防計画との関わり方は、直接的なものから間接的なものまで幅広い。したがって文献を収集、整理する際、主題との関わり方から、

⑮ 非常に卑近あるいは直接的なもの
⑯ それほど卑近ではない、それほど直接的とはいい難いが、解析の過程で参照、考察しなければならないもの、あるいは現象の背景として考慮しなければならないもの
⑰ 直接的では全くないが、現象の理解のために有用なもの

といった、いくつかの領域に分けて検討することが効率的である。また、文献で取り扱っている現象を時間の尺度からオーダー的にみると、$\leq 10^2$年、$10^3 \sim 10^4$年、10^5年$\leq$とみることもでき、このような視点から分別して整理、検討するのも一つの方法であろう。

2.2.2　砂防情報図

上述したように、文献調査と併行して計画検討のために収集・検討すべき図面類がある。これらの図面類を砂防情報図と呼ぶ。これには、いろいろの分野で既に発表あるいは公刊されているものと、担当者が作成するものとがある。情報の内容が多岐にわたり、文献の場合と同じく直接的なものから間接的なものまで幅広いことなどのため、利用の仕方に工夫が必要である。

まず、既刊のものとしては次のようなものがある。

① 縮尺1/200,000 日本シームレス地質図（(独)産業技術総合研究所 地質調査所 地質調査総合センター、産総研、2006）
② 地質図（東京地学協会発行、地方自治体発行、研究者のレポート中のもの、書籍中の地質図等）

③ 地形図（国土地理院発行の地形図、(財)日本地図センター発行の数値地図、直轄砂防事務所、地方自治体等で作成した大縮尺の地形図）
④ 活断層図（新編日本の活断層、九州の活構造、近畿の活断層、以上3点東京大学出版会）
⑤ 活断層詳細デジタルマップ（中田高・今泉俊文編、東京大学出版会、2002）
⑥ （都道府県別）1/200,000 土地分類図（経済企画庁、国土庁復刻）
⑦ 1/50,000 地すべり地形分類図（国立防災科学技術センター、現防災科学技術研究所）

担当者が作成するものとしては、

⑧ 接峰面図：砂防では縮尺 1/50,000 地形図により 500m、あるいは 1,000m 谷埋法により作成するのが一般的
⑨ 水系次数区分図：1/25,000 地形図からストレーラー方式により作成
⑩ 斜面傾斜区分図：土砂生産ポテンシャルと関連、適当な方法を選ぶ
⑪ 河床縦断図：勾配と勾配変化点に注目

などがある。

　以上のように砂防情報図はいろいろと考えられるが、前述したように砂防への関わり方が直接的なものから取り上げて、間接的なものは地域の特性、調査目的、調査対象内容等に応じて適当に取捨選択するのが好ましい。例えば水系次数区分図や接峰面図を例にとると、水系次数区分図が土砂移動との関連で、直接的と言えるのに対して、接峰面図はかなり間接的な情報である。また、砂防情報図のそれぞれはあくまでも総合考察のための資料であって、文献から得られる情報や担当者の過去の経験から得られた知恵と合わせ検討、解釈して、空中写真を判読し、流域の荒廃特性、土砂移動特性を考察するためのバックグラウンドとすべきものである。

2.3　空中写真の判読による広域微地形分類図

　基礎調査で得られた知識を踏まえて、対象とする全流域について、その荒廃特性と土砂移動現象に関わる微地形要素を空中写真から判読し、その結果を流域の微地形分類図として図示し解説する。流域の荒廃に関わる微地形要素は、次章 3.4 節で紹介している。

微地形分類図は2段階で作成するのが現実的かつ効率的である。縮尺1/25,000の広域微地形分類図と、縮尺1/10,000～1/2,500の詳細微地形分類図である。前者はいわば予察図、後者は計画立案の基礎図となる。広域微地形分類図は予察図ではあるが、この分類図作成の過程で、判読者は土砂移動現象の起こりそうな箇所とその様態、ハード施設の必要性とその箇所、その施設に期待する機能、工種等が見えてくる。その内容（判断根拠）を文書でできるだけ克明に記録することは、後々のために必要かつ重要なことである。得てして分類図だけが残され、この図の持つ内容の重要な部分が消えてしまうケースが多いのは残念である。

　広域微地形分類図作成の過程で意識した施設配置箇所をこの微地形分類図に落としていくと、流域の施設配置のおおまかな全体像が出来上がる。さらにこれらの各施設の諸元を設定すれば、施設全体の規模が見えてくる。ハード面の長期計画像とでもいえようか。余談ではあるが、これらの施設配置候補地点には既に施設が設置されている場合が極めて多い。われわれの先輩技術者は現地を歩き、流域の荒廃性を感じ取り、将来を予測して格好な位置に施設を配置してきたことを知らされる。微地形分類図は、いわば先輩が見てきた荒廃地形を図で示したものといえる。しかし、先輩が見てきた荒廃地形が図に示されることによって、先輩1人ひとりの経験的判断の内容が後に続く技術者の知恵になる。微地形分類図は、そうした意味も持っている。

　この予察図は、具体的な対策検討のためには不十分である。しかし、この図から荒廃性の強い要対策重点流域と、特に安全の確保が要求される地点（特定地点）と、これを含みこれに関連して検討すべき地域を抽出することができる。次の段階として、抽出した重点流域、特定地域につき、より大縮尺の空中写真判読と現地調査等により詳細微地形分類図を作成する。この図は、対象流域の対策素案検討のための基図である。

　砂防で取り上げる微地形要素については次章で述べる。その前に、判読に当たって留意すべき地形発達史的な見方について触れる。

　将来の微地形変化を予測するためには、微地形要素を判読する中で、微地形がどのように変化してきたか、その時間的な変化過程を考察することが必要である。この場合、単に時間的な前後関係だけでなく、地形形成時期を可能な限り年代（絶対時間）で知ることが望ましい。

　従来、地形の時間的な変化過程（地形発達史）の研究は、地形学、地質学の

一分野であり、空間的にも時間的にも地質学的なスケールで議論されている。砂防や治山で対象とするような短時間の変化過程を知る上では、地形学・地質学的なスケールをそのまま適用することは適切ではない。しかし、本質的な考え方に変わりはない。

砂防で対象とするような微地形の変化について、地形形成の時間的前後関係の判定のためには、

① 同じ環境条件のもとでは開析の進んだ地形は進まない地形より古い。
② 入り組んだ二つ以上の地形面が存在するとき、入り組まれた地形面の方が古い。
③ テフラ（火山灰）などの風成堆積物や土壌に覆われている地形面は、それらの堆積後流水（洪水や土砂堆積）の影響を受けていない。
④ 変位を受けた地形の形成時期は、変位の出来事より古く、変位を受けてできた地形の形成時期は変位と同じかまたは新しい。
⑤ 一般に高位の段丘面は低位の段丘面より古い。
⑥ 侵食されてできた地形面は、侵食される以前の地形面より新しい。
⑦ 被覆した堆積物（地形面）は被覆された地形面より新しい。

などがある。これらのことは、判読に当たって意識されねばならない。

年代（時間）を推定する指標としては、次のものがある。

⑧ 古文書（災害史、古地図）、過去帳などによる歴史学的な文書
⑨ 伝説、故事、古老の話など
⑩ 樹木年代学的手法
⑪ 考古学（古墳、遺跡など）的手法
⑫ 埋没土壌の発達状況と ^{14}C 年代測定
⑬ テフラの同定と地形面構成層との層序関係の把握（露頭や観測井での観察と鉱物分析）

マクロな地形の発達過程、ミクロな現象の経時的変化を知るためには、上記の判定基準や年代の推定指標などをもとに総合的に判断する。

2.4 重点流域と特定地域の詳細微地形分類図

2.4.1 詳細微地形分類図

広域微地形分類図から拾い出した重点流域と特定地域について、より詳細に

微地形を検討する。検討に当たっては、大縮尺（1/10,000 ～ 1/8,000）あるいは倍伸しの空中写真等を用いる。レーザープロファイラー測図が併用できれば効果的である。撮影時期の異なる写真や小縮尺の米軍撮影（1/40,000）の写真を併用することも必要である。撮影時期が異なれば、同じ箇所でも情報が異なる場合があり、考え直す必要も出てくる。米軍写真が撮影されたのは終戦直後の 1947（昭和 22）年、1948（昭和 23）年（一部 1952（昭和 27）年とその翌年）で、一般に山地の荒廃が著しく、地表地形がよりよく表現されていて、情報源として極めて有効である。また、大縮尺写真では確認し難く、小縮尺の写真によって広域から検討しなければならない場合もある。例えば、断層や広域に断続するリニアメントなどである。

判読の結果は、縮尺 1/10,000 ～ 1/2,500 の大縮尺の地形図あるいはレーザープロファイラー測図に移写して詳細微地形分類図を作成する。

詳細微地形分類図の作成の作業過程では、当然のことながら広域微地形分類図作成の際に感じ取った内容をより克明に見極めようとする。その際、要保全対象がつねに意識されているので、要保全対象地に土砂の氾濫を予想しなければならない場合には、同時に避難場所や避難経路などのソフト対策のための対応も浮かんでくる。こうして詳細微地形分類図作成の過程でハード対策、ソフト対策の素案が形づくられる。この段階での計画の全体像はいわば中期計画といえる。その際、対策内容の判断過程、計画立案の根拠を記録に残しておく。なぜなら、計画の立案に当たっては担当者の技術的判断に委ねられる部分が極めて多いが、対策の妥当性は対策実施後の現地の自然環境、社会環境の変化に照らし合わせることによってしか評価できないからである。

2.4.2 現地調査

一般に山地渓流の場合地上踏査の範囲は限られる。また空中写真からは判読しきれない場所、内容がある。

現地調査の場合、目視によって得られる情報の質と量は調査者の移動速度によっても異なる。航空機による場合、車による場合、徒歩による場合等である。微地形解析のためには、空中からの観察、徒歩での調査は必須の事項である。そこでまず重点流域と特定地域の地上からの現地調査を行い、空中からも現地を調査して詳細微地形分類図を修正し、これをベースにして将来の土砂移動箇所、土砂移動の規模、その危険度を予測し、対策素案の作成につなぐ。

調査に当たっては、微地形分類図、詳細微地形分類図を携帯し、地上調査の

場合にはクリノメーター、測距儀等諸種の用具・器具を必要に応じて携行する。また、移動中の筆記は困難が伴うので、メモ用にレコーダーを携帯すると多くの記録を残すことができる。

　(a)　地上現地調査

　地上現地調査で、微地形分類図、詳細微地形分類図の補足、ハード・ソフト対策素案のチェックを行うとともに、空中写真から抽出した地すべり地、崩壊地、埋積谷の堆積残土などの不安定箇所につき、その種類・程度・規模などを把握する。山腹の残積土は力学的に最も不安定な箇所であるが、大縮尺の空中写真判読でも規模の大きなものでない限り見落としがちである。現地調査で可能な限り注意して拾う必要がある。

　地上現地調査では、当該地域での過去の災害痕跡を探すこと、また可能な限り災害当時の状況を土地の古老などから聞き取り、状況を復元することも必要である。

　(b)　空中現地調査

　地上現地調査での踏査を補う意味で、ヘリコプターによる空中からの調査は欠かせない。地上調査の場合と同様に、空中写真判読の過程で確認したい箇所、補足を必要と判断した箇所等、土砂移動という観点から不安定と判断した箇所の種別・程度・規模などを観察、検討する。

　空中現地調査では、意図した目標を観察するため、ヘリコプターの最適の飛行方向、高度、スピード等を個々の目標、対象について検討した上で、飛行コースをあらかじめ決定する。空中からの観察だけでなく、このとき撮影された写真やビデオは、しばしば空中写真判読時見落とした箇所や気づかなかった情報を提供してくれることを経験している。また、これによって再度写真を判読して詳細微地形分類図を見直し、修正、補足する。

　(c)　現地調査時の映像記録

　地上現地調査、空中現地調査いずれの場合にも、特にマークすべき地形箇所や施設対策が重点的に行われてきた箇所等を、デジタルカメラによる静止像と同時にビデオ撮影しておくことが極めて有効である。これらを微地形分類図による情報と組み合わせ、流域の荒廃特性から対策への流れを15〜30分程度にCDやDVDなどに編集すれば、関係官庁、地元住民などに対するアカウンタビリティ用、PR用、さらに新任の事務所職員などに対する所内研修用等に説得性のある貴重な資料となる。神通川水系上流部や日光大谷川流域、揖斐川

上流域、富士川上流釜無川、早川流域、最上川流域等のビデオが作られ関係機関に配布されている。

2.4.3 対策素案の作成

　地上と空中からの現地調査で得た情報で空中写真を見直すと新しい発見があり、可能なものは現地で確認するなどして、広域微地形分類図、詳細微地形分類図を修正・補足する。この詳細微地形分類図に表現された流域の荒廃特性、土砂移動特性、これを反映した微地形要素をベースとし、ここから具体的に土砂移動箇所とその様態、危険度を予測して、ハード、ソフト両面から対策の素案を検討する。ハード対策では、要施設配置地点と施設に期待する機能等、ソフト対策では、危険箇所や避難場所、避難経路、安全な箇所、土地利用のあり方などを再度検討する。また、既往施設の配置や現行計画の見直し、土石流危険渓流の見直し等ハード対策関連の検討はもとより、土砂災害防止法に基づくソフト対策も、すべてこの微地形分類図から展開すべきで、微地形分類図はハード、ソフトすべての計画検討のベースとなる極めて基礎的かつ重要な資料なのである。

2.5　土砂移動履歴と土砂移動規模の予測

2.5.1　土砂移動履歴調査
（a）　過去の土砂移動実態調査

　広域微地形分類図の作成、詳細微地形分類図作成の過程で、流域の荒廃特性や、過去に起こった土砂移動現象の様態を知ることができる。次の課題は、対策に向けて将来どこでどのような土砂移動現象が起こりそうかを推定すること、つまり将来起こりそうな土砂移動の箇所、規模、様態、危険度を予測することである。

　土砂移動の箇所の予測のためには、微地形分類図からもう一歩踏み込んで、対象流域で過去にどのような土砂移動現象が、どのような箇所で起こったか、その時の降雨状況はなどを検討する。比較的最近に崩壊や地すべりが起こった場所では、土砂移動現象発生前後の空中写真を比較判読して、まずどのような微地形要素が現象に関わったかを検討する。流域内に大規模崩壊あるいは深層崩壊が見られる場合には、より広い範囲で過去にそうした現象が発生しているか、崩壊跡地形を探して、この大規模崩壊に関わったと考えられる微地形要素

を検討する。このような検討を重ねることによって得られた微地形要素を判断の素材として、これからの中規模、大規模の土砂移動箇所、その様態を予測することが可能になるように思われる。

これに反し、小規模崩壊が群発する流域では個々の崩壊箇所を事前に指摘することはまず不可能である。1 回の豪雨で流域全体として大体これくらいの規模（例えば面積率）で発生するであろう、ということくらいは推定できそうである。

次に土砂移動の規模の予測のためには、対象流域で過去にどのような土砂移動現象が起こったか、その実態を可能な限り量的にも把握すること、流域内の堆積地の堆積構造を解析することが手がかりとなる。

過去の土砂移動の実態を知るために一般に行われてきた手法の一つは、撮影時期を異にする何時期かの空中写真から、新鮮な崩壊、自然復旧した崩壊、地すべり、埋積谷等の継時的な変化を抑え、期間中の土砂移動の実態を解析するものである。災害直後には空中写真を撮影し、またレーザープロファイラー測図を作成するなどして有効なデータが得られる。しかし発生時期がかなり古い場合には、空中写真判読によって絞り込んだ箇所を中心に、地上現地調査によって渓流沿いの谷床や山脚斜面などにかろうじて残された堆積痕跡の調査のほか、古老の記憶なども手がかりに、堆積状況、侵食状況を復元して堆砂量、侵食量などを推算する。山腹の崩壊土量や山麓部の堆積土量、侵食土量なども、空中写真解析や地形の復元調査などによって推算する。またダムの堆砂量の継時的な変化を知ることは有効である。こうして、可能な限り過去の土砂移動現象についての情報を入手する。

(b) 　堆積構造・堆積履歴調査

もう一つは、過去に大規模な土砂移動の経歴を持つ流域での堆積構造調査である。一般に流域内の堆積地は、その流域の荒廃特性、土砂移動特性を色濃く残していて、流域の土砂移動特性を示唆している。そこで堆積地について、測量、植生調査（立木の年輪等）、撮影時期を異にする空中写真の判読などによって、堆積地の堆積現象の質、堆積構造、堆積年代、堆積土量、侵食土量などを調査する。これによって対象流域の過去の土砂移動履歴、規模を、ある程度量的にも把握することができる。

特に通常想定される規模を超えた土砂流出が知られている場合、概ね 10^4 〜 $10^6 \mathrm{m}^3$ のオーダーあるいはそれ以上の大規模崩壊や保全施設に近いグリーンベ

ルト内、あるいは、これに接する堆積地など詳細な土砂移動履歴を知る必要があると判断される場合には、テストピット・観測井、ボーリングなどを掘削し、ここから採取した埋没腐植土の^{14}C年代測定や降灰年代の知られているテフラなどを手がかりに堆積地の堆積履歴、堆積土量などの調査を行う。日光大谷川支稲荷川では1662（寛文2）年に$10^6 m^3$のオーダーの土砂流出があったが、これを対象に建設省で実施された堆積構造調査の事例や雲仙水無川の調査事例などを6.2節に紹介している。空中写真判読を主とする土砂移動履歴解析やテストピット、ボーリング掘削による堆積構造調査は、実行しさえすれば具体的な情報を手にすることができ、規模の予測のためには欠かせない調査である。日光大谷川では、前記350年前の大出水のほか、約700年前にも大規模な土砂流出があったらしいことが判明している。このような調査が普及することが望まれる。

　(c)　土砂移動特性の把握

　上述したような手法によって過去の土砂移動の実態を把握すると、この流域で将来起こるであろう土砂移動の様態が絞られる。つまり、いわゆる大規模崩壊（深層崩壊を含む）の発生が予想されるのか、その心配はほとんどないのか、小規模群発型の表層崩壊が主役なのか、土砂移動の規模はどの程度なのか、さしあたり経過観察でよいのかなど、比較的マクロに流域の性格をつかむことができる。

2.5.2　土砂移動規模の予測

　河床の堆積構造調査などから推定される過去の土砂移動の実態を参考にするとともに、詳細微地形分類図作成の過程で得られた情報をもとに、次に起こる土砂移動のおおよその規模を推定する。おおよそというのは、現象の発生規模をおおまかに、10の2～3乗、10の4～6乗、それ以上といった階級に分ける。例えば$3×10^3 m^3$、$8×10^5 m^3$、そうした程度のどんぶり勘定的な捉え方を表している。

　土砂移動現象には大規模崩壊や表層崩壊、地すべり、渓岸侵食、河床堆積物の再移動といった種々のタイプがあるが、対策立案のためには、どこでどのような現象が起こりそうなのか、さらにその規模がどれほどなのかを想定し、組み上げることとなる。箇所や規模の想定のためには空中写真に現れた微地形をさらに見直し、現地で観察、測量するなど、判断の素材をあらためて検討し、最終的には技術者が過去の経験を踏まえて判断することとなる。現在の段階で

は既往の大崩壊の個々の事例について、土砂移動前後の地形から移動量を可能な限り地形図や現地測量から計測し、あるいは推定して、ここから帰納的に予測のために有効な情報に収斂させることが必要である。とはいえ移動量の計測、推定には、既往の事例についてさえ、調査者によってばらつきがあり、予測移動量についてはなおさら相違するであろう。このようなことは現状では避けられない限界である。しかし、例えば後述するデルファイ法にならった手法でカバーするといった方法も検討されるべきであろう。

2.6 土砂移動箇所と危険度の予測

　土砂移動の規模と同時に予測しなければならないのが、将来発生するであろう土砂移動の危険度である。微地形から計画を組み立てる立場からは、詳細微地形分類図からもう一歩踏み込んで、どの箇所がどの程度危険なのかを検討する。現在のところ定着した手法があるわけではなく、過去の事例について、発生箇所を微地形から検討して、危険度という視点から微地形情報を整理し、これを素材に判断するしか方法はないように思われる。すなわち大崩壊の発生地点とか、小規模群発型崩壊の発生地域とか、そういった過去の土砂移動の事例について、現象発生前後の空中写真判読や現地調査などから、なぜそこでそうした現象が起こったのかを、微地形要素とその背景にある潜在的荒廃特性と、営力としての崩壊時までの降雨（融雪量を含む）条件あるいは地震の震度などとの関係から検討する。これが、土砂移動箇所とその危険度に接近するさしあたっての方法であろう。

　しかし、これだけが手法のすべてではなく、われわれが持っている土質力学、土砂水理学、その他の領域のあらゆる手段を駆使し、お互いに知恵を出し合って多角的に検討する必要がある。現在のところ、こうして将来起こりうる土砂移動の様態と起こりやすさの度合い、おおよその規模を判断することとなる。起こりやすさの度合いは、判読者たちが判読の過程で感じ取った範囲で崩壊しやすい状態にあると判断される斜面 A、A ほどの切迫感はないが不安定である斜面 B、過去の土砂移動によって乱れた斜面 C などに大別する。

　6.3.2 項は、2002（平成 14）年 9 月宮崎県別府田野川ほか 3 渓流で降雨に伴って発生した崩壊箇所について、筆者が崩壊前の空中写真からランク分けした危険箇所と、実際に発生した崩壊との対応をみたもので、両者を重ねた結果で

は、ほとんどの崩壊が崩壊危険箇所として予想した箇所で発生したことが確かめられた。なお、詳細な分析と検討が必要であるものの、空中写真を判読して土砂移動の危険度を判定する訓練を推し進めれば、ハード、ソフト両面の計画検討に大いに寄与するものと期待を持つことができた。また、2008(平成20)年の岩手・宮城内陸地震に伴って発生した崩壊についても同様の検討を行い、別府田野川等の場合とほぼ同質の感触を得た。また地震の場合には降雨による場合と異なる点も感じ取られた。なお詳細な検討が残されているが、その概略を 6.3.3 項で紹介した。

2.7 環境調査

　2.6 節までの一連の調査は、現地の荒廃特性・土砂移動特性を明らかにし、将来の土砂移動を予測する手立てについてであったが、この流れとは別に、対象地域周辺の動・植物の生態環境、対象地域の立地条件、地方自治体の持つ(検討中のものも含む)環境整備計画・開発計画など、諸種の社会的・経済的・文化的条件、そして景観などの実態を知ることが必要である。1997(平成9)年に河川法が改正され、生態環境、景観への配慮がいよいよ重視されるようになってきたが、2004(平成16)年3月に公刊された「国土交通省河川砂防技術基準計画編」によると、「第2章 第4節 河川環境の整備と保全に関する基本的な事項」として、総説に、(1)動植物の良好な生息・生育環境の保全・復元、(2)良好な景観の維持・形成、(3)人と河川の豊かな触れ合い活動の場の維持・形成、(4)良好な水質の保全が謳われていて、今後は環境、景観についての配慮が一層重要な課題となっている。

2.8 対策計画案の策定

2.8.1 対策計画の基本的考え方

　そもそも対策の基本は土砂移動現象という視点から、まずわれわれがその上に居住し、その上で活動する場の立地条件を知ることである。動植物の生存する場についても同様である。言い換えれば、われわれを含め地上に生存するあらゆる動植物にとって普遍的な環境はまず地表地形であり、これら動植物の生存の場、活動の場である地表地形の性質あるいは荒廃特性を知ることが防災対

策の大前提となる。そこから豪雨や地震、火山活動などによって災害の発生が予想される場の危険性とその度合い、平常時の土地利用のあり方や、危険を回避する手立てなどが導かれる。しかし、この危険性の度合いはそれぞれの土地に固有のものであると同時に、災害発生の引き金となる現象の種類や規模によって異なる。引き金となる現象には、地震のように突発的で極めて予測のつきにくいものから、降雨のようにある程度、予知・予測の可能なもの、その中間的な火山活動があり、ハード対策、ソフト対策ともこのような点を考慮し、様々なケースを想定して立案されねばならない。

図2-1のフローに示したように、対策は土砂移動の履歴と今後の予測、それに生態環境、社会環境等諸種の環境条件とを照らし合わせてハード、ソフトの両面から総合的に検討する。

2.8.2　ハード対策計画案の策定

　ハード対策計画は、微地形分類図作成の過程でおのずと見えてくるが、2.6節までに得られた結果から施設計画をまとめ、2.7節で調査した対象地域の"環境条件と照らし合わせ"て、ハード対策計画案を暫定的に策定する。

　詳細微地形分類図からあらかじめ絞り込んだ施設配置箇所と施設に期待する機能は、さらに現地調査によって詳細に検討する。施設のスペックを決定する要素は予想される土砂移動現象に対して施設に期待する機能、施設の位置、その場の地形、地質、上下流の自然環境、社会環境などであり、このような要素を総合的に検討することによって経験的にスペックが絞られる。その際予想した土砂移動規模に対して、施設あるいは施設群がどの程度の土砂を抑制、調節しえるかを判断しなければならないが、それには推定される上流からの土砂移動状況、土砂堆積位置に見られる過去の堆積痕跡などのほか、他流域を含めて過去の類似事例、土砂水理学的な検討（微地形から予想した土砂移動箇所や規模を計算式にインプットした数値シミュレーション）などを手がかりとして推定する。施設位置の河床勾配や推定される流量や流下土砂の質と量によるが、一般に大規模な土砂流出の場合には、砂防堰堤や河道の土砂堆積勾配は現河床勾配より急であることが過去の例に見られることに留意する。

　いま推定される規模の土砂移動に対して、一連の施設群で流出土砂を抑制、調節しきれないと判断されれば、より下流で、想定される現象に見合うソフト対応を準備することになる。日光稲荷川の事例（6.2.2項）のように大規模な災害履歴がある場合には、堆積地の堆積構造調査（観測井、テストピット、試

錐などによる堆積物の地質構成、堆積の様態、堆積物中の腐食物等の調査）を実施する必要もある。

　本項の冒頭に述べた"環境条件と照らし合わせる"とは、砂防区域内では例えば動植物の生態環境、土砂移動形態の点から河床と渓畔、およびそれに続く河岸斜面との横断的な連続性、さらに渓流の縦断的な連続性を保つよう、また保護すべき植物群落に配慮する等である。また砂防区域より下流については、河床変動現象の上下の変動幅（堆積と洗掘との幅）を災害にならない程度に抑えるよう、あるいは海岸浸食に対しての配慮、検討が必要であるといったことである。しかし、河床の低下や海岸侵食を防止するためには下流に土砂を供給する必要があり、一方、河床上昇の防止のためには上流からの流下土砂の波形を低平な波形にならした形で流下させる必要がある。このような点から当面アクシデンタルな大量の土砂の流下を抑制、調節する機能と、いったん貯砂・調節した土砂をできるだけ徐々に下流に流下させる機能とを兼ねた施設計画が望ましい。河床の変化の追跡は非常に困難で、長期にわたる観測態勢（組織、人員、予算）が必要である。施設の効果は長い時間をかけてチェックすることになる。

　ハード対策と生態環境、景観との調和についての調整では、当該地域あるいはその周辺に暮らすことを余儀なくされている住民の存在を含めて、議論されるべきであり、公共事業として実施されてきた砂防事業は、国の予算といった広い場の中で社会的・経済的な制約も当然考えられるが、より基本的に長い目で山間地保全、国土保全という視点をおろそかにしてはならないことは当然である。

2.8.3　ソフト対策計画案の策定

　そもそも地先保護的な土砂災害対策は、被災する住民側の自主的な対応、すなわち「ソフト対応」から出発した。その際、住民がその上で活動する土地の安定度が判断の基礎であったことは間違いない。この点は現在でも基本的には変わりはない。しかし、その土地の安定性の検討という点がおろそかになっている。

　ソフト対策は地形的あるいは社会的条件、時間的な制約などによってハードな手法によれない場合や、一連の施設で抑制しうる規模を上回る土砂移動現象の発生による被害が予想される場合には、それに見合うソフト対策計画を策定する。

ソフト対策計画も、降雨対応、活火山対応、地震対応と現象ごとに対策を検討しなければならない。ここでは降雨対応について考える。

対象とする移動土砂量の多寡、また対策がハード面、ソフト面かにかかわらず一般に土砂災害対策には三つの面がある。①土砂災害が発生する場としての山地とその縁辺部の地形条件、②土砂災害を発生させる営力としての降雨条件（地震や火山活動に対しても基本的には考え方は同じである）、③土砂災害関連情報システムである。豪雨時には土地条件に時間とともに変化しつつ移動する降雨条件を重ねることによって、被害発生場の危険性を時々刻々予測し、行動へ移すことになる（図2-2参照）。

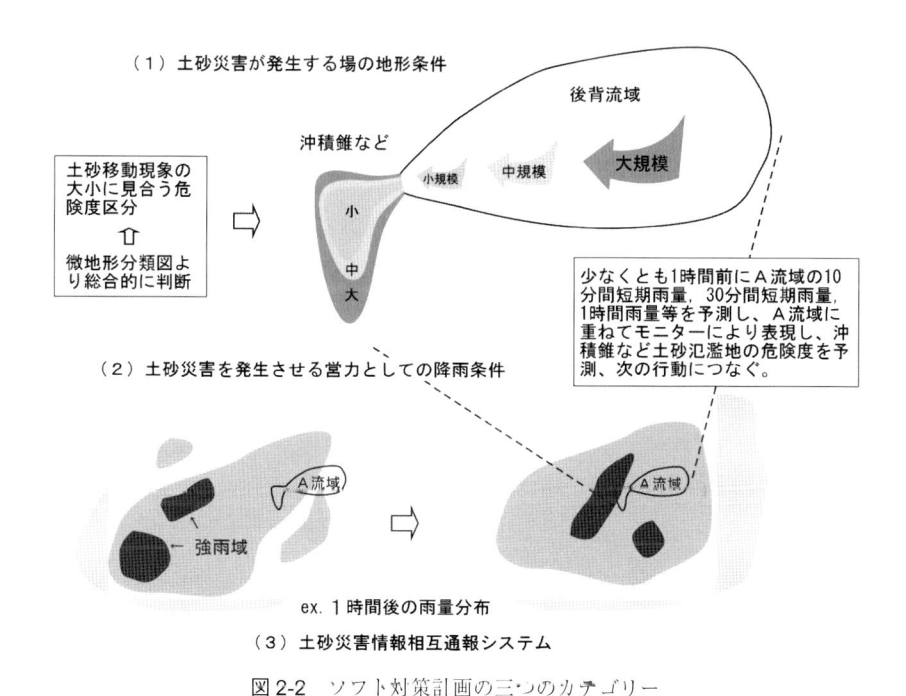

図2-2 ソフト対策計画の三つのカテゴリー

(a) ハザードマップの作成と公表

土砂災害が発生する場は、「土砂が氾濫・堆積する谷出口の沖積錐、後背山地中の渓間扇状地など」と「土砂を生産し流送あるいは調節する後背山地」で、土砂移動現象は両者が一体の現象として発生する。したがって、ハザードマップを作成する場合には土砂生産の側からは、後背山地の詳細微地形分類図

から抽出した危険箇所を抽出し、予想される土砂移動規模をあらかじめ複数段階想定する。堆積地については微地形分類図をベースとし、予想される土砂移動現象の規模、様態に見合う堆積地の危険度を想定して分帯し、複数段階のハザードマップを作成する。ハザードマップの作成に当たっては、何らかの形で早い時期から住民が参加することが望ましい。ハザードマップは地域住民に公表し、また説明会を開くなどして周知徹底を図り、避難対策等の検討、実施に資する。住民との作成段階からの協力が深ければ深いほどハザードマップは効果を発揮する。

(b) 避難場所、避難経路の設定

避難対策の場合、避難場所、避難経路の検討は特に慎重でなければならない。一つは、避難には乳幼児から老人、病人まで、様々な形で人手を借りなければならない人たちがいること、避難は強雨や強風下である場合が多いこと、夜間で明かりが全くない場合が多いこと、これらの条件が重なる場合もあること等いろいろと考えなければならない。二つ目は、予定した避難経路が集中豪雨の際には変質すること、つまり舗装道路が急流となる場合や路側が決壊し、あるいは斜面からの崩壊土砂や林木が道路を塞いで通れないといったケースも多い。三つ目、避難場所は学校、公民館など公共の場であることが多い。しかし、これらが比較的近い過去に新設あるいは移転してきたような場合には、土砂氾濫の危険箇所に立地している例がよく見られる。例えば、比較的長く放置されてきた沖積錐等に立地し、しかも水路が人工的に不自然に大きく改変されているといった事例である。こういった点から計画を細かく見直すことも必要である。

(c) 警戒避難基準雨量の設定

土砂災害に関わる降雨条件は、古くから多くの研究成果が公にされている。実務的な立場からは警戒避難基準雨量の設定が最大の課題であり、その手法としては、①旧建設省砂防課長通達による手法（1984（昭和59）年）、②総合土砂対策検討会により提言された手法（1993（平成5）年）、③その他いくつかの手法があり、現在も種々の研究が進められている。各都道府県では、このような資料に基づいて警戒避難基準雨量を定めている。

(d) 予警報システムの構築

災害発生の予想される降雨時には、アメダス情報のほか、更にきめ細かい観測データによって得られる雨域とその強度、移動の状況を観測センターのモニ

ター上でハザードマップにオーバーレイし、ここから危険区域を予測し、避難等必要な行動へとつなぐ。そのための観測・監視システム、解析システム、情報伝達システム等に関わる種々の機器の設置など、災害予警報システムの構築計画を立案する。その際、気象庁など関連する諸官庁の取り組みの現状と計画を把握し、それらとの調和・整合を図ることが必要である。

(e) 土砂災害情報相互通報システム

　土砂災害情報相互通報システムの基本は、平常時から災害時を通じて、土砂災害関連情報を行政と住民との間で迅速かつ的確に共有できるシステムを整備することであり、それが緊急時滞りなく機能する必要がある。そのための詳細な分析、検討が必須である。IT技術がフルに活用されることを期待する。同時に地域住民の防災意識の高揚が極めて重要で、その際にも、住民がその上に居住し、活動する地形条件を詳細微地形分類図などによって行政と住民との間できめ細かに意見交換し、納得し合っておくことが肝要である。

(f) 工事安全対策

　また工事施工中の危険を予想する場合（本書 5.2.3(3) 項の姫川支蒲原沢の例）も、事前に局所的なより詳細な微地形分類図を作成し情報を共有しておけば、対応のための有力な情報となる。

(g) 活火山対策

　活火山対策の場合には、過去の災害実績の解析が特に重要なテーマとなる。これを素材として噴出の位置、噴出物の質、規模等を幾通りも想定し、微地形解析や数値シミュレーションなども適用してハザードマップを作成し、降雨対応と同様種々のハード、ソフト対応を整えることとなる。

(h) 地震対策

　地震の場合は現象が突発的であり、特に大地震の場合、土砂移動現象が発生するとすれば、2008（平成20）年の岩手・宮城内陸地震のようにその規模は極めて大きく、事前、事後の対応はハード、ソフトとも大変難しい。降雨対応や活火山対応にもまだまだ検討すべき要素が多いが、地震の場合はなおさらである。

(i) 新法への対応

　1999（平成11）年6月広島県を中心に発生した土砂災害を契機に、翌12年「土砂災害警戒区域等における土砂災害防止対策の推進に関する法律」（以下、新法と表現する）が公布された。この法律は土砂災害防止のためのソフト対策

について定めたもので、現行の砂防三法に基づくハード対策と併せて土砂災害防止に対応しようというものである。

　この新法の第4条［土砂災害防止法研究会編著（2000）］では、「土砂災害防止のための対策に必要な基礎調査として、急傾斜地の崩壊等（等は土石流及び地すべりを指す）のおそれがある土地に関する地形、地質、降水等の状況及び土砂災害の発生のおそれがある土地の利用状況その他の事項に関する調査を行うものとする」とあり、基礎調査の説明の中で調査内容として「災害の発生が予想される地区における土砂の予想到達範囲や土地利用状況等」と同時に、「土砂災害の原因地も含めた地形、地質、降水等の状況の調査」を挙げている。「このことは土砂災害の発生のおそれがある土地」（谷の出口の沖積錐や押し出し地形）の「利用状況その他の事項」に関する調査のほかに、後背流域での土石流や地すべりの発生等土砂移動に関わる地形、地質、降水等の要素、要因の調査が必要であることを述べている。

　また第8条第2項中、「建築物に作用すると想定される衝撃に関する事項」については「建築物の構造の規制に必要な事項」として「衝撃の大きさや作用する範囲等が想定され」なければならず、そのためには後背流域からの土石流や巨礫、流木等の挙動についての情報が必要である。このようなことから、新法による警戒区域、特別警戒区域の指定も個々の流域を後背流域、堆積地を一体として調査・検討すべきであることを示しており、この点の調査が極めて重要であり、早急に順次実施されることが期待される。

2.8.4　関係諸機関・地域住民との合意形成

　暫定ハード、ソフト両対策案がまとまることによって、当該砂防対策の大要が固まる。これをもとに、他の治山事業担当部局や市町村、地域住民、その他関係団体などの意向あるいは計画との調整を図り、合意・協力を得て最終的なハード対策計画、ソフト対策計画を決定する。合意形成の際、広域微地形分類図と詳細微地形分類図が基本的かつ有力な資料となる。またこれらの分類図をベースとした荒廃特性や対策事業の現況等を紹介するVTRやCD-ROMなどが作成されておれば、より効果的である。

　合意形成の基本はそれぞれ、その土地の土砂移動特性を納得のいくまでつきつめた資料に基づいて判断したものでなければならない。

　以上のような経緯によって、計画から対策に移行する。

2.9 施設配置計画、設計

先に決定されたハード対策計画（短期計画）に従って個々の施設を計画、設計する。設計に当たっては、施設に期待する機能から、施設の種類、構造、諸元を最も効果的・経済的に、想定外力に対して安全に設計する。施設に期待する機能は、施設の位置で予想される土砂移動の様態から導かれる。様態の根拠は詳細微地形分類図であり、さらに個々の土砂移動の様態が土砂水理学的に検証されることが望まれる。

渓流に新しく施設を設置すると水流の挙動は微妙に変化する。それにつれて施設（横工）の堆積現象、渓床・渓岸の侵食状況も変化し（5.3.3項の外ヶ谷の例参照）、施設の破壊を招くといった負の機能も発生する。このような要素を過去の事例や水理模型実験などにより、事前に十分に検討することも必要である。遊砂地や樹林帯・渓畔林の造成や堆積土砂の排出もハード対策の一環として組み込まれる。

施設の材料は、まず、施設に期待する機能を満たすものでなければならない。最近では、特に現場発生材の有効利用、環境保全、低コスト化といった社会的要請に応じて、施設に期待する機能に見合った諸種の材料や施工法の開発が進められている。例えば、現場発生材の直接利用法としてのアーマドフィルダムの砂防ダムへの適用、現場発生材を補強して利用する従来からのセルダム、ダブルウォールダムから、さらに現場発生材と鋼製材料等のそれぞれの適性を組み合わせたハイブリッドタイプの砂防構造物も開発されている。発生材を固結して利用する従来のソイルセメント工法を応用した INSEM 工法も研究されており、既に実施段階にある。また最近では、現場発生材の固結工法の品質面、施工管理面の向上を目途として、クラッシャランを骨材としてセメントで固結させる LUC 工法等も考察され適用されつつある。 一方、施工中の濁水や騒音、景観に対する影響などについても適切な処置がなされなければならない。

2.10 ソフト対策計画

2.8.3項で決定された観測・監視システム、解析システム、情報伝達システムに関わる種々の機器を設置、調整する。観測、監視システムの検討には流域

の地形が関わる。

　ソフト対策のもう一つの柱である住民への PR や職員研修などは、どのようなハード施設、ハイテクによる予警報システムを設置しても、なお不可欠な重要な課題である。

　行政と住民の協働による国土計画が謳われているが、行政と住民や市民団体が協同して土砂災害を未然に防止する観点から多角的に検討して計画を立案し、実施するのが本来の姿である。住民への PR、職員研修などを通して地域、土地の危険性の度合いや、避難場所や避難経路などの周知、徹底に絶えず留意すべきである。また、そうした場所や経路の変状の監視や避難訓練も、それを効果的継続的に行えるよう、工夫して実施していく。特に土砂災害予警報システムは、設置後その稼働テストを入念に行い、その維持・管理に、万全の態勢を組まなくてはならない。砂防ボランティア制度の活用、他の行政部署との連携（国土交通省、農林水産省、厚生労働省、防災協定など）、住民自治会との連携などは今後ますます重要なソフト施策になっていく。2.4.2 項の(c)で述べた PR 資料の活用も積極的に進められることが望ましい。

　これらいずれの場合にも、その基礎資料はそれぞれの土地の性状を表している広域微地形分類図、詳細微地形分類図であり、これによって地域住民が自らが居住し、活動している場の荒廃特性、土砂移動特性、微地形を考慮した緊急時の対応などを認識することができ、このことがソフト対策において最も基礎的で重要な事項である。

2.11　追跡調査とフィードバック

　ハード施設の施工とソフト対策計画に基づく施設設置、ツール開発、訓練の実施等が行われて一連のプロジェクトは終了する。しかし、ハード、ソフト対策の充実を図るためには、その後の追跡調査とその結果のフィードバックは欠かすことのできない重要な項目である。

　ハード施設の計画・設計に当たっては、施設配置計画、工種、特に期待する機能、施設の規模は、いわゆる技術的判断（エンジニアリング・ジャッジメント）によって決定される。その判断が妥当であったか否かは、砂防施設の場合には、施設が設置後どれだけ期待した機能を果たしているか、その実態を経時的に把握するために追跡しチェックする以外にない。追跡調査は、次期の施設

計画に有効な資料を提供する唯一の方法である。これは、土砂移動現象の理解のためのデータを提供するのみならず、データをもとにした数理科学的な検討のためにも欠かすことができない項目である。また、ソフト計画の妥当性についても同様である。

　さらに植生や魚類、虫類などの生態環境に対する影響や地域社会に対する貢献度あるいは経済効果などについて追跡調査することも、土砂移動現象に対する機能調査の場合と同様である。

　このように、ハード、ソフト両面から土砂移動現象の変化を微地形の変化過程を通して追跡し、計画時点の考え方と照らし合わせ、計画の妥当性を効果、影響などの面からチェックし、得られた結果に応じて計画を躊躇することなく更改していく。以上が微地形から出発する砂防計画手法の基本的な考え方である。

第3章　侵食・堆積に関わる微地形要素

3.1　日本列島の基盤としての変動地形

　微地形から出発する砂防計画の手順は、先述したように、まず、いま対象としている流域あるいは地域の荒廃特性を知ることから始まる。この荒廃特性は日本列島がいわゆる変動帯に位置し、過去から今日まで長い地質学的年代を通して変動してきたことが基本にある。

　地球の表面は変動帯すなわち地殻変動や地震活動が活発に起こった、あるいは起こっている地帯と、安定地塊すなわち変動は受けても既に古い地質時代に固化した地塊とに分けられる。図3-1は、世界の火山、地震帯、巨大崩壊の分布図で、世界におけるハザードゾーンを示している。ハザードゾーンは前者の変動帯に含まれる。

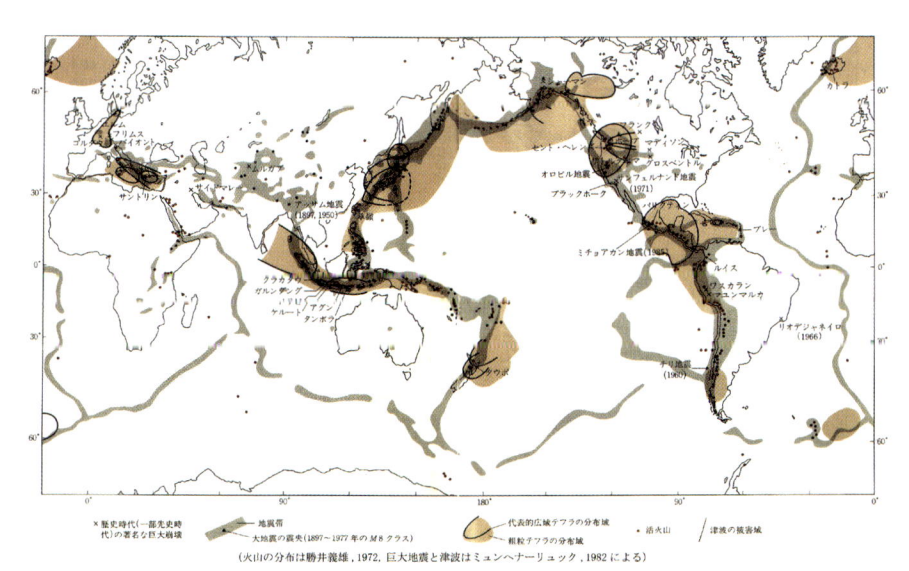

図3-1　世界の火山・地震・津波・山地崩壊による災害地図 [町田ほか編（1986）]

表3-1に歴史時代における巨大崩壊の事例を示した。ここで巨大崩壊というのは、崩壊の規模が$10^7 \sim 10^9 \mathrm{m}^3$のオーダーのものである［町田（1984）］。

図3-1、表3-1によってもわかるように、巨大崩壊のほとんどは前述した変動

表3-1 歴史時代における巨大崩壊

［町田(1966、1984)、「砂防学講座」編集委員会編(1992)、力武常次監修国会所要編纂会編(1996)、千木良(1995)、善光寺地震災害研究グループ(1984)、小林(2005)、土屋(2008)、吉倉・村井ほか(2007)、古谷(2001)、地盤工学会(2009)、田畑・井上ほか(2001)、山田・蔡飛ほか(2008)、井口(2005)、(社)日本地すべり学会第三次調査団(2006)、中部地方建設局・(財)砂防・地すべり技術センター(1986)に基づき編集］

No.	事例 (発生年順)	発生場所	発生年	土砂移動の引き金	土砂移動タイプ	土砂移動規模 ($10^7 \mathrm{m}^3$)
1	大月川	長野県	888	水蒸気爆発？	岩屑流	35
2	Granier	フランス	1248	不明	岩屑流	50
3	ピゾ・マグノ	スイス	1513	不明	岩屑流	8〜10
4	庄川帰雲崩れ	岐阜県	1586	地震	岩屑流	1
5	アントローナピマナ	イタリア	1642	不明	岩屑流	1.2
6	ディセンティス	スイス	1683	不明	岩屑流	1〜2
7	大谷崩れ	静岡県	1702	地震、豪雨	層すべり、土石流	12
8	ディアブレテス	スイス	1714	不明	岩屑流	5
9	加奈木崩れ	高知県	1746	不明	層すべり、土石流	3
10	Tjelli	スカンジナビア	1756	連続降雨	層すべり	1.5
11	島原眉山	長崎県	1792	地震・火山活動	岩屑流	48〜11
12	Rossberg(Goldau)	スイス	1806	地下水圧、豪雨等諸説	岩屑流	3〜4
13	Goldau	スイス	1806	融雪	土石流	2
14	岩倉山（虚空蔵山）	長野県	1847	地震	地すべり	8.4
15	Mt. Garivaldi	カナダ	1855	地すべり、天然ダムの決壊	土石流	2.5
16	立山崩れ	富山県	1858	地震	岩屑流、泥流	27〜41
17	Ahrn Valley	イタリア	1878	豪雨	土石流	1.4
18	Elm	スイス	1881	長雨、斜面基部でのスレートの掘削	岩屑流	1.1〜1.3
19	磐梯山	福島県	1888	水蒸気爆発、地震	岩屑流	150
20	十津川（川津新湖）	奈良県	1889	豪雨	土石流	3.6
21	バエルダラン	ノルウェー	1893	不明	地すべり	5.5
22	Mt. Una Una	インドネシア	1900	火山湖での爆発	ラハール	220
23	Fran k	カナダ	1903	炭坑の掘削？	岩屑流	3.65
24	Murgab	旧ソ連	1911	-	岩屑なだれ？	250
25	稗田山	長野県	1911	豪雨？	岩屑流	15
26	Usoy landslide	旧ソ連	1911	地すべり、土石流		200〜250
27	Alma Ata	旧ソ連	1921	豪雨	土石流	1
28	Lower Gros Ventre	アメリカ	1925	豪雨＋融雪＋地震？	層すべり、岩屑なだれ	4.0
29	別当崩れ	石川県	1934	融雪、集中豪雨	土石流	1.3
30	草嶺	台湾	1941	地震	層すべり	15
31	草嶺	台湾	1942	豪雨	層すべり	20
32	Mt. Rainier	アメリカ	1947	火山爆発	土石流	5
33	タジキスタン	旧ソ連	1949	地震	岩屑流	40〜50
34	ベズイミヤヌイ(ベズミアニ)火山 Bezymianny	旧ソ連	1956	火山爆発	岩屑なだれ	100〜1,000
35	Fischbacher alpen	オーストリア	1958	豪雨	土石流	1
36	Madition Canyon	アメリカ	1959	地震	岩屑流	2
37	Huascaran	ペルー	1962	不明	基岩の崩落(rockfall)、岩屑なだれ	1.6
38	Little Tohowa Peak	アメリカ	1963	小規模な水蒸気爆発？	岩屑流	1.1
39	Vaiont	イタリア	1963	ダム水面上昇に伴う地下水面の変化	層すべり	26
40	Sherman Glacier	アメリカ	1964	地震	岩屑流	1〜3
41	Hope	カナダ	1965	地震	層すべり	4.7
42	Steinsholtslon	アイスランド	1967	不明	不明	2.5
43	Yalong	中国	1967	不明	岩屑なだれ？	6.8
44	Huascaran	ペルー	1970	地震	岩屑なだれ	5〜10
45	Mntaro	ペルー	1974	不明	岩屑なだれ？	160
46	Maynmarca	ペルー	1974	地下水圧上昇？	岩屑流	100
47	Mt. Meager	カナダ	1975	不明	岩屑流	2.6
48	Mt. St. Helens	アメリカ	1980	火山性地震、水蒸気爆発	岩屑流	280
49	御岳山	長野県	1984	地震	岩屑なだれ	3.6
50	草嶺	台湾	1999	地震	地すべり	12.6
51	九份二山	台湾	1999	地震	地すべり	7.6
52	Dandbeh 地すべり	パキスタン	2005	地震	地すべり	2.7
53	レイテ島地すべり	フィリピン	2006	豪雨、地震	岩屑なだれ	2
54	荒砥沢ダム上流大規模崩壊	宮城県	2008	地震	地すべり	7.5
55	小林村の大規模地すべり	台湾	2009	台風豪雨	岩屑流	1.0

帯に集中している。例外的に北アメリカやスカンジナビアなどの安定地塊の中にもわずかに見られるが、これらは地すべりで、例えば、ノルウェーの場合にはフィヨルドにおける大規模な岩盤地すべりやクイッククレイに起因する地すべりである［岡本（2006）］。前者の岩盤地すべりは氷食による応力変化によるもので、氷期に氷河、氷床によって圧密されていた岩体が、後氷期に入って次第に節理系を発達させ、そこに浸透する水分によって強度を低下し、岩盤すべりが発生したものである。またクイッククレイに起因する地すべりは、最終氷期の終了前後（約1万年前）に海底に堆積した海成粘土が、離水後溶脱作用によって結合力が低下してできたクイッククレイに過度の振動が加えられ、クイッククレイが破壊し地すべりが発生したものである［岡本（2006）、「砂防学講座」編集委員会編（1992）］。

図3-2は、世界のプレートの分布図で、世界のプレートおよび大陸と大洋底の分布を示している。プレートテクトニクスの理論は、山脈の形成や地震・火山活動など、地球上の変動をプレートの相互作用によって説明しようとするものである［藤田（1985）］。地球の表層部の厚さ100kmぐらいの部分が何枚かの板状の硬い岩盤（プレート）でできていて、プレートの運動は水平に移動して、接近するか、あるいは離れるかの二つのケースがあり、接近する場合はさらに

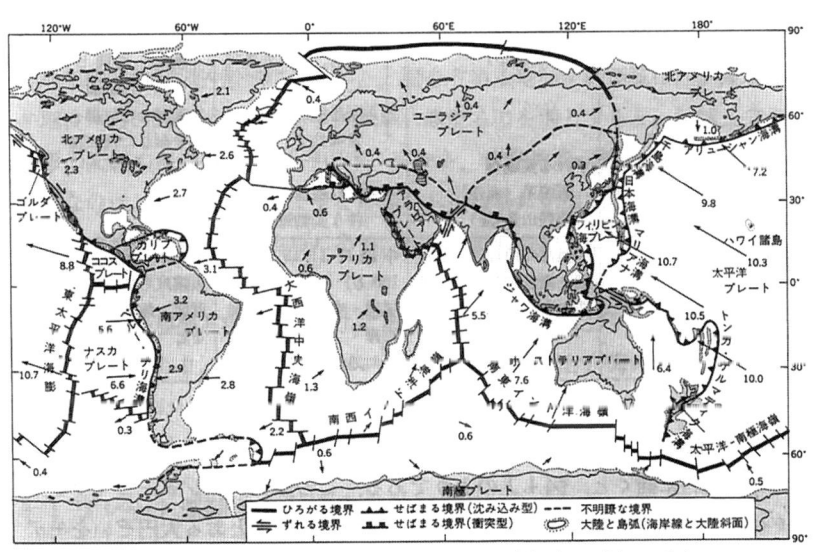

矢印はプレートの絶対運動（ホットスポットを不動とみなした運動）の速度と方向で数字はcm/年［Minster and Jordan, 1980の図；上田、1989に収録されているものによる］大陸がプレート面積の大部分をしめるユーラシアプレートとアフリカプレートでは絶対運動が小さいのに対して、海洋プレートの代表で、長い海溝を縁にもつ太平洋プレートの絶対運動が10cm/年に達することに注意。

図3-2　世界のプレートの分布［貝塚（1997）］

衝突して山系を形成する衝突型か、一方が相手の下に沈み込む沈み込み型に分かれる。図中の海嶺（大洋の底にある海底山脈で、マントルが地下深部から上ってくる場所）、海溝（海洋プレートが他のプレートに沈み込む場所）が図3-1の地震帯、火山の分布域に当たっている。

　日本列島に関わるプレートでは、太平洋底を構成する太平洋プレートが、日本海溝の地帯で日本列島の下に沈み込むという構図と、フィリピン海プレートが南から押すという構図が考えられている。北アメリカプレート、ユーラシアプレートに太平洋プレート、フィリピン海プレートが沈み込む過程で第四紀の日本列島に圧縮力が働き、この圧縮力によって日本列島は東西に近い方位に短縮する。短縮の速さは本州中部で最大の10^{-8}/年である（太平洋プレート、フィリピン海プレートの絶対運動はともに10cm/年に達するのに対し、北アメリカプレートは1.0mm/年、ユーラシアプレートは0.4cm/年にすぎない（図3-2の説明参照）。

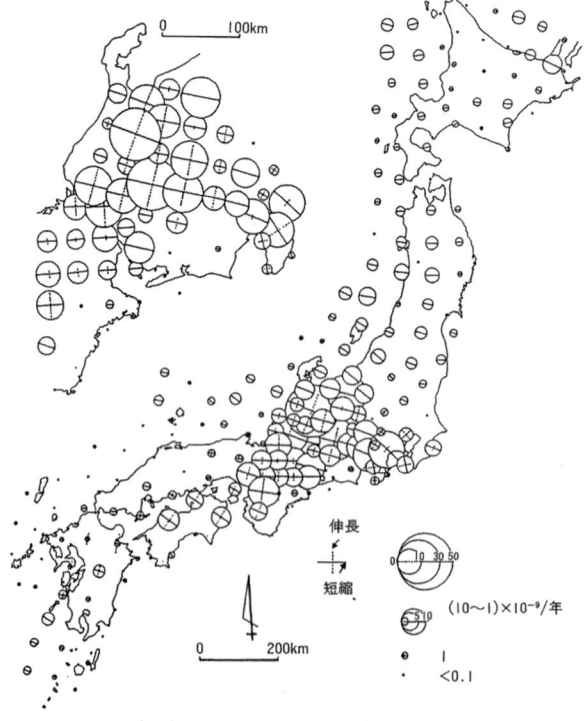

円内の実線は最大短縮軸の方位と平均短縮速度を,
点線は最大伸長軸の方位と平均伸長速度を示す.

図3-3　活断層から求めた第四紀日本の短縮と伸張速度の分布［貝塚（1998）］

図 3-4 は、大理石のテストピースを圧縮するときにできる割れ目（交差する二つのせん断面）を示している。この破断したテストピースをそのまま横に倒した状態を、第四紀日本列島に太平洋プレートからの圧縮力が加わった状態に置き換えると、基盤岩が破壊・変形し、図 3-5 のような諸種の変動地形が生ずる。

日本列島は少なくとも 50 万年前あたりからこのような断層でブロック化運動の時代に入ったといわれており［Hujita, K. ほか（1973）］、国土は断層で切られ、さらにこの断層ブロックが差別運動をして、モザイク状に破砕されていると考えられている。破砕の仕方は、硬い岩石と軟らかい岩石とでは異なる。図 3-5 は、固結岩と未固結岩による断層の現れ方の相違を示している。この図は中規

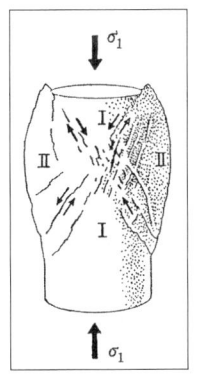

（σ_1 が最大圧縮主応力軸）

図 3-4　大理石のテストピースを圧縮する時にできる割れ目［藤田（1983）］

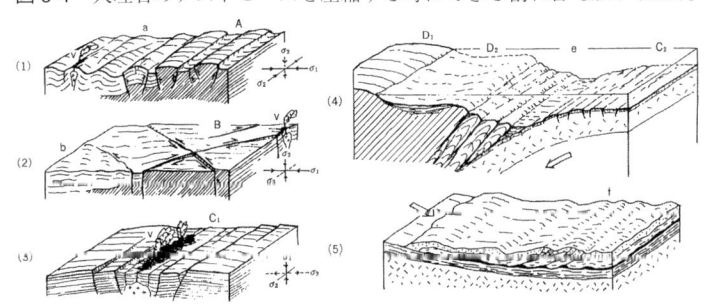

左右の長さは数十 km 程度、上下の厚さは 10 km 程度。A, B, C, D は固結岩に現われ、a, b, e, f は未固結岩に現われやすい。v は火山、A：逆断層による地塁と地溝、a：褶曲、B：横ずれ断層、b：横ずれに伴う褶曲（断層が左ずれのときには杉型の雁行褶曲になる）、C_1：正断層による地溝と地割れ・割れ目噴火、C_2：プレートの沈み込みに伴う曲がりによる伸張性正断層、D_1 と D_2：長い波長の隆起と沈降（曲隆・曲降）、e：プレートの沈み込みに伴う逆断層と褶曲した付加体、f：重力滑動によって生じる未固結岩の褶曲と断層。

図 3-5　中規模変動地形の主な型［貝塚（1998）一部変形］

模変動地形と表現されていて、われわれが対象としているミクロな現象と比べはるかにスケールの大きな話のように思えるが、実はわれわれが対象とする山地の荒廃特性を考える上で最も基本となる事項である。

　図3-6は、「新編日本の活断層図―分布図と資料」に示された中部日本の活断層図である。図中の主な断層の跡津川断層、木曽山脈山麓断層、馬篭峠断層、屏風山断層等は、その方位は北東-南西、釜無川断層群、阿寺断層、根尾谷断層等の方位はNW-SEで両者は共役で、前者が右ずれ断層、後者が左ずれ断層である。これらの断層群は第四紀日本の基盤に東西方向の圧縮力がかかっていることを考えると、図3-5の(2)で示された横ずれ断層発生のメカニズムと調和的である。

　前述したように日本列島の硬い基盤岩に発生した断層や破砕帯は物理的風化、化学的風化、それに豪雨時には降水の浸透による力学的不安定化等に大きく影響し、また軟岩の場合には化学的風化をより促進させる。また崩壊や地すべりの作用力に関わる地下水、浸透水、湧水等の挙動も上述した基盤岩の破砕や風化と大きく関連している。

　図3-7は、第四紀における日本列島の「集成隆起沈降量図」で、地殻変動の大きさの地域的分布を示している（ここで示したのはその部分である）。変動の大きさは地形学的方法と地質学的方法によって別個に求め、得られた結果を比較検討して日本全国の集成（隆起沈降量）図が作られた。その図では、日本アルプスを中心とする中部日本で隆起量が最も大きく、最大隆起量は飛騨山脈で1,700mに達し、その周縁、特に北西側で大きな勾配で隆起量を減じている。その他の地域で隆起量が1,000mに達するのは、日高・夕張山地、越後・魚沼山地、紀伊・四国・九州山地で、北上山地・中国山地・北海道北部は小さく、750mに達しない。

　表3-1に示した日本の巨大崩壊や、崩壊規模が$10^4 \sim 10^6 \mathrm{m}^3$の大規模崩壊、深層崩壊は、日本アルプス等最近の地質時代に隆起が激しく、したがって、深い谷が刻まれた地域および第四紀火山地域に見られる。隆起の激しい地域では谷壁斜面は急で、凸形の長大斜面となり、これに地殻変動による基岩の脆弱さが加わって巨大崩壊や大規模な深層崩壊が発生すると考えられる。一方、前記隆起沈降量図で隆起量が750mに達しない北上山地や阿武隈山地、中国山地等には小起伏面が分布する。これらの小起伏面の高度は、地域的に異なるとともに、同じ地域においても複数の水準に分布する。これらの小起

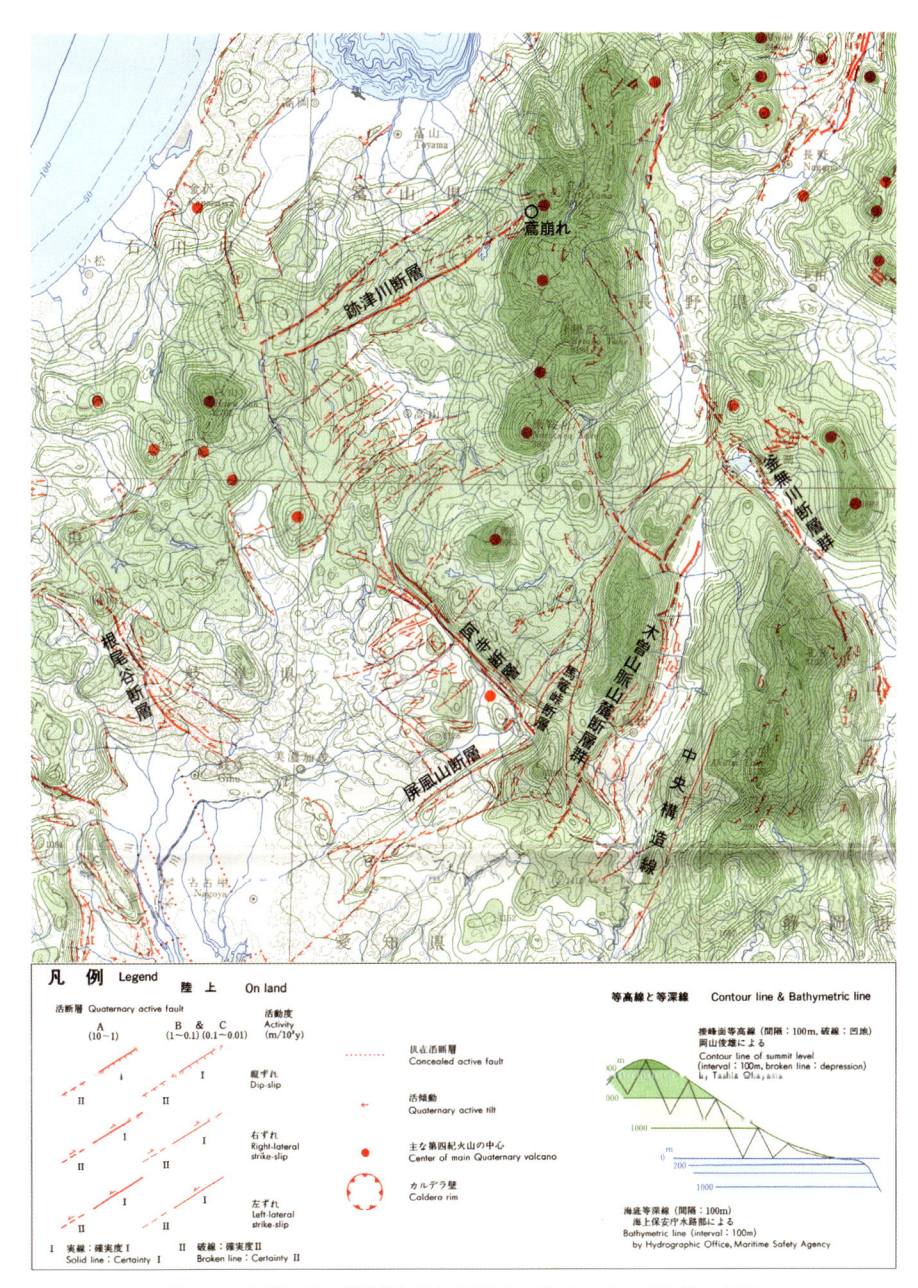

第3章　侵食・堆積に関わる微地形要素　　47

図 3-6　中部日本の活断層［活断層研究会編（1991）一部加筆、変形］

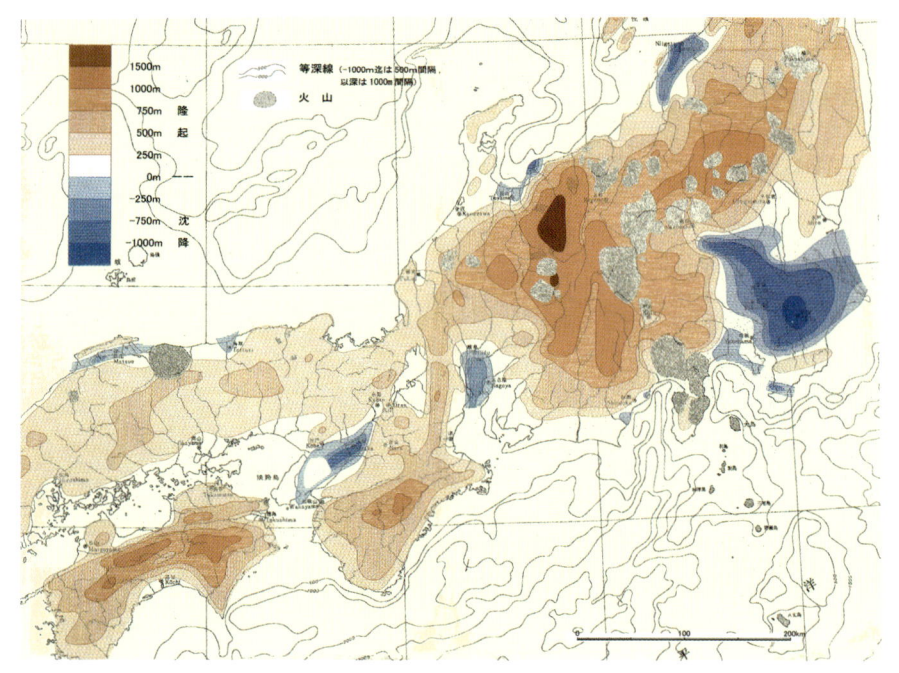

図3-7 日本列島における第四紀の垂直変位量の分布（集成隆起沈降量図）
［国立防災科学技術センター（1969、1973）］

伏面は長期にわたって激しい隆起と侵食から逃れた地域で、それだけ長期の化学的風化、特に花崗岩類地帯などでは深層風化が進行したと考えることができる。

　日本列島は世界でも有数の地震国である。地震はプレートの沈み込み帯の特定の箇所で、プレートの相互運動の結果として発生する。図3-8は、日本付近の震源分布を示している。地震が岩体深くまでクラックを生じさせ、これが崩壊の素因をつくり、あるいは深層風化の原因をつくる。また、地震が崩壊の引き金となることはよく知られている。1923（大正12）年の関東地震によって丹沢山系に多数の崩壊が発生し、また同山系の花崗岩地域では長期にわたる荒廃の原因となった。最近では、2004（平成16）年10月の新潟県中越地震による大規模崩壊、2008（平成20）年5月の中国四川大地震、2008（平成20）年6月の岩手・宮城内陸地震などによる巨大崩壊が生々しい。表3-1の巨大崩壊事例の中にも、地震によるものが30％を占めている。表中の鳶崩れは1858（安政5）年の地震により発生した$3.3 \times 10^8 \mathrm{m}^3$という巨大崩壊であるが、

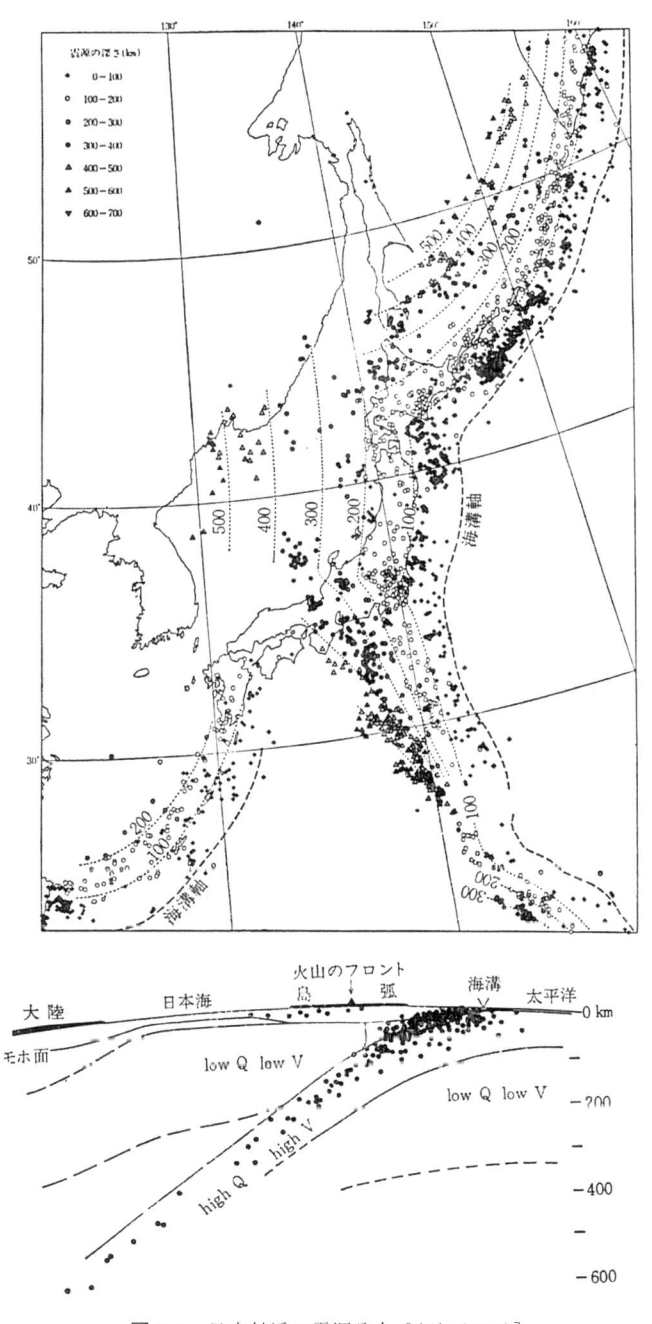

第3章 侵食・堆積に関わる微地形要素　49

図 3-8　日本付近の震源分布 [宇津 (1974)]

その位置は図 3-6 に見るように跡津川断層ともう一つの活断層（茂住祐延断層）の交点である。

　以上のように、日本の基盤地形は地殻変動に由来する変動地形で、これが日本列島の基盤を地域的な差違はあるにせよ普遍的に脆弱化している。これが基本的な特徴である。

3.2　荒廃に関わる三つの要素

　日本が現在までに砂防に関連して技術協力、技術交流を行ってきた国は、表 3-2 に示すようにインドネシア、ネパール、台湾、中国、フィリピン、ニュージーランド、ペルー、ベネズエラ、アメリカ、カナダ等々、それにオーストリアはじめヨーロッパアルプス周辺の国々で、いずれも変動帯に属するか、変動帯をその一部に持っている。これらの各国について土砂災害の引き金となっている要因あるいは要素は、表 3-2 に記したとおりで、人為的要因を除けば地殻変動要因、火山性要因、寒冷気候（高山性）要因が挙げられる。

　地殻変動は変動帯に際立った現象であり、火山性要因も地殻変動に伴って生じる場合が多い。寒冷気候（高山性）要因は地殻変動と直接の関係はないが、変動帯では標高の高い山地が形成されるため、低緯度の割に寒冷気候の影響を受けやすい。日本では、これらの三つの要素のすべてが該当している。また、後述するように人為による影響が土砂災害に結びつくケースも多い。

　次に、これらの要素を概観しておこう。

3.2.1　地殻変動要因

（a）変動地形

　地殻変動要因が土砂移動現象に関わる直接的な要素として、第一に取り上げられるのが変動地形である。3.1 節で述べたように、日本列島の基盤全体が地殻変動によって破砕され、地震や豪雨に対して極めて脆弱な体質となっている。これが基本的な特徴である。図 3-6 は中部地方の活断層であるが、活断層の密に分布する地域で国直轄の砂防事業が行われていることは興味深い。例えば、跡津川断層（立山砂防事務所）、根尾谷断層等（越美山系砂防事務所）、屏風山断層・馬篭峠断層・阿寺断層系等（多治見砂防国道事務所）、木曽山脈山麓断層群・中央構造線（天竜川上流河川事務所）、釜無川断層群（富士川砂防事務所）等である。

第3章　侵食・堆積に関わる微地形要素　51

表 3-2　世界の砂防地域の自然的素因と地表変動現象(1)
［砂防広報センター編「世界の砂防」(1992)、砂防地すべり技術センター編「土砂災害の実態」］

国名	地殻変動	火山性	高山性	その他	概　　要
日　本	○	○	○	○*	*風化花崗岩地帯の崩壊（人工的なものも含む）、煙害地域の土砂災害、その他
韓　国				○	風化花崗岩地帯の土砂流災害（ソウル市近傍、S 52.7)
中　国	○			○*	古生代末期以降の衝突付加体地帯の断層・褶曲帯の崩壊、地すべり、*黄土の侵食
台　湾	○			○*	脊梁山脈西側の活断層と大規模扇状地、東側斜面の活断層沿いの土砂流災害、*土地利用の集約化（乱墾・乱伐と山地開発）に伴う土砂災害
フィリピン	○	○			ピナツボ火山、マヨン火山の土石流・土砂流災害
インドネシア		○		○*	メラピ、クルー、スメル、アグン、ガルングン5火山のヌエアルダンテ、ラハールによる土砂災害、*森林の乱伐、山地開墾
ネパール	○		○	○*	ヒマラヤ衝上断層、褶曲帯、氷河、周氷河気候下の土砂生産と流出、*家畜の放牧による稚樹の枯損による侵食現象、傾斜畑
タ　イ				○	森林伐採、焼畑耕作
マレーシア				○	森林伐採、焼畑耕作、地すべり
インド				○	地すべり
キルギス	○				地すべり
イラン	○				地すべり、気候条件
アフガニスタン				○	地すべり
ロシア	○			○	コーカサス、ウラル・ウクライナ、アルマアタの土砂流、土石流
カザフスタン	○		○		土砂流、土石流
アゼルバイジャン					
タジキスタン					土砂流
トルコ					
カナダ	○		○	○	東部・中部の平地で海成、湖成堆積物（氷期）に起因する地すべり、西部地域の崩壊、地すべり、土石流
アメリカ	○	○	○	○*	シエラネバダ山脈西側・アパラチア山脈東側の地すべり、土石流、ロッキー山脈、カスケード山系の雪崩、地震による災害（セントヘレンズ火山の災害は有名）、*農地のガリー侵食
メキシコ	○				
エルサルバドル	○	○			サンビセンテ火山、火山泥流
ニカラグア					
グァテマラ		○			太平洋岸沿いの火山帯の土石流、洪水災害（サンタマリア火山ニマ川）
ホンジュラス		○			スーラ盆地周辺の土石流、土砂流（チョロマ川等）
コスタリカ		○		○*	イラスー火山レベタド川の土石流、アレナル火山の災害、サンインドロの地すべり災害、焼畑、*放牧蓄による植生枯死に起因する侵食現象。
ベネズエラ	○		○	○*	ロスアンデス山系と海岸山脈（第四紀隆起運動）の地すべり性崩壊、土石流、*都市部、急傾斜地の崩壊、牛、羊等の放牧
コロンビア	○	○	○		アンデス山系の大規模土石流（ネバドデルイス（1985)は有名)
エクアドル					地震、土石流、土砂崩れ
ペルー	○	○	○	○*	リマツク川の土石流

注）その他欄の＊印は概要欄の＊印と対応する

表 3-2 世界の砂防地域の自然的素因と地表変動現象(2)
[砂防広報センター編「世界の砂防」(1992)、砂防地すべり技術センター編「土砂災害の実態」]

国　名	地殻変動	火山性	高山性	その他	概　　　要
チリ				○	都市化
ボリビア				○	土砂崩れ（モコトロ金鉱）
パラグアイ				○	花崗岩、海岸砂地
ウルグアイ					地すべり、森林伐採
ブラジル				○	海岸山脈沿いの崩壊・土石流、＊クバトン市の煙害による土石流、中央高原の土壌侵食
ノルウェー			○		氷期の海成粘土（マリンクレイ）による地すべり
スウェーデン			○		氷期の海成粘土（マリンクレイ）による地すべり（ベーネルン湖付近、エーテボリ等の海岸部）
イギリス	○			○＊	＊ボタ山の地すべり
ドイツ	○		○	○＊	＊野生動物、放牧家畜
オーストリア			○	○＊	モレーン等氷河堆積物地帯の崩壊、地すべり、結晶片岩地帯の地すべり、これに伴う土石流、第三紀層分布地帯の小規模地すべり、＊高地の新興住宅地、観光地開発
フランス		○		○	ヨーロッパアルプス、ピレネー山脈の崩壊、地すべり、土石流（ロレーヌ、ブルゴーニュ、ノルマンディ地方は代表的な地すべり地）
スイス			○		ヨーロッパアルプスの土石流、地すべり（地すべりは特に氷河堆積物に覆われた地域に多い）
イタリア	○	○	○		ヨーロッパアルプスの土石流災害、雪崩、融雪水による土砂流、南部の火山・地震による土砂災害（バァイオントダムの地すべり災害は有名）
チェコ				○	地質条件を反映した地すべり
スロバキア				○	地質条件を反映した地すべり
モーリシャス					地すべり（開発に伴う？）
リベリア				○	移動耕作、土壌劣化
ケニア				○	森林減少
ナイジェリア				○	焼畑耕作、土壌浸食、地すべり
モザンビーク					土石流
オーストラリア					地すべり
ニュージーランド					（地形条件、侵食現象など日本に類似）
パプアニューギニア					地すべり

注）その他欄の＊印は概要欄の＊印と対応する

(b) 傾斜変換帯（線）

　次に注目するのは、山腹の傾斜変換帯あるいは傾斜変換線である。既に述べたように日本の非火山山地に小起伏面が複数、階状に分布しているが、これらの小起伏面縁辺部は傾斜の変換帯（あるいは変換線）となっている。

　この傾斜変換帯あるいは傾斜変換線は、地殻変動（隆起）と氷期から後氷期にかけての気候変化の二つの要素の複合効果によって形成されたものではなかろうかといわれている［吉川 (1985)］。傾斜変換帯（線）は、このような大きなスケールのものから局所的、小規模なもの、さらにマスムーブメントによるもの、火山噴出物堆積地の末端部、ケスタ地形に見られるものなど規模においても成因においても様々なものがある。大規模な崩壊や地すべりは、このような

傾斜変換帯（線）から発生する例が極めて多い。また、広く一般山地の谷型斜面に見られる最低位の傾斜変換線は侵食前線と呼ばれ、侵食前線の後退としての崩壊は中・小降雨でも一般的に見られ、侵食前線は山腹崩壊による災害防止を考える場合、極めて重要な微地形である。

3.2.2 火山性要因

火山性要因は火山、特に活火山に特有な荒廃要素で、一般山地に付加的な要素である。わが国には200余りの第四紀火山が分布し、そのうち110が活火山である。火山地域は国土の約10％を被覆している。火山地は一般に土砂災害のポテンシャルが高い。特に稀にではあるが、1888（明治21）年の磐梯山や1980（昭和55）年のセント・ヘレンズの崩壊に見られるように、火山帯の巨大崩壊は岩屑流となって高速で流下し、流れ山を含む厚い堆積物で地物を覆い、災害を引き起こす。また1991（平成3）年6月の九州の普賢岳、同月のフィリピンのピナツボ火山の噴火による災害等、噴火に伴う溶岩や火砕流、火山灰による災害は、質的にも大規模である。ちなみに火山噴火に対する対応としては、火山ハザードマップの作成が進められている。これが住民にわかりやすい卑近なものであることと、特に観光地などでは外来者にも目に触れるような配慮も必要である。

また、雲仙普賢岳やフィリピンのピナツボ火山のように活動が長期にわたる場合には、時々刻々、現象を追って活動の推移を予測することが求められる。その際、現在進行中の現象がどの程度の規模で終わるのか、を予測する手がかりが得られれば、対応計画の判断材料となる。このような視点に立ち筆者は雲仙復興事務所が保管していた雲仙岳の水無川導流堤の試錐コア（深度10m以浅）から採取した資料の^{14}C分析によって、水無川沿いに過去に流下した火砕流の堆積履歴を調べたところ、過去約12,000〜13,000年BP、約6,000年BP、約3,200年BP、約1,950年BP それに約950年BPの5時期に、今回のような比較的大規模な火山噴出物（あるいは土石流）が流下、堆積したと推定された。6.2.3項に概要を紹介している。

活動を伴わない火山では、山体の放射状の侵食谷の侵食が対象となる。火山山麓は形成過程が多様であるため侵食のパターンも複雑である。また、火口瀬を持つ谷は一般に荒廃性が著しい。例えば、男体山の稲荷川、赤城山の赤城沼尾川、榛名山の榛名沼尾川などである。表3-3に、日本の活火山の一覧表を、図3-9に活火山の分布を示した。また、噴火年代のわかっている火山灰が

表 3-3　日本の活火山一覧 [気象庁 (2011)、変形]

No.	火山名	英名	所在地	No.	火山名	英名	所在地
1	知床硫黄山	Shiretoko-iozan	北海道	56	箱根山	Hakoneyama	神奈川県
2	羅臼岳	Rausudake	北海道	57	伊豆東部火山群	Izu-Tobu Volcanoes	静岡県
3	天頂山	Tenchozan	北海道	58	伊豆大島	Izu-Oshima	東京都
4	摩周	Mashu	北海道	59	利島	Toshima	東京都
5	アトサヌプリ	Atosanupuri	北海道	60	新島	Niijima	東京都
6	雄阿寒岳	Oakandake	北海道	61	神津島	Kozushima	東京都
7	雌阿寒岳	Meakandake	北海道	62	三宅島	Miyakejima	東京都
8	丸山	Maruyama	北海道	63	御蔵島	Mikurajima	東京都
9	大雪山	Taisetsuzan	北海道	64	八丈島	Hachijojima	東京都
10	十勝岳	Tokachidake	北海道	65	青ヶ島	Aogashima	東京都
11	利尻山	Rishirizan	北海道	66	ベヨネース列岩	Beyonesu (Beyonnaise) Rocks	東京都
12	樽前山（風不死岳を含む）	Tarumaesan	北海道	67	須美寿島	Sumisujima (Sumith Rocks)	東京都
13	恵庭岳	Eniwadake	北海道	68	伊豆鳥島	Izu-Torishima	東京都
14	倶多楽	Kuttara	北海道	69	孀婦岩	Sofugan	東京都
15	有珠山	Usuzan	北海道	70	西之島	Nishinoshima	東京都
16	羊蹄山	Yoteisan	北海道	71	海形海山	Kaikata Seamount	東京都
17	ニセコ	Niseko	北海道	72	海徳海山	Kaitoku Seamount	東京都
18	北海道駒ケ岳	Hokkaido-Komagatake	北海道	73	噴火浅根	Funka Asase	東京都
19	恵山	Esan	北海道	74	硫黄島	Ioto	東京都
20	渡島大島	Oshima-Oshima	北海道	75	北福徳堆	Kita-Fukutokutai	東京都
21	恐山	Osorezan	青森県	76	福徳岡ノ場	Fukutoku-Okanoba	東京都
22	岩木山	Iwakisan	青森県	77	南日吉海山	Minami-Hiyoshi Seamount	東京都
23	八甲田山	Hakkodasan	青森県	78	日光海山	Nikko Seamount	東京都
24	十和田	Towada	青森県・秋田県	79	三瓶山	Sanbesan	島根県
25	秋田焼山	Akita-Yakeyama	秋田県	80	阿武火山群	Abu Volcanoes	山口県
26	八幡平	Hachimantai	岩手県・秋田県	81	鶴見岳・伽藍岳	Tsurumidake and Garandake	大分県
27	岩手山	Iwatesan	岩手県	82	由布岳	Yufudake	大分県
28	秋田駒ケ岳	Akita-Komagatake	岩手県・秋田県	83	九重山	Kujusan	大分県
29	鳥海山	Chokaisan	秋田県・山形県	84	阿蘇山	Asosan	熊本県
30	栗駒山	Kirikomayama	岩手県・宮城県・秋田県	85	雲仙岳	Unzendake	長崎県
31	鳴子	Naruko	宮城県	86	福江火山群	Fukue Volcanoes	長崎県
32	肘折	Hijiori	山形県	87	霧島山	Kirishimayama	宮崎県・鹿児島県
33	蔵王山	Zaozan	宮城県・山形県	88	米丸・住吉池	Yonemaru and Sumiyoshiike	鹿児島県
34	吾妻山	Azumayama	山形県・福島県	89	若尊	Wakamiko	鹿児島県
35	安達太良山	Adatarayama	福島県	90	桜島	Sakurajima	鹿児島県
36	磐梯山	Bandaisan	福島県	91	池田・山川	Ikeda and Yamagawa	鹿児島県
37	沼沢	Numazawa	福島県	92	開聞岳	Kaimondake	鹿児島県
38	燧ケ岳	Huchigatake	福島県	93	薩摩硫黄島	Satsuma-Iojima	鹿児島県
39	那須岳	Nasudake	栃木県	94	口永良部島	Kuchinoerabujima	鹿児島県
40	高原山	Takaharayama	栃木県	95	口之島	Kuchinoshima	鹿児島県
41	日光白根山	Nikko-Shiranesan	栃木県・群馬県	96	中之島	Nakanoshima	鹿児島県
42	赤城山	Akagisan	群馬県	97	諏訪之瀬島	Suwanosejima	鹿児島県
43	榛名山	Hrunasan	群馬県	98	硫黄鳥島	Io-Torishima	沖縄県
44	草津白根山	Kusatsu-Shiranesan	群馬県	99	西表島北北東海底火山	Submarine Volcano NINE of Iriomoteline	沖縄県
45	浅間山	Asamayama	群馬県・長野県	100	茂世路岳	Moyorodake	北方領土（択捉島）
46	横岳	Yokodake	長野県	101	散布山	Chirippusan	北方領土（択捉島）
47	新潟焼山	Niigata-Yakeyama	新潟県	102	指臼岳	Sashiusudake	北方領土（択捉島）
48	妙高山	Myokosan	新潟県	103	小田萌山	Odamoisan	北方領土（択捉島）
49	弥陀ヶ原	Midagahara	富山県	104	択捉焼山	Etorofu-Yakeyama	北方領土（択捉島）
50	焼岳	Yakedake	長野県・岐阜県	105	択捉阿登佐岳	Etorofu-Atosanburi	北方領土（択捉島）
51	アカンダナ山	Akandanayama	長野県・岐阜県	106	ベルタルベ山	Berutarubesan	北方領土（択捉島）
52	乗鞍岳	Norikuradake	長野県・岐阜県	107	ルルイ岳	ruruidake	北方領土（国後島）
53	御嶽山	Ontakesan	長野県・岐阜県	108	爺爺岳	Chachadake	北方領土（国後島）
54	白山	Hakusan	石川県・岐阜県	109	羅臼山	Raususan	北方領土（国後島）
55	富士山	Fujisan	山梨県・静岡県	110	泊山	Tomariyama	北方領土（国後島）

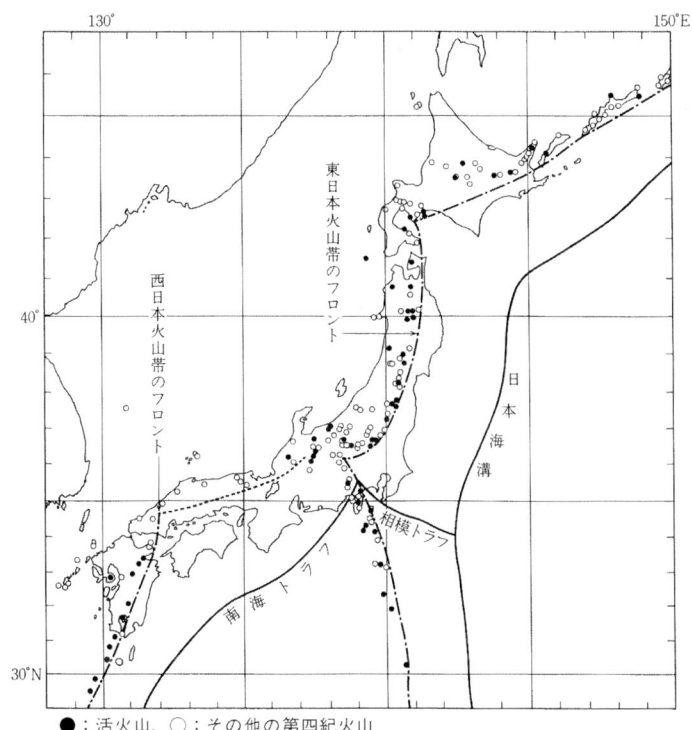

図3-9 日本の活火山と火山フロント［米倉ほか編（2001）］

●：活火山，○：その他の第四紀火山．
2つの火山帯のフロントは，海溝またはトラフの軸にほぼ平行に走っている．
海溝などの軸は，プレートの境界に相当する．

土砂移動履歴調査という点で砂防と関わりを持っている。図3-10に日本の代表的な広域テフラ層を示した。6.2節に紹介する日光大谷川の堆積構造調査に先立って、大谷川流域の微地形分類図が作成されている。ここでは高位、中位、低位の3段の段丘の面分りに、男体山起源の今市・七本桜軽石層（13,000年BP）、榛名山起源の二ツ岳軽石層（1,400年BP）が鍵層となっている。

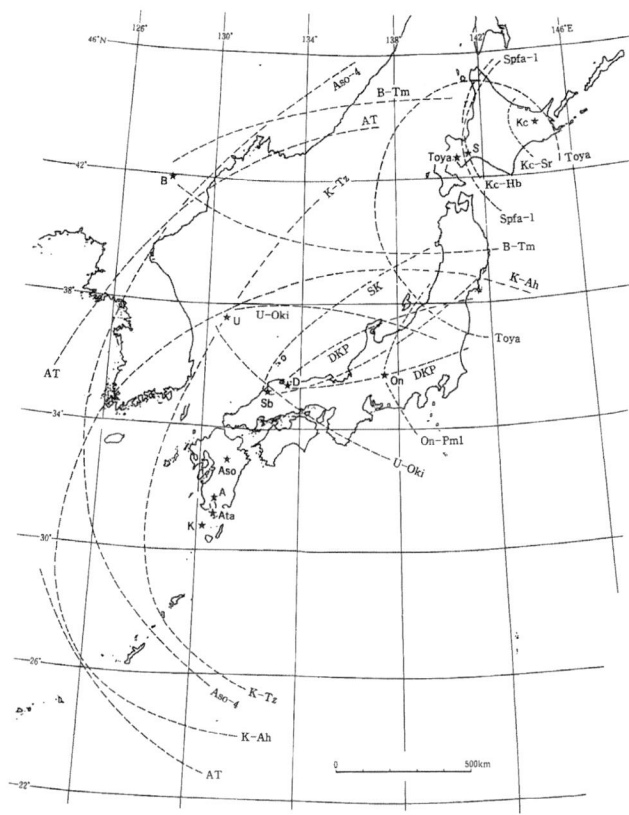

テフラ名 (記号)	年代(千年) (測定方法)
白頭山苫小牧 (B-Tm)	0.8〜0.9 (A, C)
鬼界アカホヤ (K-Ah)	6.3 (C)
鬱陵隠岐 (U-Oki)	9.3 (C)
姶良Tn (AT)	21 (〜25) (C)
クッチャロ庶路 (Kc-Sr)	30〜32 (C)
支笏第1 (Spfa-1, Spfl)	31〜34 (C)
大山倉吉 (DKP)	43〜55 (U, ST)
阿蘇4 (Aso-4)	70 (〜90) (ST, FTなど)
鬼界葛原 (K-Tz)	75 (〜95) (ST, TL)
御岳第1 (On-Pm1)	80 (〜95) (FT, KA)
三瓶木次 (SK)	80 (〜100) (ST)
阿多 (Ata)	85 (〜105) (ST)
洞爺 (Toya)	90〜120 (FT, ST)
阿蘇3 (Aso-3)	105〜125 (FT, ST)
クッチャロ羽幌 (Kc-Hb)	100〜130 (FT, ST)
阿多鳥浜 (Ata-Th)	230〜250 (ST)
加久藤 (Kkt)	300〜320 (FT, ST)

年代測定方法
A：考古学遺物法
C：放射性炭素法
U：ウラン系列法
ST：放射年代値に基づく層位からの推定
FT：フィッショントラック法
TL：熱ルミネッセンス法
KA：カリウムアルゴン法

肉眼で認定できるおよその外縁を破線で示す．
給源火山・カルデラ…Kc：クッチャロ，S：支笏，Toya：洞爺，On：御岳，D：大山，Sb：三瓶，Aso：阿蘇，A：姶良，Ata：阿多，K：鬼界，B：白頭山，U：鬱陵島．テフラの記号は表参照．
[Machida (1991) を改訂]

「日本列島とその周辺地域で過去約30万年間におこった巨大噴火による広域テフラ層のリスト[Machida (1991)に加筆]」より部分編集

図 3-10　日本の代表的な広域テフラ層 [町田・新井 (1993)]

3.2.3 寒冷気候（高山性）要因

ここで高山性要因というのは、約1.8万年〜2万年前の最終氷期極相期から、約1万年前以降の後氷期にかけての寒冷気候が土砂移動現象に及ぼした要因をいう。氷期とは氷河時代の中で氷床の拡大した寒冷な時期をいい、最終氷期から気候が温暖化に転じた約1万年前以降の時代を後氷期と呼ぶ。図3-11に、現在と最終氷期極相期の雪線および周氷河地域の限界を示している。

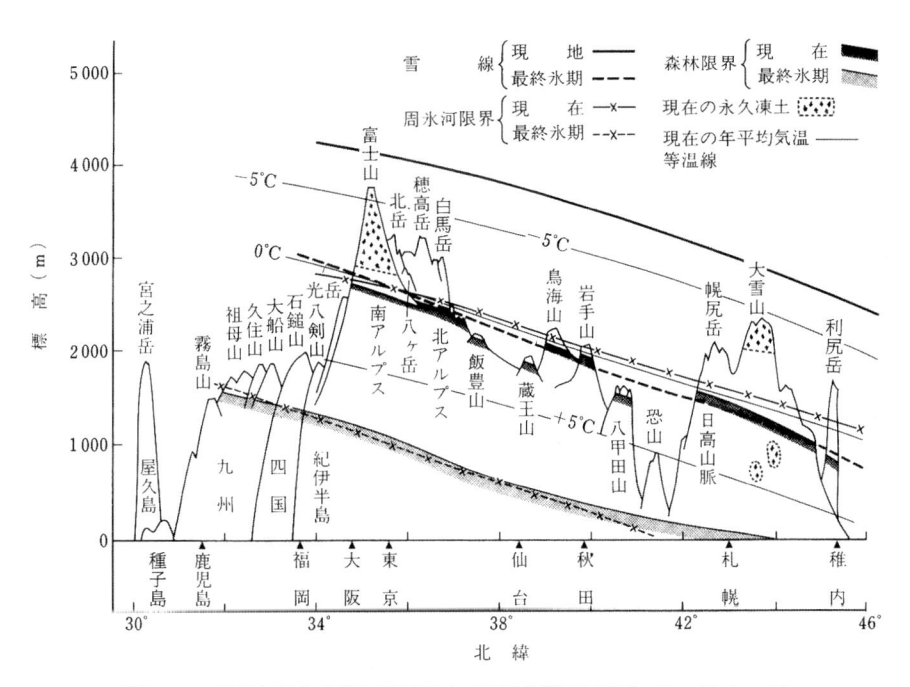

図 3-11　現在と最終氷期の雪線および周氷河限界 ［佐藤・町田編（1990）］

周氷河限界は一般に森林限界にほぼ一致するとされ、日本ではハイマツ帯の上限がこれに相当する。現在では周氷河地域とは、寒冷な気候のもとで、土壌中の水分の凍結融解作用が強力に働く地域と考えられている［貝塚・鎮西編（1986）］。こうした周氷河地域は、高緯度地域と低緯度の高山地域に見られる。日本では、現在（完新世）周氷河作用が活発なのは高山帯に限られるが、氷期には北日本の低地も周氷河地域となったと考えられている（図3-11 参照）。

森林限界以上の地域では、基岩の凍結・破砕作用、岩屑、細粒物質の融解撹乱作用が見られる。すなわち気温が0℃を境として上下することにより、水が

凍結・融解を繰り返し、岩石の破砕と細粒物質に粉化するような作用と、岩石の凍結・融解過程に重力が働いて物質が複雑な働きをするという作用である。この二つの作用は種々の条件に規定されるので、それを受ける側の諸条件（その山地の地理的位置、原地形、起伏、傾斜、谷密度の大小、岩質、植生など）によって、各種の周氷河地形［貝塚・鎮西編（1986）］が現れる。

　周氷河地形は見かけの形状と規模によって、①凍土現象、②岩塊地形、③斜面形に大別される。花崗岩類、火山岩類など緻密で節理間隔の大きな岩石は、凍結破砕を受けて大きな岩塊をつくり、岩塊地形が発達しやすい。急崖下には、崩落した岩塊が急傾斜の崖錐を形成する。緩い斜面上の岩塊は動けずに岩石原（岩海）を形成し、傾斜の急な斜面上では岩塊流となって斜面を流下し、谷底に堆積する。

　周氷河作用は、日本アルプスのように低緯度の高山地域に見られる現象と北海道のような高緯度の低山地域に見られるものとがある。低緯度の高山地域に見られる現象は、最終氷期（気温は現在より 5～6℃低く森林限界は現在より約 1,500m 低かった）から、後氷期にかけて次第に温暖化するにつれ、山腹に堆積していた古崖錐や融氷河流堆積物等が侵食されて多量の土砂が下流に流下する現象で、神通川上流部をはじめ北アルプスなどで見られる。高緯度の北海道では、最終氷期の年平均気温が現在より 8～12℃も低く、全域が永久凍土地域になったとされ、現在山麓部には山麓緩斜面堆積物、段丘堆積物、崖錐、扇状地堆積物などが広く厚く分布する。従って、周氷河作用下にあった斜面は、現在植生に覆われていても、足元はガラガラした砂礫である場合が多く、土砂生産源として注意しなければならない。

　このような古気候とは別に、現在の降水量と積雪が地表の侵食に大きく影響している。図 3-12 は 7 月の降水量を示している。夏季の降雨は太平洋岸の東向き山地斜面や日本海側の西向き山地斜面で多い。これは台風や日本上空を東進する低気圧によって降雨がもたらされるからである。梅雨前線や台風に伴う降雨は、先行する降雨で山腹斜面は十分に飽和しているため、山崩れや土石流を起こしやすい。

　図 3-13 は、降雪の深さの寒候期合計を示している。山地の積雪は雪崩となって直接地形を変化させる。雪崩の通り路はアバランチシュートとなる。また、山腹下方への滑落に伴って筋状斜面を形成する。融雪期には例年のように地すべりが誘発される。

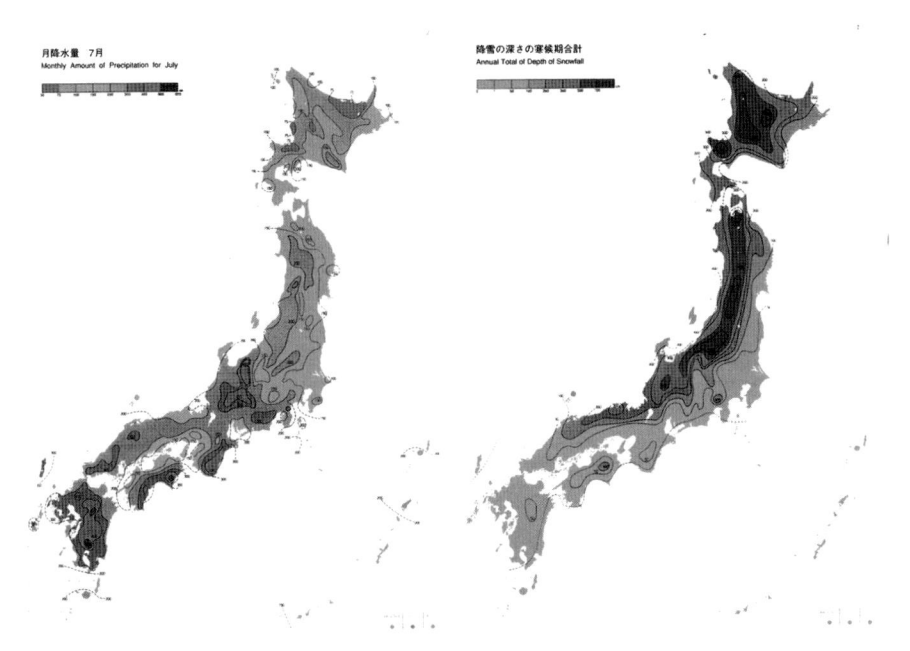

図 3-12　7月の降水量［気象庁編（1993）］　　図 3-13　降雪の深さの寒候期合計［気象庁編（1993）］

3.2.4　その他の要因

その他というのは、一つには局所的な地質条件、例えば荒廃の原因が強風化花崗岩類やレス、シラス等、特殊な岩質に由来するもので、もう一つは家畜や大気汚染による植生破壊、陶土の採掘、危険な山麓部・台地への市街地の侵入など人為的・社会的条件によるものである。

3.3　土砂移動に関わる地質的、水文的要素

前節では、火山活動や寒冷気候、それに地殻変動を受けた地域の特徴的な荒廃要素について述べた。ここでは土砂移動現象の側から微視的に、これに関わる素因、要素について述べる。まず、土砂生産に関わる地質的な要素からは岩石を火成岩、堆積岩、変成岩といった成因別区分、あるいは古生層、中生層、第三紀層等といった岩石の地質時代による区分だけではなく、侵食に対する抵抗性によって検討、分類するのが実用的である。表 3-4 では、地質地域を被侵食性という点から三つに分けている。試案であって今後中味を充実させたい。

表 3-4 崩壊微地質分類表

分類		具体例
地質的にルーズな状態にある地域	未固結な粘土、シルト、砂、礫（円礫）あるいはその混合物から構成される地質地域	1. 洪積台地（ローム台地、シラス台地を除く） 2. 土石流段丘、河岸段丘 3. 扇状地（沖積錐を含む）
	岩片、砂、シルト、粘土等から構成される地質地域	1. 山地の大崩壊に伴う埋積谷、扇状地、土石流堆積地 2. 火山の爆裂に伴う火山砕屑物堆積地
	未凝固な岩屑からなる地質地域	1. 崖錐（高山性、火山性崖錐を含む） 2. 気候段丘 3. ケスタ受け盤崖下 4. 高山性礫岩地帯 5. 火山性礫岩地帯
	未凝固または一部凝固火山灰、火山砕屑物から構成される地質地域	1. シラス地帯 2. 現世火山山麓部
	火山灰、火山砕屑物等の二次堆積物から構成される地質地域	・火山作用に伴う土石流あるいは泥流堆積物から構成される地域
	硬岩の粘土化した地帯	1. 蛇紋岩風化地帯 2. 破砕された緑色岩地帯 3. 後火山作用により粘土化した地帯、粘土化しつつある地帯 4. 泥岩、頁岩、砂岩、凝灰岩等の互層地帯
地質的にルーズになりやすい地域	砂、小礫等の細粒になりやすい地質地域	・表面のマサ化している花崗岩地帯
	組織を残しているが、深く細粒化、粘土化している地質地域	・深く粘土化、マサ化している風化花崗岩地帯
	岩屑化しやすい地質地域	1. 片理、劈開、節理の発達している地帯 2. 地震による荒廃地帯
	粘土、砂粒、細かい岩片の混合状態になりやすい地質地域	1. 断層あるいは断層破砕帯 2. 火山の爆裂活動の地域や爆裂地形を源流に持つ河谷 3. 重力解放によって亀裂を生じている地形地域 4. 地盤の衝上に伴い亀裂を生じている地形地域
	岩塊化しやすい地質地域	・古第三紀砂岩、頁岩互層地域
地質的にルーズでない地域またはルーズになりにくい地質的にルーズに		1. マッシブで硬い中・古生層地帯 2. 未風化新鮮な深成岩、半深成岩地帯 3. 亀裂がなくよく密着した玄武岩地帯 4. 固結度強く、未風化の古第三紀砂岩、頁岩、礫岩、凝灰岩地帯 5. 未風化の安山岩および特に緻密でない多孔質安山岩でも風化の進んでいない地帯 6. 石灰岩地帯 7. その他侵食に対する抵抗性の強い岩石地帯

被侵食性による三つの分類中、地質的にルーズな状態にある地域、地質的にルーズになりやすい地域は構成材料の質によって決まる。特に地層の固結度、物理的・化学的風化状況、透水性が主要な要素である。

(a) 固結度

一般に堆積岩では、形成年代が新しい地層ほど固結度が低い。第四紀層は未固結堆積物でルーズであり、容易に侵食されて土砂供給源となる。第四紀層分布域は一般に小起伏であるため、緩慢な地すべりを別にして大規模で急激な土

砂移動は生じにくいが、保全対象が密に分布する場合が多い。第三紀層は軟岩でルーズになりやすく、地すべりが発生しやすい。北陸〜北海道の日本海側に広く分布するグリーンタフと呼ばれる新第三紀の緑色凝灰岩層は、特に地すべりを生じやすい。

火山岩は、溶岩や溶結火砕流など形成年代が新しく固結した層があり、形成年代と固結度との間に堆積岩ほど明瞭な相関はない。固結した火山岩は侵食されにくいが、柱状節理を生じブロック状に崩落しやすいものがある。また、溶岩や溶結火砕流の下位層が侵食されやすい岩質である場合には、下位層の侵食に伴って上位の溶岩や溶結火砕流が崩落するケースがしばしば見られる。

(b) 風化状況

基盤岩の風化は、崩壊メカニズムに直接影響するとともに、透水性に影響を及ぼす。風化状況が特に重要な意味を持つのは花崗岩類である。深層風化した花崗岩類の分布域では、表層崩壊が頻発する。花崗岩類の風化メカニズムは鉱物組成や粒度に支配される。

(c) 透水性

基盤岩の透水性は土砂生産メカニズムに影響を及ぼす。透水性が低い岩石では、雨水により表層の土壌が飽和しやすく、小規模・高頻度の表層崩壊が卓越するのに対し、透水性が高い岩石では、雨水が地中深く浸透し、地すべりや大規模崩壊といった大規模・低頻度の土砂生産が卓越する傾向がある。

3.4 抽出すべき微地形要素

3.4.1 微地形要素の概要

3.2節で見たように、汎地球的に土砂災害の原因となっているのは地殻変動、火山活動、高山性気候要素であり、日本ではそのいずれもが地形変化に大きく関わっている。

筆者が、今日までの経験から抽出した流域の侵食・堆積に関わる主な微地形要素はおおよそ**表 3-5** のとおりである。**表 3-5** の縦軸に示すように、まず地域を侵食地域、堆積地域、両者を結ぶ河道に三分した。侵食地域は、地殻変動によって隆起した変動地形地域で、これを一般山地と表現した。この一般山地に付加的に第四紀の火山地形が重なる。さらに、これらのうち最終氷期の寒冷気候の影響を受けた地域があり、これを高山地として取り出した。一般山地の中

に火山地、高山地を付加したのは、火山地、高山地では侵食現象からみて、一般山地に共通した微地形要素のほか、それぞれが特徴的な微地形要素を持つからである。侵食地域の微地形要素は一般山地、火山地、高山地の三つのカテゴリーに分けられる。

表 3-5 微地形要素表

地域			A 土砂生産源地形		B 堆積地形	C 条件規制地形
			A -1 土砂生産の兆候を示す地形	A -2 土砂生産の痕跡を示す地形		
1 侵食地域		1.1 一般山地	1 クリープ斜面 2 クラック（亀裂） 3 多重山稜（小崖地形）・線状凹地 4 断層等による擾乱地形	1 崩壊地 2 崩壊跡地 3 滑落崖 4 大規模崩壊地、地すべり性崩壊地 5 大規模崩壊跡地 6 巨大崩壊跡地	1 崩積土堆（崩積残土） 2 岩屑なだれ堆積面 3 地すべりブロック	1 傾斜変換線（遷急線） 2 侵食前線 3 小起伏面縁辺部 4 リニアメント 5 組織地形 6 地震による潜在的荒廃地 7 特殊な岩質による荒廃地
	高山地	1.2 氷河地形		1 カール壁	1 アウトウォッシュ（融氷河流堆積物） 2 モレーン	
		1.3 周氷河地形	1 高山性裸岩斜面 2 亜高山風衝斜面		1 周氷河性岩屑斜面 2 岩塊流	
		1.4 雪食地形		1 平滑斜面・筋状斜面 2 アバランチシュート		
	火山地	1.5 火山噴火による地形	1 火山性裸岩斜面	1 火口 2 カルデラ壁	1 火砕流堆積面 2 火山岩屑流堆積面 3 火山泥流堆積面	1 溶岩台地縁辺斜面 2 溶結火砕流台地縁辺面
		1.6 火山体開析による地形	1 火山開析谷壁（ガリ、若い侵食谷、V字谷） 2 火山開析谷頭 3 爆裂等による擾乱地形		1 火山麓扇状地	
		1.7 後火山作用による地形	1 後火山作用による風化帯			
2 河道				1 渓岸崩壊地	1 土石流堆・土石流段丘 2 埋積谷、開析埋積谷 3 谷底平野 4 洪水堆積物	1 遷急点 2 埋積谷床中のインターセクションポイント
3 堆積地域		3.1 山麓			1 崖錐 2 沖積錐 3 麓屑面 4 山麓部の緩斜面	
		3.2 台地・段丘	1 開析谷壁・谷頭 2 開析谷床		1 段丘崖下の押し出し地形 2 段丘上の押し出し地形	
		3.3 扇状地		1 扇面上の凹地・旧流路 2 扇面の開析谷壁	1 自然堤防状の微高地 2 天井川	1 扇状地のインターセクションポイント 2 流路の蛇行と開析
4 人為による地形			1 人為による禿赭地、擾乱地（煙害・伐採・採掘・放牧等）		1 堰堤堆砂域 2 盛土造成地	
5 その他			1 支川の不調和合流　2 水系パターンの乱れ			

* 表中の記号と数字は、別表の解説番号に対応する

山地地域が土砂の生産・供給の場であるのに対して、山麓部や扇状地などは土砂堆積の場である。山麓には堆積地形としての崖錐、沖積錐等の押し出し地形が普通に見られ、規模の大きな山麓緩斜面が広がる場合も多い。また、わが国のように地殻変動に伴う地盤の変動や火山活動が活発な地域では、第四紀更新世末期の堆積地が台地、段丘、開析扇状地等として残されており、開析の過程で堆積地が侵食の場ともなってきた。したがって、台地や段丘については、これらを開析する谷の谷壁斜面や谷頭の侵食地形がわれわれの対象とする微地形となる。

　侵食地域と堆積地域をつなぐのが河道である。河道とは、上流で生産された土砂が堆積地あるいは湖沼、海に流入する通路となっている部分をいい、土砂の流下地であると同時に流下土砂の滞留地でもある。ここでは、土砂調節地としての埋積谷あるいは谷底平野を含めている。

　次に、**表 3-5** の横軸で微地形要素を土砂生産源地形、堆積地形、条件規制地形に分け、土砂生産源地形を、さらに土砂生産の兆候を示す地形と、同じく痕跡を示す地形とに分けている。

　土砂生産の兆候を示す地形というのは、山腹のクラックや断層によって乱された地形など、いわば侵食のきっかけとなる微地形である。土砂生産の痕跡を示す地形は、崩壊地や崩壊跡地である。侵食地域としての一般山地内にも、例えば崩壊地の基部に堆積地形としての崩積土堆が残されている場合が多く、また高山地にもアウトウォッシュ堆積面、火山地には火山泥流堆積面などの堆積地形が見られるので、これらを侵食地域内での堆積地形としてくくっている。また、条件規制地形というのは、山腹の傾斜の遷急線あるいは遷急帯、すなわち傾斜変換線あるいは傾斜変換帯や小起伏面縁辺部など、侵食現象がここで多発することが知られていて、いわば侵食にある種の規制を加える地形といったニュアンスを持つ微地形である。またリニアメント（空中写真に見られる線状模様）は、断層や断層由来の地質的弱線を示唆する場合が多く、リニアメントの密度の高い地域は侵食現象がより活発に発生しやすいという、いわば侵食現象にある種の規制を与える地形要素である。堆積地域としての台地、段丘、扇状地および河道等についても土砂生産源地形、堆積地形、条件規制地形が見られる。**表 3-5** の各微地形要素を**表 3-6** で簡単に説明する。これらの微地形要素の詳細については、既刊の多くの書を参照されたい。

3.4.2　微地形要素解説

　ここでは、まず前節で述べた微地形要素表（**表 3-5**）中の個々の微地形要素を簡単に説明する。

表 3-6 微地形要素解説

No.	名称	成因および形態的特徴	土砂移動との関連
\multicolumn{4}{l}{1 侵食地域}
\multicolumn{4}{l}{1-1 一般山地}
\multicolumn{4}{l}{A 土砂生産源地形}
\multicolumn{4}{l}{A-1 土砂生産の兆候を示す地形}
1	クリープ斜面	斜面の表層部の物質が重力によって徐々に変形して形成された斜面あるいは長期間に岩盤を変形破砕し、崩壊や地すべりに移行して変形した斜面 [千木良, 1998]。	地すべりや大規模崩壊が発生する可能性がある。
2	クラック (亀裂)	大規模崩壊地の頭部、地すべり地内あるいはその上方、尾根の肩部や山腹等に見られる弧状の微小滑落崖や割れ目。	地すべり地、崩壊跡地周辺、特に上方、頭部に分布する場合、土砂移動の危険性が高い。クリープ斜面の上部や内部に分布する場合、地すべりや大規模崩壊に発展する危険性が高い。
3	多重山稜(小崖地形)・線状凹地	山稜に2つの稜線が平行に並ぶ地形が二重山稜で、3つ以上の稜線が並ぶ場合には多重山稜と呼ばれる(山腹に見られるものは小崖地形)。稜線と稜線の間には直線状の窪地が形成される。これが線状凹地。重力性の正断層による変動地形で高山帯に顕著に見られる。	巨大崩壊、大崩壊の前兆の可能性がある。
4	断層等による攪乱地形	断層や断層破砕帯に沿って、あるいは地表のクリープ性の移動等によって形成された、周囲の斜面地形に調和しない乱れた斜面。	地すべりや大規模崩壊が発生する可能性がある。
\multicolumn{4}{l}{A-2 土砂生産の痕跡を示す地形}
1	崩壊地	崩壊により裸地となっている箇所。表層土のみの崩落箇所が表層崩壊地。	主要な土砂生産源。密に分布する区域は土砂生産の活発な区域。
2	崩壊跡地	古い崩壊地の痕跡。植生は回復しているかあるいは回復途上にある場合が多い。	過去の土砂生産源。密に分布する区域は、土砂生産の潜在的危険度が高い区域。
3	滑落崖	回転型地すべりの背後に見られる馬蹄形の崖。	一般に崖の背後にクラックが残り、ここが崩壊に発展する。下方に地すべりブロックを伴う。
4	大規模崩壊地、地すべり性崩壊地	崩壊規模が $10^4 \sim 10^6 \mathrm{m}^3$ に及ぶ崩壊。過去の大崩壊の残積土堆の再移動である場合が多い。基盤岩に及ぶ場合は深層崩壊という。写真判読で明瞭な凹型地形が認められる。残積土が多い場合は凸型地形の土堆をつくる。	大規模な土砂生産の痕跡であり、現在も土砂生産が継続している場合が多い。崩壊が拡大する可能性もある。
5	大規模崩壊跡地	古い大規模崩壊地あるいは地すべり性崩壊地の痕跡である。植生は回復しているか、または回復途上にある。	大規模な土砂移動現象の痕跡で、大量の崩積土堆が残っている場合には移動の可能性が大きい。
6	巨大崩壊跡地	崩壊規模が、$> 10^7 \mathrm{m}^3$ の稀にしか見られない巨大崩壊跡地。	巨量の崩積土堆の移動が長期にわたるものが多い。
\multicolumn{4}{l}{B 堆積地形}
1	崩積土堆(崩積残土)	地すべり地あるいは斜面中腹に残存する古い崩壊残土。写真判読では丸みを帯びた凸地として識別される。縦断形はS字を引き伸ばして斜めに倒した形。成因は不特定。	形状的に不安定で崩壊しやすく、土砂生産源となりやすい。
2	岩屑なだれ堆積面	豪雨時の浸透水や地震の震動などにより、斜面の風化未固結物が雪崩のように急激に斜面下方に移動して形成した堆積面。	堆積物は不安定で、侵食されて土砂生産源となりやすい。

第 3 章　侵食・堆積に関わる微地形要素

3	地すべりブロック	写真判読では明瞭なブロックとして認識でき、ブロックの規模および移動土塊の成因に応じた深度にすべり面が想定できるものもある。地形的には頭部の陥没、平坦地、池（凹地）、末端部の押し出しなどの形態が認められる。上方に滑落崖を伴う。	末端部が直接河道に押し出しているものは活動度が高く、河川の側刻により侵食され、土砂生産源となる可能性が高い。脚部が切られ侵食前線が形成されているものは、末端部の侵食による不安定化に伴い、急に地すべり活動を再開する可能性がある。河道付近の地すべり地が活動すると河道を閉塞し、天然ダムを形成する可能性がある。

C 条件規制地形

1	傾斜変換線（遷急線）	山腹斜面の傾斜が緩から急へ変化する線。主として谷の下刻と地盤の隆起との相互作用によって形成される。現成の河川の下刻・側刻作用によるものは、侵食前線と呼ばれる。	遷急線（特に侵食前線）の肩部では崩壊が生じやすい。
2	侵食前線	傾斜変換線のうち、現世の侵食の及ぶ最も低位のものをいう。	一般に侵食前線に崩壊の頭部が集中することが多く、いわば、山腹斜面の侵食の最前線である。
3	小起伏面縁辺部	山地の隆起と氷期—間氷期の繰返しによって形成された山頂、山腹の緩斜面縁辺部で遷急線で囲まれる。	崩壊、地すべり、クリープが発生しやすい。
4	リニアメント	写真判読で認められる線状または弧状の模様である。地質構造に起因した断層や基盤の亀裂、破砕帯等がリニアメントとして認められる場合が多い。潜在性の地すべり地等にも見られる。ただし、写真の縮尺によってリニアメントの規模や有無に相違が生ずる。リニアメントの多くが断層であるため、付近の地質は破砕されて脆弱になっている場合が多い。特に活断層の場合この傾向は顕著である。リニアメントには田、畑や人工植生の境界など人工的線状模様もある。また成因不詳のものも多い。	層理、節理、断層などが弱線となって侵食が進んだ箇所であるので、詳細な検討が必要。断層破砕帯の場合には評価は一層重い。水系パターンで示唆されるリニアメントが破砕帯を現す場合も多い。課題の多い微地形である。
5	組織地形	地質構造や岩石の風化や侵食に対する抵抗性の違いを反映して形成された侵食地形。	それぞれの特有の地質構成を反映して崩壊等が発生する。
6	地震による潜在的荒廃地	震度 6 程度より大きな地震により、基盤岩が大なり小なり破断し、岩質により相違はあるものの潜在的に崩壊しやすい状態となっている斜面。	震源地からの距離や、岩質の硬軟、活断層の滑動、凸型斜面形等によって多様な特徴を示す。
7	特殊な岩質による荒廃地	特殊な堆積層、深層風化、シラス等特殊な岩質からなる地域ではそれぞれ特徴的な侵食地形を呈する。	深層風化したマサ地域の崩壊、砂礫よりなる段丘の開析、シラス等、それぞれ異なった侵食特性を有する。

1.2 氷河地形
A 土砂生産源地形
A -1 －
A -2 土砂生産の痕跡を示す地形

1	カール壁	氷河の侵食作用によって形成された地形。急な谷壁で囲まれた半円形の谷で、スプーンでえぐったような形態をなす。	カール壁は凍結・融解によって壁面が侵食されて砂礫が生産され、脚部で侵食が生じやすい。

B 堆積地形

1	アウトウォッシュ（融氷河流堆積物）	氷河の融水によって運搬され、氷河の前面に堆積した堆積物およびその堆積地形。堆積物は主に砂と礫からなる。	堆積物は未固結で侵食されやすいため、土砂生産源となりやすい。
2	モレーン	氷河により運搬されて堆積した岩屑およびそれによってつくられた地形。堆積物は巨礫からシルトや粘土までが混在する。	堆積物は未固結で土砂生産源となる場合もある。

C -

1.3 周氷河地形
A 土砂生産源地形
A-1 土砂生産の兆候を示す地形

1	高山性裸岩斜面	森林限界以上の地域で、基岩の凍結・融解によって岩石が破砕され、植生の活着しない斜面。	裸岩斜面の脚下に崖錐が形成される。崖錐が土砂の供給源となる。
2	亜高山風衝斜面	亜高山帯は一般山地帯と高山帯との間に位置する高度帯で、中部山岳地帯では1,600〜2,500m、北海道では700〜1,500mの高度を占める。この帯の斜面は多くの場合巨礫で覆われ強風によっても侵食される。その作用の激しい斜面を指している。	特に注目すべき土砂供給源ではない。

A-2 -
B 堆積地形

1	周氷河性岩屑斜面	周氷河作用による凍結・破砕作用で生産された岩屑が露岩斜面下に形成する崖錐斜面、森林限界を超えた高山帯でつくられる。細粒物は流水によって除かれ、粗粒の岩屑が、凍結・融解作用により緩慢に移動する。	降雨や融雪により侵食され、土砂の移動が見られるが、急激な土砂移動は考えにくい。
2	岩塊流	周氷河作用によって生産された多量の岩塊が、斜面の最大傾斜方向あるいは谷に沿って流下したような状態で積み重なってできた地形。	岩塊流そのものの土砂移動は緩慢か、ほとんど動いていないと考えられるものが多い。

C -

1.4 雪食地形
A 土砂生産源地形
A-1 -
A-2 土砂生産の痕跡を示す地形

1	平滑斜面・筋状斜面	平滑斜面は厚い堆雪のクリープや雪崩に関連して発達した平滑な急斜面で、この急斜面上に細い直線状のガリが平行して発達する地形が筋状斜面である。溝はU字形ないし半円形で基盤岩が露出している。	1回のイベントによる生産土砂量は少ないが、毎年春先に雪崩により定期的に土砂が生産され、夏期の豪雨時にもガリ侵食が生じると考えられるため、長期的な生産土砂量は無視できない。
2	アバランチシュート	全層雪崩の通路。雪崩が頻発する山岳地域では、傾斜約30°〜50°の斜面に雪崩により磨かれた露岩からなる樋状の凹地が見られる。全層雪崩は主として融雪期に発生する。	1回の雪崩による生産土砂量は少ないが、毎年春先に定期的に土砂が生産されるため、長期的な生産土砂量は無視できない。

B -
C -

1.5 火山噴火による地形
A 土砂生産源地形
A-1 土砂生産の兆候を示す地形

1	火山性裸岩斜面	火山の爆裂に由来する裸岩斜面。岩石の構造的なもろさと、標高、緯度等によって差異はあるが、風、雨、冬期の凍結・融解作用等によって岩屑が生産され、裸岩斜面脚部に崖錐が形成される。	裸岩斜面脚部の崖錐が土砂の供給源となる。

A-2 土砂生産の痕跡を示す地形

1	火口	爆裂による土砂礫が火口周辺に堆積、火口の基盤は脆弱、物理的、化学的に変質。	土砂生産のしやすい状態、特に火口瀬を持つ火山では土砂供給量が著しい。
2	カルデラ壁	爆裂による基盤の変質、一般に裸岩。	常時土砂が生産される。

B 堆積地形

1	火砕流堆積面	火砕堆積物からなる堆積面。火山灰や軽石などの噴出物が直ちに高温火砕流となって流動してから堆積したもの。	下位の地質が地すべりを起こしやすい非溶結火山砕屑物である場合には、火砕流堆積物がキャップロックとなって地すべりを誘発しやすい。
2	火山岩屑流堆積面	火山体の大規模崩壊により、火山噴出物や基盤岩石の破片等が流動して堆積した面。	火山の噴火→休止期に地表の風化が進行し、谷の下刻との相対的位置関係から、風化層をすべり面とする地すべりあるいは地すべり性崩壊が発生する。
3	火山泥流堆積面	火山泥流堆積物からなる堆積面。噴火した高温の火砕流が雪を融かし土石流となって高速で流下したものと、山腹に堆積していた火山灰が降雨により流動化し、土石流となったものと 2 通りある。	ルーズあるいはルーズになりやすい堆積面で侵食されやすい。

C 条件規制地形

1	溶岩台地縁辺斜面	溶岩流堆積物からなる台地縁辺の斜面。	溶岩流堆積物の下位が非溶結火山砕屑物など未固結の堆積物からなる場合には開析谷の谷頭、谷壁斜面は不安定で大規模な崩壊が生じやすい。
2	溶結火砕流台地縁辺斜面	溶結火砕流からなる台地縁辺の斜面。	

1.6 火山体開析による地形
　A 土砂生産源地形
　　A-1 土砂生産の兆候を示す地形

1	火山開析谷壁（ガリ、若い侵食谷、V字谷）	火山体山腹斜面に雨水、風、凍結・融解などによって形成、発達した侵食谷の斜面。	谷床に堆積した土砂が降雨により再移動する。
2	火山開析谷頭	火山開析谷の谷頭。	谷頭に堆積した土砂は、土砂の供給源となる。
3	爆裂等による攪乱地形	爆裂に伴って崩壊した崩壊物質（岩屑なだれや泥流）が斜面に堆積してつくる乱れた地形。	二次的土砂移動の供給源となる。

　　A-2 −
　B 堆積地形

1	火山麓扇状地	火山麓緩斜面の一部を構成する。火山麓緩斜面は、溶岩流、火砕流、火山破砕物が反復噴出、堆積して形成され、その間に火山噴出物の侵食と堆積も行われるので、山麓斜面の地質構成は複雑で、火山麓扇状地と判別することは難しい。山腹に発達するV字谷のつくる扇状地の場合には見分けやすい。	山体の侵食谷の平面的なパターン、渓床の縦断形状、渓流下流部の堆積形状等が今後の土砂流出傾向を示唆している。

　C −

1.7 後火山作用による地形
　A 土砂生産源地形
　　A-1 土砂生産の兆候を示す地形

1	後火山作用による風化帯	温泉作用のために岩石が化学的、物理的に変質した地帯。	火山性地すべりの発生。

　　A-2 −
　B −
　C −

2 河道
　A 土砂生産源地形
　　A-1 −
　　A-2 土砂生産の痕跡を示す地形

	1	渓岸崩壊地	渓流沿いに主として水食によって発生した崩壊地、特に水衝部に顕著。	渓岸が堆積土砂からなる場合など脆弱な場合に容易に土砂生産源となる。
B堆積地形				
	1	土石流堆・土石流段丘	斜面の崩壊土砂や河床堆積物が侵食されて発生した土石流が堆積して形成した地形。横断形は蒲鉾状、平面形は細長い舌状あるいはノーズ（鼻）状である。土石流堆が渓流の侵食により段丘化したものが土石流段丘である。	土石流堆は上方の渓流から土石流が流下したことを示していて、土石流が発生しやすい地形条件を示している。土石流段丘は侵食されやすく土砂生産源となりやすい。
	2	埋積谷，開析埋積谷	山地渓流中で谷が埋積されて平坦となっている部分。土砂供給源によっていろいろのタイプがある。	堆積物が未固結であるため、段丘化すると河川の側刻により土砂生産源となる。
	3	谷底平野	谷底部のうち、河床との比高が小さいため、水や土砂が氾濫する可能性のある部分。埋積谷より緩勾配で、水田として利用されている場合が多い。	谷底にインターセクションポイントがある場合には中・小出水でもここから氾濫する。
	4	洪水堆積物	豪雨時に河川の氾濫によって運ばれ、氾濫した堆積物。	過去の洪水氾濫の痕跡であり、少なくともこれらが分布する箇所までは出水時に氾濫する可能性がある。
C条件規制地形				
	1	遷急点	河床勾配が上流の緩勾配部から急勾配部へ変化する変化点。河川の下刻が上流へ遡上する場合や、侵食されにくい硬岩が存在する場合に形成される。	河川の下刻が上流へ遡上する場合、遷急点の遡上に伴い上流側で下刻・側刻が進む。
	2	埋積谷床中のインターセクションポイント	扇状地と同じく埋積谷床中にもインターセクションポイントがみられる場合が多く、ここから下流にしばしば自然堤防あるいは人工的な堤防が見られる。	過去の土砂氾濫とインターセクションポイントとの関係を確認することが有効。この点が土砂氾濫の開始点である。

3 堆積地域
3.1 山麓
A 土砂生産源地形
A -1 ‐
A -2 ‐
B 堆積地形

	1	崖錐	崖または急斜面から崩落した土砂礫によって形成された平滑な斜面。斜面勾配は概ね安息角（約34°以下）で表面形は比較的平滑である。	上方の斜面で土砂生産が活発であったことを示している。堆積物は未固結で土砂生産源となりやすい。
	2	沖積錐	扇状地の小規模・急傾斜なものであり、崩壊や斜面侵食によって生じた土砂が、土石流や掃流状態で運搬され、沢の出口に扇状に堆積した地形。一般に傾斜は崖錐より緩く一般の扇状地より急。土地利用に当たってリニアメントとともに特に注意すべき微地形のひとつである。	上方の流域で土砂生産が活発であったことを示している。堆積物はルーズであるため侵食されて土砂生産源となりやすい。沖積錐上は土砂が氾濫する危険性が高く、危険性からの面分けが重要である。
	3	麓屑面	山地斜面の下方に発達する岩屑の堆積物よりなる斜面であり、主として表層クリープによって堆積した岩屑からなる。一般に、崖錐より緩傾斜で、崖錐で見られるような上方の急崖は存在しない。古い崖錐・沖積錐が流水等により変形したものも、麓屑面と同様の形状を示すことがある。	一般に表層は未固結堆積物であるため、侵食されると土砂生産源となる。

第3章　侵食・堆積に関わる微地形要素

4	山麓部の緩斜面	山麓部には崖錐、沖積錐、麓屑面等の小規模な緩斜面のほかに大規模な緩斜面が見られる。ペディメント、ケスタ下部の緩斜面、断層崖下の山麓緩斜面、キャップロック下方の山麓緩斜面など。	一般に表層は未固結堆積物であるため、侵食されると土砂生産源となる。

C －

3.2 台地・段丘
A 土砂生産源地形
A-1 土砂生産の兆候を示す地形

1	開析谷壁・谷頭	段丘、台地を切り、開析する谷の谷壁、谷頭である。	谷壁、谷頭の侵食により土砂が生産される。
2	開析谷床	谷は若く、一般に谷床に遷急点がみられる。	遷急点の後退により土砂が生産される。

A-2 －

B 堆積地形

1	段丘崖下の押し出し地形	段丘を切る渓流の出口に形成される沖積錐、段丘崖下の崖錐など。	押し出し地形が人工的に改変されると被災しやすい。
2	段丘上の押し出し地形	段丘より上位の谷型斜面から押し出した崖錐や沖積錐など。	段丘面は一般に安定面であるが、押し出し部は土砂移動の可能性がある。

C －

3.3 扇状地
A 土砂生産源地形
A-1 －

A-2 土砂生産の痕跡を示す地形

1	扇面上の凹地・旧流路	扇面形成の過程で扇面上に流路の痕跡が残される。扇面と河床との比高が小さい場合、ここに土砂氾濫が見られることがある。	侵食によって土砂供給源となることはない。
2	扇面の開析谷壁	扇状地の開析過程で河流により削られた谷壁。	開析谷の幅がある程度広がると侵食（側刻）は緩慢になる。

B 堆積地形

1	自然堤防状の微高地	扇状地扇端部から水路沿いに土砂が堆積し、堤防状の微高地をつくる。埋積谷中にも見られる。	出水時、氾濫の可能性がある。
2	天井川	上流からの砂礫の供給が続き河床面が周辺地形面より高くなった河川。古くからインターセクションポイントあたりに築堤など手を加えてきた事例が多く、人工地形の色彩が濃い。断層崖下や風化花崗岩地域等に多く見られる。	六甲、琵琶湖西岸等、自然条件・社会条件に応じて工事が行われ、代表的な天井川となった。河床が周辺の平野より高いため氾濫しやすい。

C 条件規制地形

1	扇状地のインターセクションポイント	一般に扇頂部では渓谷は扇面を下刻し、渓床と扇面との比高は大きい。この比高は下流に行くほど小さくなり、扇央部で渓床と扇面とが交わる。ここがインターセクションポイントである。扇状地だけでなく、沖積錐、渓間扇状地（山中の渓流拡幅部の堆積谷床）、埋積谷でも見られる。	この点が土砂氾濫開始点である。
2	流路の蛇行と開析	扇状地河道では、みお筋を包括する小蛇行、小蛇行を包括する中蛇行、中蛇行を包絡する大蛇行の3種がある。	流路工の法線、流路工幅と関連する。

4 人為による地形
A 土砂生産源地形
A-1 土砂生産の兆候を示す地形

1	人為による禿赭地、擾乱地（煙害・伐採・採掘・放牧等）	丘陵地の大規模宅地開発、陶土採掘、採炭、たたら等、人為が加わったことによる擾乱地形。	無林地の崩壊、傾斜畑の土壌侵食など、露天掘跡地、鉱滓処理の跡地の放置による荒廃等、復旧対策が取れない場合も多い。

A -2 -
B 堆積地形

1	堰堤堆砂域	堰堤による流下土砂の貯砂、調節域。	堆砂域は上流からの土砂移動の動態によって著しい変化があるので要注意。
2	盛土造成地	大型土工機械の発達が後押しし、丘陵地の人工改変が進む。	盛土部分の安定性に関わる土中水の挙動に留意する必要がある。特に地震時。

C -
5 その他

1	支川の不調和合流	本支川の不調和な合流状況に2つのタイプがある。①支川が本川より緩い勾配で合流するもの。②支川が本川との合流点付近で遷急点を持ち著しく急勾配で合流するもの。	①の原因は本川からの土砂生産、運搬量が著しく大きいため。②は支川上流部からの地すべり、崩壊等によって大量の土砂流出が間断なく続く場合、支川上流部に高山性の土砂供給源がある場合などである。
2	水系パターンの乱れ	水系パターンは地表の地形的、地質的な性質や河川の侵食作用の相違、強弱を反映して種々の形態が生まれ、樹枝状、羽毛状、格子状、放射状等いくつかのパターンに分類されるが、強度な地質的弱線である断層が存在すると不調和な水系パターンをつくる。したがって、このようなパターンから逆に断層の存在を知ることもある。	水系パターンの乱れが断層、断層破砕帯、地すべり地などの微地形要素の存在を推定する手がかりとなる。

　砂防に関わる微地形要素は、概ね**表** 3-6 に示したとおりである。しかしこのほかにも、地域によってはその地域に特徴的な微地形要素が見られる場合があるので、その時にはその都度その微地形の特徴を表現する用語をつくり抽出する。例えば、豪雪地帯の新潟県志久見川上流釜川流域の山腹斜面に見られる長大で平滑、かつその上に薄く砂礫を載せる斜面を筆者が"崖錐性平滑長大斜面"と名付けて抽出したのもその一例である。

第4章　微地形分類図と計画素案の検討

4.1　微地形分類図による施設配置計画素案検討事例

　第2章で述べたように、いま対象としている流域あるいは地域がどのような荒廃特性のもとに、どのような土砂移動履歴を経験し、現在どのような状態にあり、将来どのように変化しようとしているのか、これを追求することが出発点となる。もちろん土砂移動現象は、これに関わる自然的要因、さらに災害という点から社会的要因が重なり、極めて複雑な現象であるので、その中味をあくまでも数理科学的に捉えなければ対策は立てられないとすることは、本来不可能あるいは悲願に近い。しかし一方、防災計画、砂防計画を立案し、対策を具現化する立場にある現場技術者は、こうしたなかから将来を可能な限り見透し、ハード・ソフト両面から対策計画を組み立てねばならない。

　そこで、対象地域の土砂移動履歴と現状をまず可能な限り知るという点から、過去の土砂移動の履歴と現在の地形状況を忠実に表している空中写真を判読し、現在の地形の成り立ちと現在の地形の安定性、不安定性などを判断し、ここから将来の土砂移動の様態を想定し、その上に社会的条件を重ねて、ハード・ソフト両面から対策を検討することとなる。このような手法は、空中写真判読こそなされていないが、われわれの先輩が長期にわたって実行してきたことであり、あらためて述べるようなことではないが、その内容についての吟味、すなわちこうした定性的判断がどこまで目的に接近できるのかを検討し、その限界を知っておくことは必要かつ重要なことである。

　本章は、上記のような立場から、まず微地形分類図の作成とこれに基づいて対応を検討した2、3の事例を紹介する。取り上げた事例は、建設省東北地方建設局新庄砂防工事事務所（現国土交通省東北地方整備局新庄河川事務所）の1998年から2000年にかけての報告書から、竜ヶ岳東斜面の地すべり地域と寒河江川流域の石跳川流域の2件、それと埼玉県秩父県土整備事務所の2000年

の報告書からいくつかの土石流危険渓流の事例を引用させて頂いた。

4.2 微地形分類図の作成

　まず、空中写真を判読して**第3章**で述べたような微地形要素を抽出し、これを縮尺1/25,000の地形図に移写して広域の微地形分類図を作成する。この広域微地形分類図はこれからのいろいろの作業の基図であり、いわば予察図である。しかし、この予察図作成の過程で、早急に対策を必要とする重点流域とインフラなどの点の危険性から注目すべき点を含む地域（特定地域）内で、特に安全の確保が要求される地点（要対策候補地点）を選ぶことができる。対象地域を理解する上で空中写真判読と並行して繰り返し現地を調査することが望ましいのは当然である。その上で、図上でソフト・ハード両面から対策素案を検討する。その際、対策内容の判断過程、計画立案の根拠等を記録に残しておく。なぜなら、計画の立案には担当者の技術的判断に委ねられる部分が極めて多いが、判断の妥当性は対策実施後の現地の自然環境、社会環境の変化に照し合せることによってしか評価できないからである。

　次に、重点流域と特定地域について、より大縮尺の空中写真、さらに場合によっては小縮尺の空中写真も判読して再度詳細に微地形を検討し、現地調査の知見を合わせて、大縮尺1/10,000から1/5,000、あるいは、より大縮尺の詳細微地形分類図を作成し、先の対策素案をチェックする。この大縮尺の詳細微地形分類図は危険箇所の抽出、施設によるハード対策、避難場所や避難経路の検討などのソフト対策のために、必須の情報となるのである。

　流域の荒廃特性、土砂移動特性を解析して得られた微地形分類図から出発し、ハード・ソフト両面から対策を検討していくという手法は、まだ現場に定着しているわけではない。しかし、縮尺1/25,000の地形分類図の作成に限れば、直轄砂防事務所管内流域はほとんど完了しており、さらに重要流域について詳細微地形分類図を作成し、そこから施設配置計画を見直した所場もいくつかある。また、県によっては施設設計に当たって、まず計画施設の上流域の微地形分類図を作成し、そこに示された荒廃特性の中で施設の機能や諸元を位置づけた事例もある。微地形分類図をベースとすることは、アカウンタビリティの点からも好ましい方向である。

　以下に、既往の資料から流域の微地形分類図によって施設配置計画を検討し

た事例を紹介する。引用した3件の業務は作業の目的や時間、経費等現実的な問題でそれぞれ違いがあるが、**第2章**で述べた本来の流れに変わりはない。

4.2.1 広域微地形分類図から施設配置計画素案を検討したもの

　場所は最上川水系寒河江川流域竜ヶ岳東斜面で、当事務所の報告書〔新庄工事事務所（1999）〕から引用した。内容は一部手を加えている。この事例は、広域微地形分類図から読み取れる内容によって、対象全域のハード対策素案を検討したものである。**図 4-1** は対象地域の微地形分類図である。この図から対象地域は古くから地すべりが活発に続いてきたことがうかがえる。次に、報告書に示された微地形分類図から施設配置を考えた経過を述べる。現地調査によるチェックは行っていないので、現地調査や再度写真を判読すれば、見解が変わる可能性も十分ある。

(a) 南俣沢

① 竜ヶ岳の山頂平坦面は著しく開析されている。A、B地点の地すべり性崩土は下流の堆積地D段丘などを形成したのではなかろうか。

② B、B′ はAの末端の地すべり性崩壊、Cは左岸寄りの地すべり性崩壊で、C′ はその崩土や上流からの土砂が形成した段丘である。

③ 記号C、C′ の記号の部分は、この段丘を切る最も若い侵食前線で、現在はC、C′ の後退が南俣沢の土砂生産の主体と考えられる。

④ 生産土砂は下流部に埋積谷として一時貯留されている。この自然調節効果を高めるため、大井沢との合流点直上流部の▲印 p_1 箇所の貯砂調節機能を持つ堰堤は効果的である（既設の南俣沢堰堤がある）。

(b) 行沢

① 大井沢南側の小支渓である行沢上流は地すべり土堆を下刻し、幅広い埋積谷が形成されている。▲印 p_2 は遷急点である。

② 遷急点上流部の埋積谷では、山脚部の滑落崖 p_3 が活動する危険性があるため、▲印（p_2）箇所に調節効果を高める施設が必要である（平成9年西川行沢堰堤完成）。

③ 大井沢の谷の出口F地点は乱れた地形をしている。これの成因を検討し、これが新しい変化であれば、例えば□印 p_4 箇所のように段丘上に沖積錐の載ることも考慮して、施設による対応を検討しなければならない。

(c) 見附沢

① 上流に2カ所 p_5、p_6 の遷急点がある。

② Eは新しい地すべり性崩壊で、こうした崩壊の可能性が上流部に残されていることを示唆している。
③ ▲印p_7上流埋積谷の調節機能を上回って土砂が流出したことが、Gの押出し地形の存在からうかがえる。
④ p_7は遷急点であり、これが後退すると上流側埋積谷の土砂が流出する。既設の見附沢ダムはこれを防ぐのに効果的である。現象の安定性を現地で

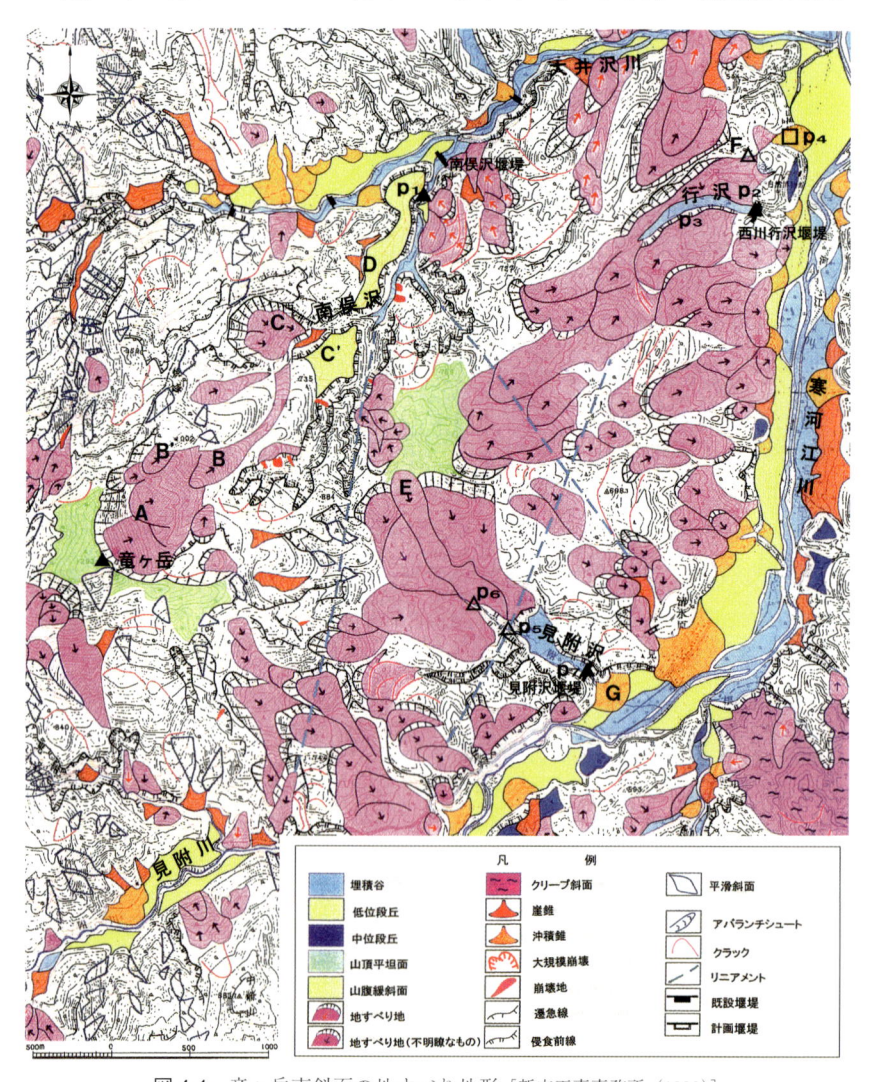

図4-1　竜ヶ岳東斜面の地すべり地形〔新庄工事事務所（1999）〕

第 4 章　微地形分類図と計画素案の検討

4.2.2　詳細微地形分類図から対策の計画素案を策定したもの

　対象は最上川水系寒河江川流域とその左支大越川左小支石跳川流域で、当事務所の報告書から引用した［新庄工事事務所（1998、2000）］。内容は一部手を加えている。

　この事例は、広域（寒河江川流域）の微地形分類図（縮尺 1/25,000）から荒廃流域（石跳川流域）を抽出し、再度詳細な写真判読と地上現地調査を実施して、詳細微地形分類図（縮尺 1/10,000）を作成し、施設配置計画を検討したものである。

　図 4-2 は、寒河江川中・下流部の広域微地形分類図である。大雑把にいって、図の中央を南北に区切る寒河江川本川とその左支大越川を連ねる南北方向の縦線の右側（東側）は地すべり地形が圧倒し、左側（西側）は気候地形（雪食地形）が卓越する。東側のなだらかな地形は月山の火山泥流が載った台地で、地すべり地形のほか、崩壊跡地やクラックといった微地形が多数見られ

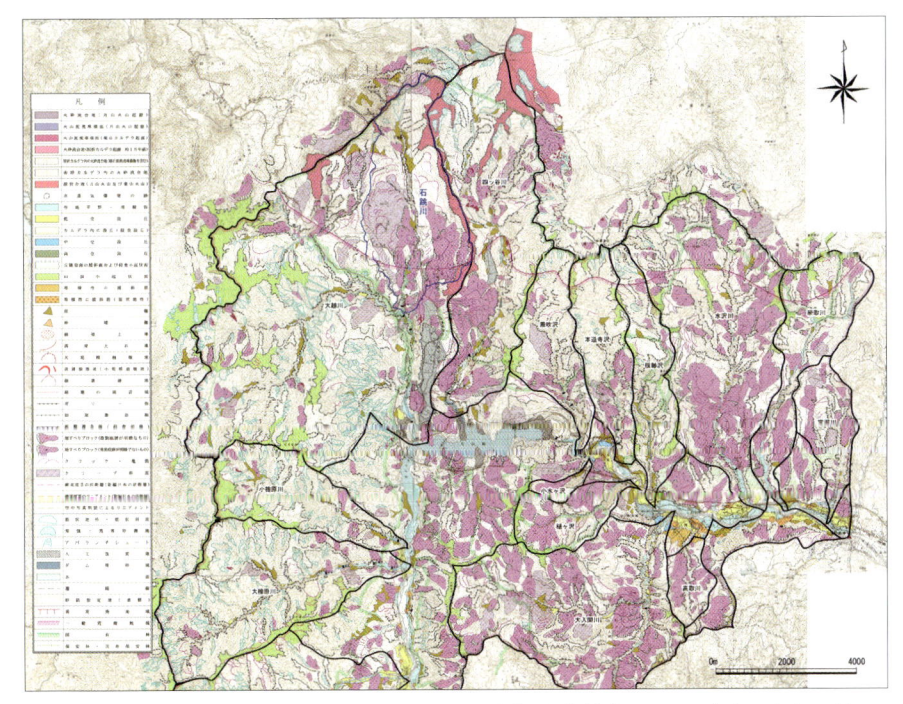

　　　図 4-2　寒河江川左支四ッ谷川・大越川流域広域微地形分類図［新庄工事事務所（1998）］

る。特に大越川中流左岸側に活動的な地すべりが多い。また四ッ谷川下流では、左右岸から大規模な地すべり土塊が押し出している。大越川左支石跳川は地すべりブロックを縫うように流下し、土砂流出が活発であるように見られる。詳細微地形分類図作成対象流域となっている。

　図 4-3 は、大越川左支石跳川流域の詳細微地形分類図である。微地形分類図は 1996（平成 8）年、1998（平成 10）年撮影の写真を用い、微地形解析に当たっては、これを含む 5 時期の空中写真を比較判読して微地形推移図を作成している。石跳川では、さらに地上現地踏査も実施してより詳細に検討し、施設配置箇所を決定している。石跳川流域は地すべり活動が活発な流域であるため、施設配置計画の主体は地すべり地の山脚固定であり、計画地点付近の詳細な現地調査、断面測量を実施している。また同時に渓床の遷急点の後退抑制の施設（1 カ所）を計画している。

　本書では、広域微地形分類図から荒廃流域を選ぶのに、さらに踏み込んで大縮尺の空中写真を詳細に判読するなどして、定性的に判断して決定する流れになっているが、この報告書では点数法によっている。まず、空中写真、地形分類図から共通の特徴が認められる流域を一つの単元流域とし、寒河江川流域（流域面積 331.9km^2）を 24 の単元流域に分けている。各単元流域の荒廃特性としては、**表 4-1** に示すような微地形要素、すなわち地すべり地、大規模崩壊地、表層崩壊地、雪食斜面、火山体開析前線の分布状況、および近年の地すべり、大規模崩壊の発生実績をもとにして評価している。

　その方法としては、個々の微地形要素の分布状況を単元流域ごとに面積率、密度を計算して分散図にプロットし、面積率、密度の高い方から A 〜 D の 4 段階に区分し、全く分布しない場合は階級 E として、全部で 5 階級に区分している。こうして各階級に次のような点数、A（8 点）、B（4 点）、C（2 点）、D（1 点）、E（0 点）を与え、単元流域ごとに微地形要素の点数を集計し、土砂移動の潜在的危険度を示す値（荒廃点数）とした。さらに、地すべりや大規模崩壊などの大規模、低頻度の土砂移動現象と表層崩壊や雪食などの小規模、高頻度の土砂移動現象とでは、メカニズムも対策も全く異なるため個別に工夫して、大規模荒廃点数、小規模崩壊点数を別途定義して点数を導き、さらに最終的な総合荒廃点数も別途定義して単元流域ごとの総合荒廃点数を求めている。**表 4-1** は寒河江川流域の事例で、石跳川、四ッ谷川、大越川下流が突出して大きな値となっている。石跳川の詳細調査はこうして選ばれた。

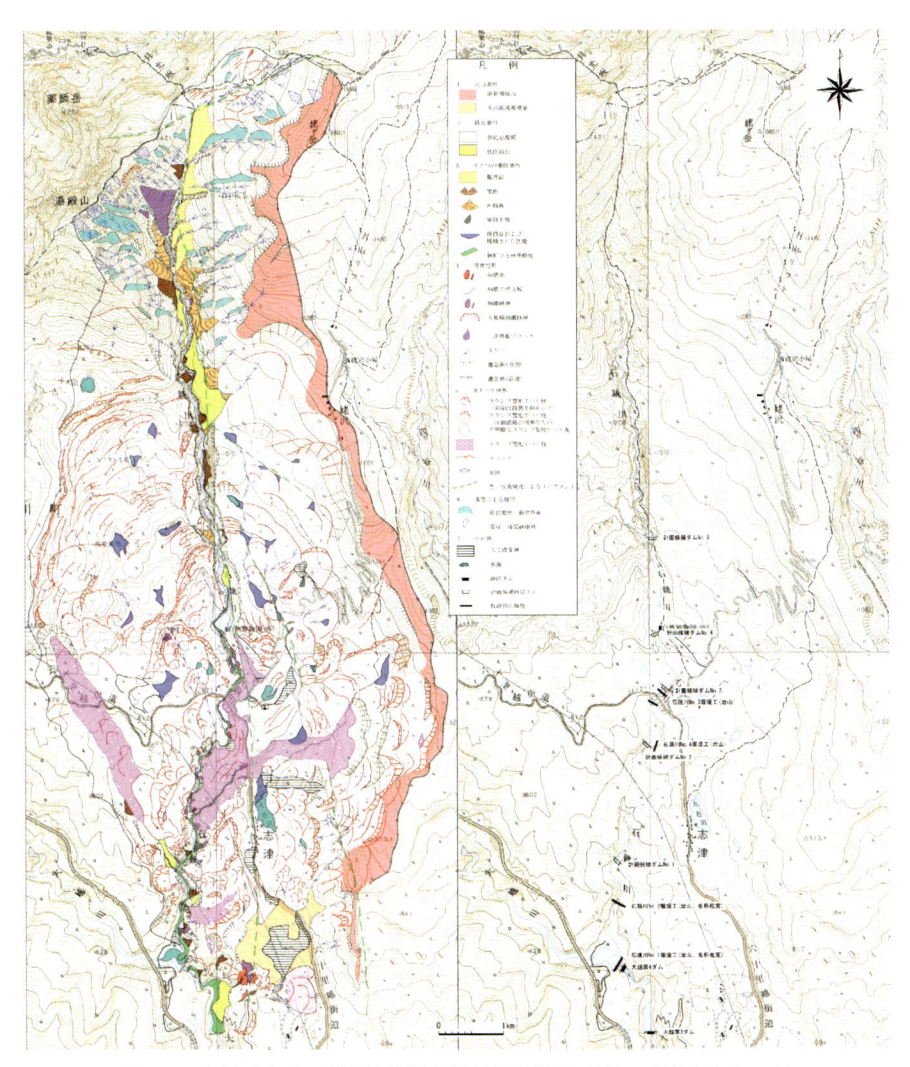

図4-3 大越川左支石跳川流域詳細微地形分類図［新庄工事事務所（2000）］

　さて、この点数法では、取り上げられた荒廃渓流は限られた微地形要素の有無、多寡で決められている。しかし、広域の流域内には単元流域ごとに際立った微地形があっても、これが無視される場合もあり、仮にこれらを取り上げる場合には、階級区分の整合性に不都合が生ずる。荒廃流域を取り出し、対策に結び付けるには、やはり広域微地形分類図作成のための判読から感じ取った荒廃性からいくつかの小渓流を取り出し、大縮尺空中写真判読、現地調査などに

表 4-1 寒河江川流域の 24 単元流域の微地形要素および土砂移動実績の階級区分結果
[新庄工事事務所 (2000)]

流域名	単元流域名	流域番号	地すべり	大規模土砂移動			小規模土砂移動		火山体開析前線	荒廃点数		
				地すべり実績	大規模崩壊地	大規模崩壊実績	表層崩壊地	雪食斜面		大規模荒廃点数	小規模荒廃点数	総合荒廃点数
寒河江川	高取川	36	D	E	E	E	E	E	E	0.5	0.0	2.0
	大入間川	37	C	E	E	E	D	D	E	1.0	2.0	6.0
	小水ヶ川	38	C	E	E	E	D	E	E	1.0	1.0	5.0
	樋ヶ沢	39	E	E	E	E	E	E	E	0.0	0.0	0.0
	根子沢	40	C	E	E	E	A	D	E	1.0	9.0	13.0
	根子川	41	D	E	E	E	D	C	E	0.5	3.0	5.0
	見附川	42	D	E	E	E	D	A	E	0.5	9.0	11.0
	見附沢	43	E	E	E	E	D	D	E	0.0	2.0	2.0
	大井沢	44	D	E	E	C	C	B	E	2.5	6.0	16.0
	大桧原川	45	D	E	E	E	C	B	E	0.5	6.0	8.0
	小桧原川	46	E	E	E	E	E	B	E	0.0	6.0	6.0
	石跳川	47	C	A	E	E	D	D	B	12.2	2.8	51.6
	大越川上流	48	D	E	E	E	C	B	D	1.3	4.2	9.4
	大越川下流	49	D	E	C	A	D	A	C	12.1	9.4	57.8
	四ッ谷川	50	C	E	A	E	B	D	B	12.2	5.8	54.6
	風吹沢	51	D	E	E	E	D	D	E	0.5	2.0	4.0
	本道寺沢	52	D	E	E	E	D	D	E	0.5	2.0	4.0
	横岫沢	53	D	E	E	E	D	D	E	0.5	2.0	4.0
	水沢川	54	C	E	E	D	D	D	E	2.0	2.0	10.0
	綱取川	55	C	E	E	E	E	D	E	1.0	1.0	5.0
	宝沢川	56	D	E	E	E	E	E	E	0.5	0.0	2.0
	残流域 1	57	D	E	E	E	D	D	E	0.5	2.0	4.0
	残流域 2 右岸	58	D	E	E	E	E	D	E	0.5	1.0	3.0
	残流域 2 左岸	59	D	E	E	E	E	E	E	0.5	2.0	2.0

よって、対象荒廃単元流域を選ぶべきである。上述の点数法といった手法は極めて有効ではあるが、あくまでも補助的手段として考えていくべきものである。

4.2.3　ある区域の土石流危険渓流について微地形分類図から対策を検討したもの

　土石流危険渓流というのは、都道府県の行う土砂災害危険箇所基礎調査によって土石流が発生するおそれがあると認められる川や沢をいう。土石流危険渓流調査は、1966 (昭和 41) 年 9 月富士五湖地方に発生した土石流災害、特に西湖に注ぐ小渓流がつくる沖積錐上に立地した根場部落が壊滅したのを契機として始まった。土石流危険渓流調査は、開始当初は全国の 15,645 カ所の渓流が対象となったが、2003 (平成 15) 年には全国で 183,863 渓流が土石流危険渓流に指定されている。土石流危険渓流は、個々の対象渓流の担う保全対象の質と数により以下の 3 種類に区分されている。

　・土石流危険渓流Ⅰ：保全人家 5 戸以上または保全人家 5 戸未満であっても病院や福祉施設、駅、官公舎、学校、病院、発電所等のある場所に流入する渓流……89,518 渓流

・土石流危険渓流Ⅱ：保全戸数が1戸以上5戸未満の場所に流入する渓流
　　　　……73,390渓流
・土石流危険渓流Ⅲ（土石流危険渓流に準ずる渓流）：保全人家戸数0戸で住宅等の拡大可能と考えられる区域に流入する渓流……20,955渓流

　土石流危険渓流調査で所期の目的を達成するには、まず、土石流危険渓流の状況を概観しておくことは必須の重要事項である。そのため、上述の土石流危険渓流Ⅰ、土石流危険渓流Ⅱの渓流については、渓床、山腹の状況を簡潔に整理する「土石流危険渓流カルテ」を作成し、定期調査、土砂災害発生後の臨時調査を行って状況を追跡し、土石流による土砂災害に迅速に対応できるよう備えている。

　土石流危険渓流カルテは、カルテ1からカルテ4で構成され、それぞれの位置づけは以下のとおりである。
・土石流危険渓流カルテ1：渓流の位置、渓流の概要、災害履歴等の基礎的なデータを記入、位置図、流域図を貼付。
・土石流危険渓流カルテ2：土石流危険区域設定のための調査、土石流危険区域図（1戸1戸の家屋が判読できる程度の縮尺がよい）を貼付。
・土石流危険渓流カルテ3：保全対象、渓床および山腹の状況、砂防施設の効果に関する現地踏査結果を記載する。
・土石流危険渓流カルテ4：現地調査から渓流および山腹の状況、保全対象の状況を示す写真またはスケッチを貼付する。

　このカルテのフォーマットは、流域の大小、地質の相違等にかかわらず、基礎的な項目が簡略に整理されている。したがって、各渓流の持つ荒廃特性といったものは表せていない。膨大な数の渓流を個々に当たることはマンパワーの点からも無理だからである。しかし対策を迫られている現場の技術者としては、対策の緊急性によって渓流を仕分けしておくことが必要である。その方法の一つとして、広域微地形分類図の作成の場合と同じく空中写真判読による概査がある。土石流危険渓流群の個々について土石流の流下、氾濫、堆積地と土石流発生源の山腹斜面、山地内の渓床の堆積状況を判読すると、一つひとつの流域の荒廃性が感じ取れ、「緊急に対策を要する渓流」「要詳細調査渓流」「要調査渓流」「経過観察渓流」等に分類することができる。その上で緊急を要す

ると判断した渓流から対応していくことが現実的である。

　ここでは、そのような考えから秩父盆地内の赤平川左支滝の沢、納宮沢等の一連の土石流危険渓流で実施された事例の一部［埼玉県秩父県土整備事務所（2000）］を紹介する（図4-4）。

　土石流危険渓流の場合も、微地形分類図からハード・ソフト対策を考えるという基本的な点は他の事例と同じであるが、ここで紹介する手続きは本文3.1節で示したフローとは異なっている。まず、対象区域内のすべての土石流危険渓流について、写真判読によって全土石流危険渓流の荒廃特性を検討し、将来の土砂移動現象を予測して、対策を要する流域、要詳細調査流域、当分経過観察でよい流域などにふるい分ける。対策を要する、あるいは緊急に詳細調査を要すると判断される渓流について詳細微地形判読、詳細現地調査を実施し、更に対策へとつなぐ。滝の沢はこのような手順で選び、検討した例である。納宮沢は比較的安定した渓流である。表4-2は、秩父地方全域の予察結果を一覧表にまとめたもののうち、滝の沢（予察表の旧渓流番号365-Ⅱ-019）とその近傍のデータである。

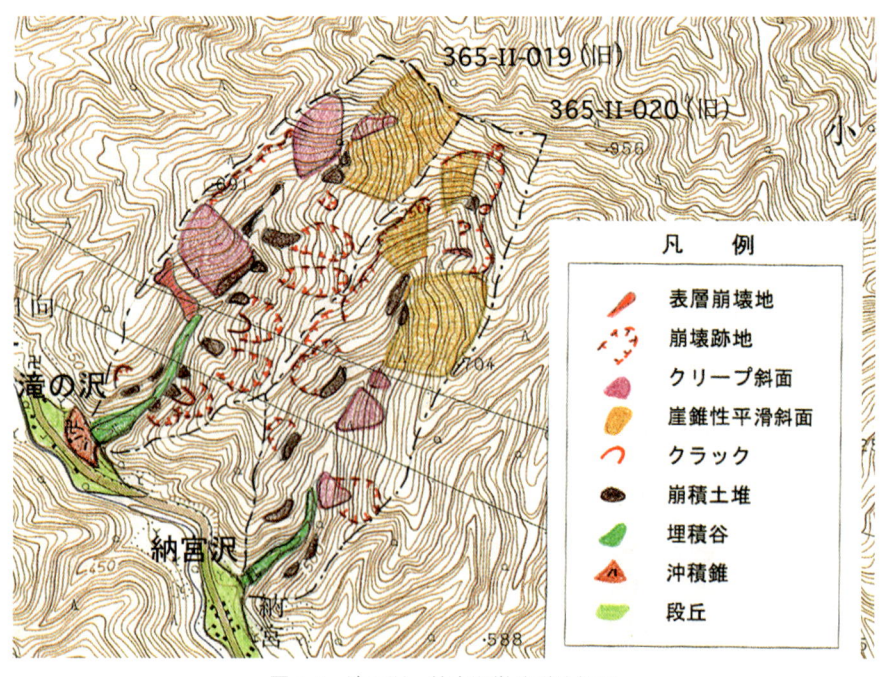

図 4-4　滝の沢・納宮沢微地形分類図
国土地理院、縮尺 1/25,000「長又」、1999（平成 11）年 8 月 1 日発行

第4章 微地形分類図と計画素案の検討 81

表4-2 空中写真判読による予察表［埼玉県秩父県土整備事務所（2000）］

No.	市町村名	河川名	渓流名	旧渓流番号	渓流番号	地形区分	地質帯分類	地質（『埼玉県地質図（山地・丘陵地）』1999 埼玉県農林部林務課）時代	地質（太文字は流域内で面積最大）	断層	空中写真判読による予察
78	小鹿野町	赤平川	東沢	365-Ⅰ-005	365-Ⅰ-006	山中地溝帯	山中地溝帯	中・古生界	**泥岩**	有	小さな流域である。左岸斜面に大きな板状の崩壊地がみられる。左岸は流れ盤であろうか。左岸斜面の板状の崩れが顕著で流路を右岸側に押しやっている。谷出口直下の人家を直撃する形になっており、出口の状態をチェックする必要がある。
79	小鹿野町	赤平川	滝の沢	365-Ⅱ-019	365-Ⅰ-007	山中地溝帯	山中地溝帯	中・古生界	**泥岩** 砂岩泥岩互層 砂岩 圧砕砂岩泥岩互層	有	左右岸斜面に規模の大きい板状のすべりがみられ、その末端が谷を埋めている。谷出口は埋積谷を下刻して下流の山ぎわに沿って本川に合流している。施設要検討。
80	小鹿野町	赤平川	石神沢	365-Ⅰ-006	365-Ⅰ-008	上武山地、山中地溝帯北帯	秩父累帯北帯、山中地溝帯	中・古生界	**泥岩** 砂岩 圧砕砂岩泥岩互層	有	山腹斜面が乱れた斜面になっている。その原因は基盤が破砕されていることを反映していると考えられる。中～下流部で2つの支川に分かれており、合流点直下に大きなダムがある。未満砂である。一応安定した状態にあるといってよい。
81	小鹿野町	赤平川	稲荷沢	365-Ⅰ-007	365-Ⅰ-009	上武山地、山中地溝帯北帯	秩父累帯北帯、山中地溝帯	中・古生界	**泥岩** 砂岩 圧砕砂岩泥岩互層 砂岩泥岩互層	有	山腹斜面が乱れた斜面になっている。その原因は基盤が破砕されていることを反映していると考えられる。中～上流部で2つの支川に分れている。谷出口下に床固工1基あり、一応安定した状態にあるといってよい。
82	小鹿野町	赤平川	一反地沢	365-Ⅰ-008	365-Ⅰ-010	山中地溝帯	山中地溝帯	中・古生界	**砂岩** 泥岩	有	右岸には崩壊跡地と残積土があり、中流部は埋積谷となっている。谷出口から下流に沖積錐がみられるが、谷は下刻している。谷の出口に床固工1基あるいはソフト対策が必要と考えられる。
83	小鹿野町	赤平川	築間沢	365-Ⅰ-009	365-Ⅰ-011	上武山地、山中地溝帯北帯	秩父累帯北帯、山中地溝帯	中・古生界	**圧砕砂岩泥岩互層** 砂岩 砂岩泥岩互層 泥岩	有	中下流の斜面は崖錐性斜面である。谷部中は埋積が顕著である。下流部に近く、ダム1基入っている。ダム部近傍から下流は下刻が顕著である。特に問題なく、要経過観察。
⋮											
120	小鹿野町	赤平川	日の沢	365-Ⅱ-017	365-Ⅱ-022	山中地溝帯	山中地溝帯	中・古生界	**泥岩** 砂岩泥岩互層	有	比較的安定した小流域。
121	小鹿野町	赤平川	大諸沢	365-Ⅱ-018	365-Ⅱ-023	山中地溝帯	山中地溝帯	中・古生界	**砂岩泥岩互層** 泥岩 砂岩	有	谷の出口で下刻が進んでおり安定している流域である。
122	小鹿野町	赤平川	納宮沢	365-Ⅱ-020	365-Ⅱ-024	山中地溝帯	山中地溝帯	中・古生界	**泥岩** 砂岩 砂岩泥岩互層	有	埋積谷は左右岸からの崩壊土砂に埋められていて、乱れた状態にある。しかし、谷の出口から下流では本川の段丘を下刻しており、比較的安定した状態にある。
123	小鹿野町	赤平川	日岩沢	365-Ⅱ-021	365-Ⅱ-025	山中地溝帯、上武山地	山中地溝帯、秩父累帯北帯	中・古生界	**泥岩** 圧砕砂岩泥岩互層 砂岩 砂岩泥岩互層 石灰岩	有	山腹斜面が乱れた斜面になっている。その原因は基盤が破砕されていることを反映していると考えられる。最上流に直立した露岩（石灰岩）があり、その下に崖錐状の斜面が発達している。山腹の状態は365-Ⅰ-006、365-Ⅰ-007と同じように揉まれた状態にあり、本流域の本川もジグザグしている。谷の出口から下流に沖積錐が発達しているが、ダムがあり満砂に近い状態にある。ダムより下流は下刻が進んでおり一応安定しているといえる。
124	小鹿野町	赤平川	反の沢	365-Ⅱ-022	365-Ⅱ-027	山中地溝帯	山中地溝帯	中・古生界	**砂岩** 砂岩泥岩互層	有	上流に乱れた崩壊跡地があり、その下流右岸には崩壊跡地と崩積土地がある。その下流は埋積谷となっている。谷の出口直上流にダムがあり、未満砂である。

滝の沢右岸に見られる板状の斜面はクリープ斜面で、その下端は谷に押し出し、谷を埋めている。下流側のクリープ斜面は谷沿いに土堆をつくっていて不安定である。左岸側山腹斜面は稜線近くに古い崩落崖を持つ浅い崩壊跡の斜面が並び、その下端渓岸沿いに残積土堆が連続して見られる。このような山腹斜面の不安定さを反映して中・下流部の本川は顕著な埋積谷となっている。

谷の出口近くに堰堤も見られる。渓床の状況は国土地理院発行の縮尺1/20,000〜1/25,000のモノクロ写真、縮尺1/10,000〜1/15,000のカラー空中写真からは判読し切れない。より大縮尺の空中写真が必要である。段丘上に載る沖積錐、中・下流部の渓床の状況（堆積物の新旧など）について、詳細な地上調査が必要である。これは果たされていない。今後、新法（「土砂災害警戒区域等における土砂災害防止対策の推進に関する法律（2000（平成12）年5月公布）」等との関連を含めて調査、検討の必要がある。

4.2.4 比較的大流域の土石流危険渓流の対策素案を策定したもの

場所は菊池川水系小木川（熊本県菊池県土整備事務所管内）である。現行の土石流危険渓流カルテ3（表4-3）の調査要因の「渓床の状況」「山腹の状況」それぞれに示された調査項目からは、一つひとつ個性を持つ流域の荒廃特性、土砂移動特性は引き出せない。特に、流域面積が大きくなると広域・詳細な情報が必要となる。そうした意味から検討した小木川追加カルテ5「微地形分類図」（図4-5）とカルテ6の「土砂移動予測」（図4-6）を例示する。

当初、図4-5の中で示した残丘状の微高地が何なのかに引っ掛かった。図4-6の縮尺1/25,000の地形図に見られるように、これと同類の面が南に伸びている。これが阿蘇4火砕流（Pas）の痕跡であることを知った。阿蘇4火砕流は7〜9万年前噴出したもので噴出規模は極めて大きく、南は人吉盆地、南以外はすべて海にまで達したといわれている。

小木川流域（土石流渓流区域内）では、このPasは高位と低位に段丘状に分布する（図4-7）。低位のものは、小木川土石流危険渓流中では極めて小規模に点々と残る。小木川の侵食は下流から進行し、区域内の下流部では高位と低位の埋積谷床が幅広く見られ、巨視的にみて侵食は峠を越した流域といえる。この事例のように、調査流域のみでなく、より広く地形を見ることによって当該流域の性状がより理解される。対象流域を広域の中で検討し、位置づけることが肝要である。

表 4-3 十石流危険渓流カルテ 3 [熊本県菊池県土整備事務所 (2002)]

05-210 I -02

調査要因	調査項目	調査日：平成 11 年 11 月 11 日　　　　記入者：								
保全対象	土石流危険区域	土石流危険渓流 I								
	人家戸数	11（11）戸								
	災害弱者関連施設種類・数量	（）								
	上記以外の公共施設種類・数量	1（1） 公共施設 1「集会施設（小楠野公民館）」								
	田畑	1.8 ha								
	交通網（道路・鉄道）									
渓床の状況	渓床堆積土砂の有無	I -1		I -2		I -3				
	存在する区間（m）	80		60		40				
	その厚さ（m）	1.0		0.5		0.5				
	その幅（m）	5.0		7.5		2.0				
	表面の形状	凹：小礫		凹：土砂		凹：土砂				
	堆積土砂上の植生	高木類		低木類		高木類				
	侵食断面	なし		なし		なし				
山腹の状況	地被状況									
	裸地の面積率	0.0%								
	禿赭地の面積率	0.0%								
	伐採跡地の面積率	0.0%								
	新しい亀裂・滑落崖	—								
砂防施設の効果	基数	6								
	未満砂量（総量）	5,490								

		ダムの諸元（計画値）					現地踏査結果			
名称	所管	有効高 H (m)	基礎長 B₀ (m)	計画堆砂幅 B₂ (m)	元河床勾配 i₀	貯砂量 V (m³)	未満砂高 ΔH (m)	堆砂長 L (m)	現況堆砂幅 B₁ (m)	現況堆砂量 V₀ (m³)	未満砂量 V-V₀ (m³)
不明ダム 1	不明	9.0	5.0	20.0	5.1	5,150	0	91	20.0	5150.0	0
不明ダム 2	不明	8.0	10.0	30.0	5.1	6,550	2.5	80	30.0	4400.0	2,150
治山ダム 1	県林務	6.0	6.0	12.0	4.3	1,350	0	50	12.0	1350.0	0
治山ダム 2	県林務	5.0	4.0	10	4.3	750	0	43	10.0	750.0	0
治山ダム 3	県林務	7.0	7.0	20	4.7	3150	4	65	20.0	1320.0	1830
治山ダム 4	県林務	6.0	7.0	20	4.7	2250	4	55	20.0	740.0	1510

計画流出土砂量　　（m³）	17,300
調査所見	水系名：　　　川　河川名：　　　川　渓流名：小木川（渓流番号：05-210 I -02） 林相は大部分が針葉樹の人工林である。 渓床勾配は上流部では急であるが、下流部では緩い勾配が長く続くため、小規模な土石流は途中で停止する可能性が高い。 渓床堆積物は全区間に存在し、0.3～2.5m 程度と厚く堆積している。堆積物の礫径は 0.5m 程度である。 治山施設が 4 基、不明施設が 2 基ある。 全体で 50%程度の空き容量があり、小規模な土砂流出には対応できる。 本渓流は極めて安定しており、土石流災害発生の兆候は見受けられない。

土石流危険渓流カルテ 5							
渓流番号	□□	水系名	〇〇川	河川名	△△川	渓流名	小木川
微地形分類図							

[凡例]
- 平頂尾根
- 露岩斜面
- 残丘状の微高地
- 崖錐斜面
- 埋積谷
- 高位埋積谷
- 崩積土堆
- 擾乱地形
- 崩壊地
- 崩壊跡地形
- 新鮮な地すべり性崩壊
- ガリ
- 既設砂防堰堤
- 上流稜線部
- 流域中央西端斜面
- 流域中央部
- 狭窄部
- 下流部

[微地形分類図]
　流域は微地形要素の分布状況から次の5つに分帯する。
1. 上流稜線部
　　北から北西部にかけての稜線部分は露岩地帯で、露岩部の脚部から崖錐状斜面が発達する(基盤岩は玉名花崗閃緑岩)。露岩部の3カ所に崩積土堆が認められる。1カ所に地すべり性の崩壊がみられるが表層土内の崩壊と推定される。
2. 流域中央西端斜面
　　前記崖錐状斜面の西南端は侵食が進み、崖錐が削剥されて基盤岩にガリが発達している。ガリの下流に崖錐を侵食した土砂が埋積谷をつくっている。
3. 流域中央部
　　流域中央部の斜面は細かい肢節と細かい起伏に富んでいる。判読図では擾乱斜面としている。2カ所に見られるクリープ性の崩壊も表層土内の浅い崩壊である。中央部から上流部にかけて残丘状の微高地が点々と見られる。これらの微高地は阿蘇4火砕流の痕跡である。
4. 下流部
　　下流部は中流部より侵食が進んでいる。下流部左右岸稜線部分に古い崩壊跡地形が並び、その下流に埋積谷が発達している。下流からの下刻が遡上し、埋積谷の開析が進み段丘化している。高位のものを高位埋積谷とした。
5. 狭窄部
　　左、右岸から崩積土が本川に達し、一部埋積谷床化している。みお筋はここでジグザグしている。

図4-5　土石流危険渓流カルテ5[熊本県菊池県土整備事務所(2002)]

第4章 微地形分類図と計画素案の検討

土石流危険渓流カルテ6								
渓流番号	□□	水系名	○○川	河川名	△△川	渓流名	小木川
土砂移動予測								

［土砂移動予測図］

1. 上流稜線部

　稜線沿いの露岩斜面から下位の崖錐に、活動的な様子は見られない。しかし林道が崖錐を切り、崖錐が乱される場合は林道沿いに崩壊の危険性が生まれる。ここではこれらの崖錐を刻む谷はいずれも広潤で樹木が侵入し、現在は安定している。露岩部の3カ所にみられる崩積土堆の崩壊ポテンシャルは高い。しかし崩れても小木川本川にストレートに来ることはないであろう。

2. 流域中央部

　微地形分類図にみるように小木川流域には残丘状の微高地（阿蘇4火砕流（町田・新井（1992）））の痕跡が高位とより低位の2段に断続する（以下に高位面と低位面とする）。高位面はよく保存されているが、低位面はわずかに小木川本川沿いにみられるに過ぎない。

　小木川全域の侵食の推移を推定すると、高位面が形成された7～9万年前から、侵食が進むにつれて小木川の下刻が下流から上流に及ぶその過程で高位面と低位面に阿蘇火砕流の痕跡が残丘状に点々と残された。この間中流部斜面は乱され擾乱斜面となり一応不安定斜面といえるが、土砂供給源としてのポテンシャルは高くない。

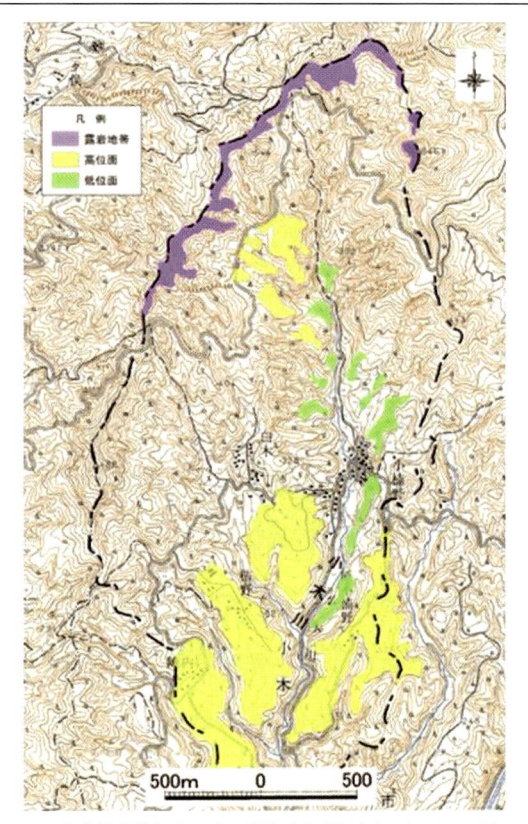

3. 下流部

　下流部は中流部より侵食が進んでいる。左右岸稜線部分に古い崩壊跡地形がならび、その下流に埋積谷が発達している。埋積谷の開析は継続するであろうが、大規模な土砂移動は考えられない。

4. 流域全域を通して想定される土砂移動現象はそれほど活発なものとは考えられない。そのなかでやや活動的なのは中・下流の境界付近で、左右両岸から押し出した土堆で狭窄部となっている部分である。ここでは崩積土の再移動や流木を含め、詳細な現地調査が必要である。

5. 時間雨量100mmを超す豪雨も珍しくなくなった。異常な土砂移動現象（流木とともに）を想定しておくことも必要である。流域内に多く設置されている治山の谷止工を含め、流木止めの施設計画についても検討する必要がある。異常出水を想定すれば、過去の事例をふまえて河積との関連から指定区域出口の小楠野集落のソフト対策も必要となるであろう。

図4-6　土石流危険渓流カルテ6［熊本県菊池県土整備事務所（2002）］

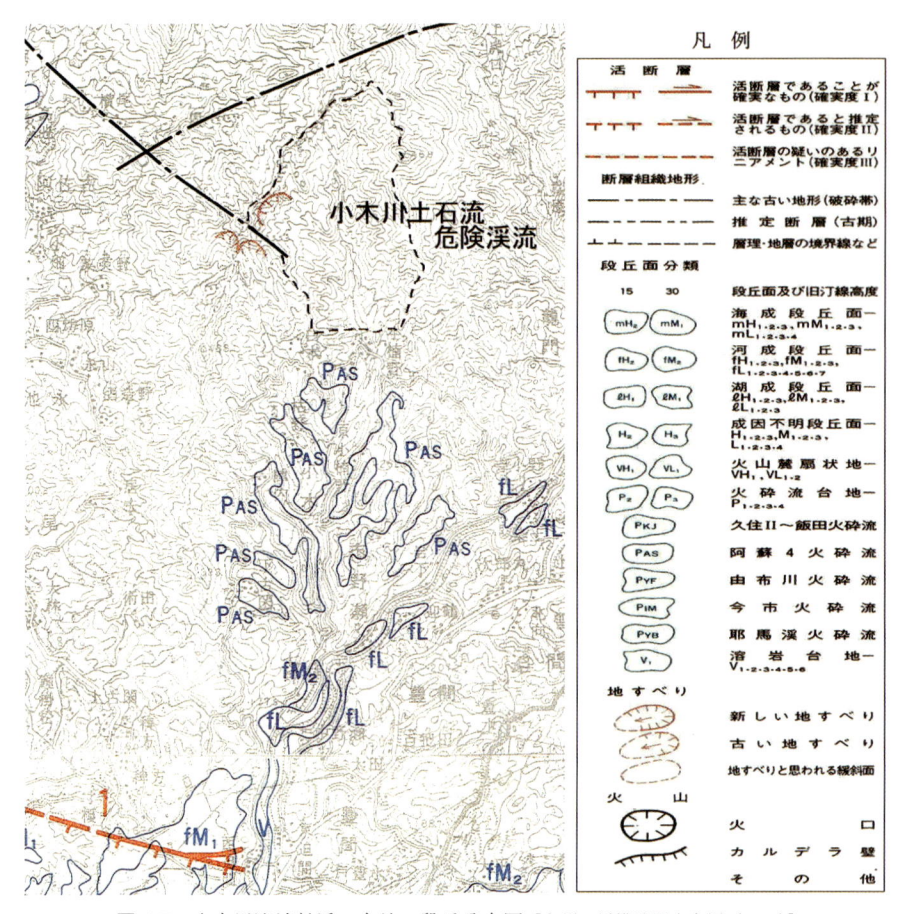

図 4-7　小木川流域付近の台地、段丘分布図［九州の活構造研究会編（1989）］

4.3　新法基礎調査

　2000（平成 12）年に「土砂災害警戒区域等における土砂災害防止対策の推進に関する法律」が公布された。前記したように、1966（昭和 41）年 9 月の西湖災害を契機として「土石流危険渓流調査」がスタートし、1967（昭和 42）年より「急傾斜地崩壊危険箇所調査」、1969（昭和 44）年より「地すべり危険箇所調査」が施行された。さらに、1982（昭和 57）年 7 月の長崎災害を契機に「総合的な土石流対策の推進について」の建設事務次官通達が出され、1988（昭和 63）年には「土砂災害対策推進要綱」が中央防災会議で決定された。このよう

に土砂災害に対する防災体制の整備が着々と進められるなか、1999(平成11)年6月広島県を中心とする西日本に甚大な土砂災害が発生した。このときの土砂移動現象の特徴は、被災地が主として市街地であったため、これを反映して宅地裏の傾斜地の崩壊、その上に人家等が立地する小規模な谷出口の沖積錐、その他の土砂押し出し、それに局所的な地すべりであった。これを契機に、2000(平成12)年5月に「土砂災害警戒区域等における土砂災害防止対策の推進に関する法律」(以下、新法という)が公布された。この新法は、上述した様々な取り組みの積み重ねの延長上にあったといえる[土砂災害防止法研究会(2000)]。

この新法の最大のモチーフは「行政の知らせる努力と住民の知る努力が相乗的に働くことを期待した法律」であることであり、従来のハード対策を主体とした砂防三法とは趣を異にしている。この法律では、基礎調査として土砂災害の原因地、土砂災害のおそれがある土地の双方を調査し、警戒区域、特別警戒区域の指定のための基礎的な情報を収集することになっている。そのため考えられる基礎的情報は、やはり過去および今後の土砂移動に関する情報であり、これを知るための最良の方法は、大縮尺の空中写真を判読して、対象区域の詳細な微地形分類図を作成し、山麓等の傾斜地の崩壊や山地部(谷口より上流部)の土砂移動規模を複数ケース想定し、それぞれに見合う土砂氾濫地域(土砂災害のおそれのある土地)の危険度を分帯する手法であろう。

危険度の分帯には、空中写真判読のほか現地調査は欠かせない。また、場所によってはテストピットの掘削、あるいは試錐などによって堆積履歴、堆積構造、堆積規模を調査する必要もある。いくつかの沖積錐について上流山地と合わせ、空中写真判読によって検討すると、それぞれが個性的で、言い換えれば、それぞれがそれぞれなりの荒廃特性、土砂移動履歴を持っているので、危険度の度合いは個々の渓流を精査し、判じ取るより方法はない。このような点から空中写真判読を柱とし、そのほか考えられる手立てを尽くして読み取ることが基本的な調査の手法といえる。

ここでは、いくつかの土石流危険渓流の沖積錐について空中写真によって考察した例を紹介する。

4.3.1　木曽川左岸(山口第六区)の沖積錐

写真4-1は、木曽川左岸の典型的な沖積錐である。上の写真は1947(昭和22)年撮影の米軍写真、下の写真は2001(平成13)年林野庁撮影写真。米軍写真は飛行コースが南北であるため写真上方が西、林野庁の写真は東西方向に飛

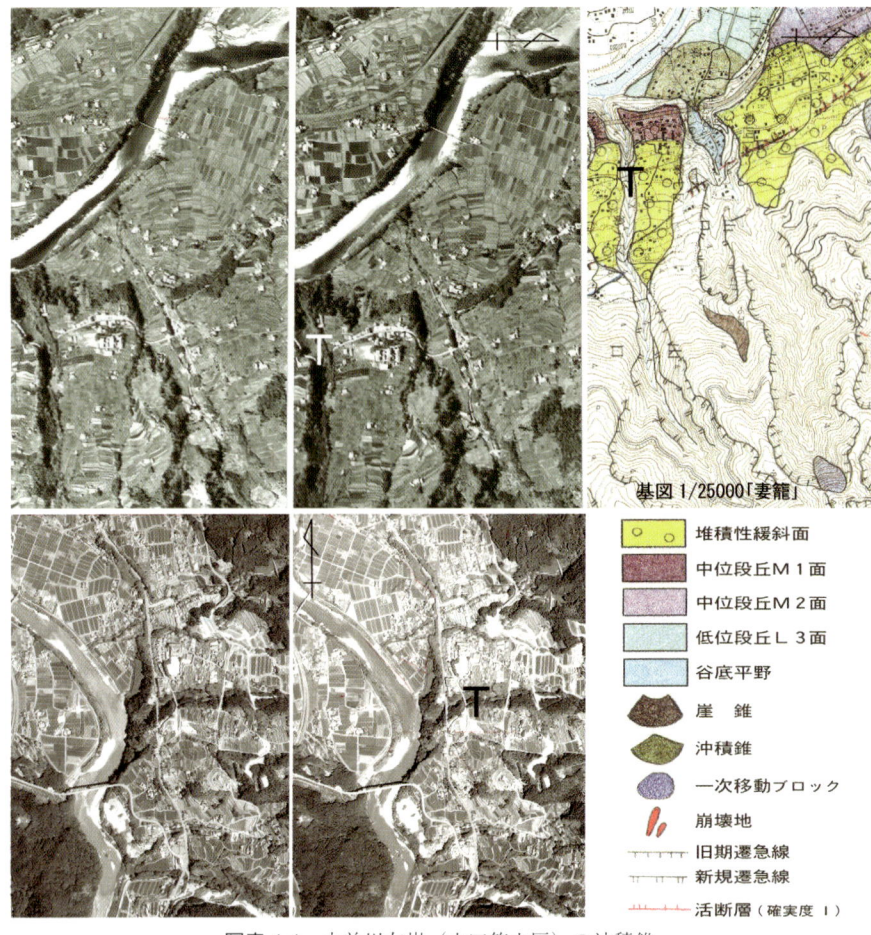

写真 4-1 木曽川左岸（山口第六区）の沖積錐
位置　　　　　岐阜県中津川市山口
写真番号　　　（上）米軍　R-392　47・46
　　　　　　　（下）林野庁　01-42[南木曽地区]C14-5・6
撮影年月日　　（上）1947（昭和22）年10月26日
　　　　　　　（下）2001（平成13）年7月5日
微地形分類図　[多治見工事務所（1999）]

んでいるため上方が北である。

　写真中央の渓流は、古期山麓堆積性緩斜面を切り木曽川低位段丘に典型的な沖積錐をつくっている。上流からの土砂供給が活発で埋積谷の谷幅は広く下刻が進まないため、埋積谷、沖積錐とも谷床面、扇面と現河床との比高が小さく、比高のほとんどないところも数カ所ある（写真上×印）。豪雨時などに上

流から顕著な土砂流出がある場合には、まずこれらの点で氾濫する。このように顕著な沖積錐が発達するのは、上流からの土砂供給が最近まで活発に継続してきたことと谷出口から下流に堆積地を持たないためである。この写真では後背山地の様子は見えないが、流域内に北西−南東方向に断層が走っていて山腹斜面は非常に乱れており、長年にわたって絶えず土砂の生産流下が続いてきたことを示している。

　この谷の下流側の谷 T は、その出口に沖積錐は見られない。空中写真からは、T 谷上流からの土砂供給は前記の谷とほとんど変わらないと考えられるが、谷出口で堆積の場を持たず、木曽川本川の河床を局所的な侵食基準面として、これと調和的に合流している。このため、二つの谷は土砂流下、堆積の様態を著しく異にしている。

　下の写真では、沖積錐を持つ谷の上流本、支川に 1 基ずつ 2 基の砂防堰堤が築設されている。しかし、時間雨量 100mm を超す豪雨が珍しくなくなった今日、これからもまだ活動性の強い土砂供給源となる可能性の有無を、堆積土層の三次元構造などを含めて精査する必要がある。

4.3.2　釜無川右岸の沖積錐

　写真 4-2 の米軍写真は、上方が北ではなく、北東方向である。F_1、F_2 とも典型的な沖積錐で、F' は F_1 より古い時代の沖積錐である。扇頂部（×印）の下刻は進んでいない。そのため、土砂流出の場合には土砂は扇頂部で拡散（60°くらいか）する可能性がある。しかし、扇頂部より上流の幅広い谷床 d、d′ 部分に自然の調節作用が期待され、d′ の下流側末端部あたりに、さらに横工を設置すれば調節作用をより効果的に期待できる。F_2 は成長過程の若い沖積錐、1947（昭和 22）年当時人家の進入は見られない。c は、撮影時に近い過去に沖積錐面末端から氾濫した最も若い沖積錐である。

　中流部より上流の山体は著しく開析され、広濶な谷地形となっている。この部分は、この写真の範囲を左右に大きくはみ出す区域を含めて山腹斜面が乱れている。写真範囲をはみ出す広い区域の写真から水系パターンを見ると、南北方向とこれに交わる北北西−南南東方向の谷線とが顕著である。恐らく断裂系に由来するものと思われる。中・上流部の荒廃性を沖積錐の若さ（土砂氾濫の可能性）との兼ね合いで精査する必要がある。

4.3.3　揖斐川上流坂内川左岸の沖積錐

　川上集落の載る沖積錐は、後背山地の三つの谷 A、B、C が段丘上につくる

比較的古い沖積錐（写真 4-3）である。A 谷は古くから侵食が進み、流下堆積土砂は一次的、二次的に坂内川本川に流入したため、山地の侵食状況に見合う沖積錐は見られない。そうした点からは、C 谷の侵食は三者中最も若く、比較

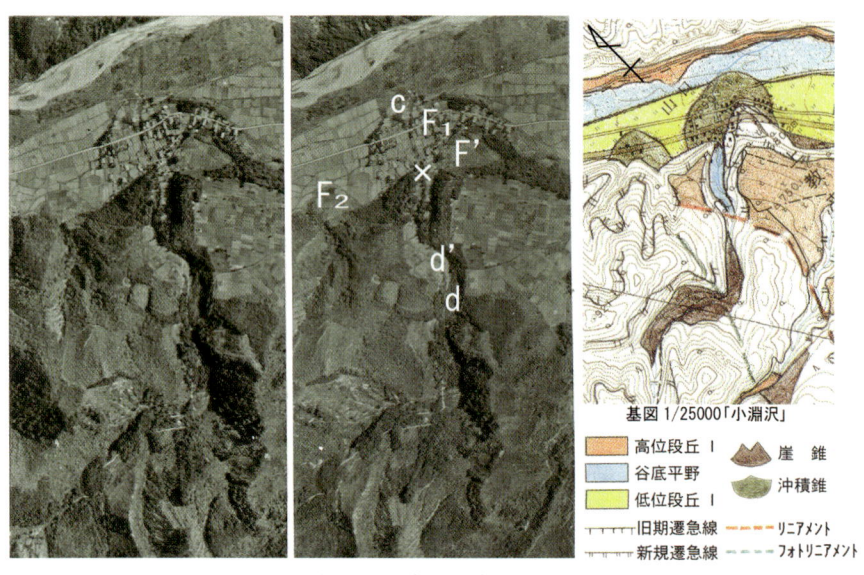

写真 4-2　釜無川右岸の沖積錐
　位置　　　　　山梨県北杜市白州町上教来石
　写真番号　　　米軍　R-204　29・30
　撮影年月日　　1947(昭和22)年9月22日
　微地形分類図　［富士川砂防工事事務所（1999）］

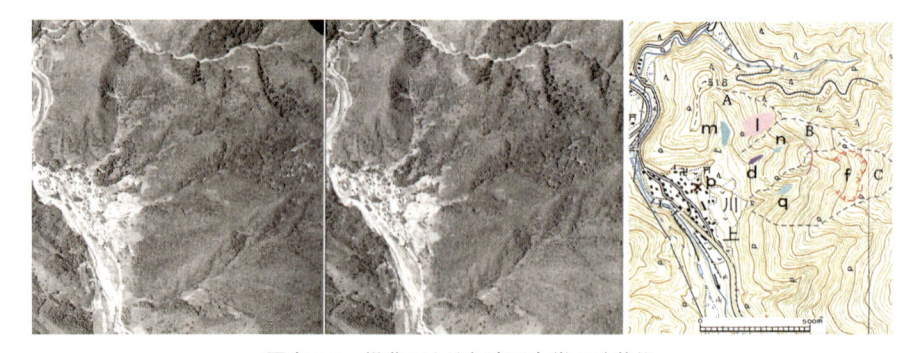

写真 4-3　揖斐川上流坂内川左岸の沖積錐
　位置　　　　　岐阜県揖斐郡揖斐川町坂内川上
　写真番号　　　林野庁 山451（第2冠山）C11-8・9
　撮影年月日　　1966(昭和41)年8月2日
　地形図　　　　国土地理院、縮尺 1/25,000「美濃川上」「美濃広瀬」
　　　　　　　　1994(平成6)年3月1日発行

的新鮮な沖積錐（押し出し面）が見られる。C 谷上流の f は崩壊跡地形で、ここが崩れ、その土砂が一気にこの押し出し面をつくったのではなかろうか。A 沖積錐は比較的安定していて人家も多く立地している。しかし、上流山腹には、恐らく地すべり跡と思われる l 斜面とその末端に崩積土堆 m が見られ、この部分の侵食が懸念されるが、集水面積は小さく、河道閉塞しない限り下流に一気に土砂が流出することはないであろう。しかし沖積錐の集落の立地面は細かく乱されており、水路との比高がほとんどない。異常出水時には集落が襲われる危険性があることを考えると、ソフト対策を検討しておくことが必要である。

　B 谷は中流部に崩積土堆 n、下流谷床に堆積土 d など、不安定土砂が残されていて、ここから多少とも土砂が侵食されると、A 谷の水路に p 点で合流することになるので、前述の危険性と併せて検討する必要がある。

　C 谷の山腹斜面も、例えば q 点のように過去の崩積土堆が残されているので、押し出し面に人家は立地していないが、畑地などが被災する可能性は十分に残されている。

4.3.4　防府市特別養護老人ホーム「ライフケア高砂」の土砂災害

　2009（平成 21）年 7 月 21 日に、山口県防府市の広い範囲に土砂災害が発生し、防府市真尾の「ライフケア高砂」（以下「高砂」という）では 7 名の方が亡くなられた。この「高砂」を襲った土砂の供給源を事前の空中写真を判読して予測してみた。判読した写真は、CCG-74-11、C7A-15・16・17（国土地理院撮影）である。

　(a) 災害前

この写真から次のように読み取った。

① 写真 4-4 の災害前写真に赤色破線で示すように、「高砂」（写真上の★マーク位置）の南側ほか数カ所にペディメント状の山麓緩斜面が見られる。この緩斜面の成因はわからない。
② 「高砂」への土砂供給に関わる可能性のある渓流は真尾川本川、「高砂」南側のペディメント状緩斜面東北側の谷および上田南川の 3 本である。
③ 真尾川本川は、広濶な河川地形からみて、緩速高濃度土砂流あるいは泥流型土石流という形で「高砂」を襲うとは考えにくい。
④ ペディメント状の山麓緩斜面の東北側を流れる谷は奥行きが浅く、集水面積も小さいが、降雨強度を考えると、この谷の侵食土砂の流下の可能性

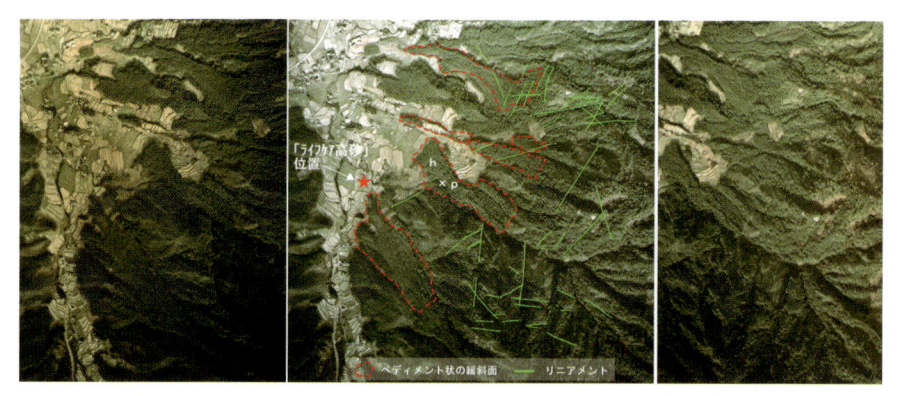

写真 4-4　「ライフケア高砂」周辺の災害前の地形
位置　　　山口県防府市真尾
写真番号　国土地理院 CCG-74-11［徳山地区］C7A-15・16・17
撮影年月日　1974(昭和49)年12月27日

もないとはいえない。

⑤　上田南川上流左岸側はリニアメントが密に分布し、また肢節が著しく乱れている。**写真 4-4** 上にリニアメントと支谷を塞いだ土堆を示した。支谷を分ける尾根筋は、これを横断する恐らく断層で切られ、尾根は独立峰状に稜線方向に断続している。この斜面は著しい断裂系によって切り刻まれ、極めて脆弱であることを示している。しかし、肢節の入り具合い、水系のパターンから大規模崩壊の痕跡は見られないが、中・小規模の崩壊は極めて起こりやすく過去からしばしば土砂移動があったことが観察される。

⑥　極めてルーズな状態にある山腹から生産された土砂礫は、上田南川本川に堆積し、ここでいったん調節され、ここから間欠的に流下することが考えられる。写真上×印 p 点は、埋積の著しい中上流河床の遷急点となっている。しかし p 点下流の河床も顕著な埋積谷である。谷の出口直上流の右岸側の堆積面 h は前述したペディメント状の山麓緩斜面の一部と思われる。上田南川がここで左折していることはこの緩斜面の下位は硬い地層ではないだろうか。現地調査で確かめたい。

⑦　谷出口の茶色で囲った部分は棚田でも畑でもなく、草地か手を加えない荒蕪地で、地表はいかにも土砂が氾濫した状態を示している。土地の人は、この部分は常時こうした流下土砂に見舞われる土地であることを承知

していたであろうと推測する。
⑧　⑦から、下流側は何段にも手が加えられた棚田になっており、過去長い期間大規模な土砂流出はなかったことを示唆している。
(b) 災害後
写真 4-5 は災害直後の写真である。
①　実際に土砂生産の場となったのは、前記⑤で述べた上田南川上流左岸の荒廃斜面であった。この写真からは崩壊の状況はわからないが、左岸側の風化の進んだ肢節での小規模の崩壊土砂が、豪雨に伴う流量にあと押しされ、渓流に堆積していたマサ化した花崗岩由来の細粒土砂と側壁の侵食土砂を取り込んで、流下したものと思われる。
②　災害前の**写真 4-4** では、上田南川出口の小規模の高まり（茶色の部分）は土石流の堆積と思われるが、当時の大縮尺空中写真の判読、現地調査が

写真 4-5　「ライフケア高砂」周辺の災害後の地形
位置　　　山口県防府市真尾
写真番号　国土地理院 090722-5127
撮影年月日　2009（平成 21）年 7 月 22 日

必要である。また、ペディメント状の緩斜面の断面構造を調査し、鳥取県神戸上や広島県小奴可、休山半島警護屋などのペディメントの露頭で見た構造と照合するなどして、ペディメントか否かまた土砂供給源となりうるかどうかといった点も現地で調査する必要がある。
③　写真判読だけで「高砂」の被災に関わる土砂移動についてうんぬんすることはできないが、被災後の写真からみた土砂移動の状態をあわせて、今回の土砂移動の特徴を次のようにまとめた。
　ⅰ）　上田南川上流左岸側の潜在的荒廃、地形に現れた荒廃は一般山地としてはともに厳しいものである。
　ⅱ）　上田南川が山麓界を離れたところにつくる地形は最近の土砂の活発な移動によってできたとは思えない。落ち着いて見える地貌である。空中写真で経時的に追ってみる必要がある。
　ⅲ）　上流左岸側から生産された土砂はいったん本川河床に貯留・調節され、降雨ごとにここから徐々に流下してきたとしか考えられない。それにしてもなお、ⅱ）の落ち着いた地貌との間に違和感が残る。
　ⅳ）　今回の土砂流出は崩壊規模は小さくてⅲ）のタイプの現象に近く、降雨、流量が大きかったため河道での侵食力が大きく、これに見合う大量の土砂が「高砂」周辺に流下堆積したものと考えられる。流下土砂が巨礫を含む細粒の泥流型土石流であったようだが、山体での花崗岩の特に物理的な風化の実態と緩斜面上部の地質構造を土砂生産という観点から調査することが必要であろう。

4.3.5　扇状地の三つのタイプ

　一般に、谷の出口には小規模の沖積錐が見られる。また、扇状地が発達した地域もある。
　扇状地では、その形成発達段階が流出土砂の減少などのためにピークを過ぎると、扇頂部は下刻し、扇頂部付近では扇面と河床との比高は大きくなる。この比高は扇頂部から遠ざかるに従って小さくなり、やがて扇面と河床とはインターセクションポイントで交差する。洪水時の氾濫はこの点から始まり、その下に新しい扇面が形成される。
　インターセクションポイントに着目すれば、扇状地は次の三つのタイプに分けられる（図4-8）。
　タイプⅠ：形成初期にある扇状地では上流からの土砂供給が活発で扇頂部で

下刻が見られず、集中豪雨時など流送土砂が多い場合には洪水流や流出土砂が扇頂部から扇面の一部あるいは扇面全体に氾濫する。このタイプの扇状地は、扇面全体が土砂災害を被る危険度が高い。沖積錐の場合には、たとえ渓口部が下刻していても、それはテンポラリーな現象で、ほとんどがこのⅠタイプである。

タイプⅡ：扇面の途中（扇央部）にインターセクションポイントを持つもの、この時インターセクションポイントより上流側の扇面は土砂氾濫の危険性は低いが、下流側ではしばしば約60°～70°の角度で土砂流が氾濫する。扇状地の土砂災害のほとんどがこのタイプである。

タイプⅢ：タイプⅡの時期がさらに進行すると、扇状地内の渓床は扇面を離れ、やがて渓流は扇面に刻まれた広い開析谷床面上に蛇行するようになる、このような扇状地がいわゆる開析扇状地である。インターセクションポイント上流側で落差工により渓床を下げれば、インターセクションポイントは下流へ移行する。このように順次落差工を計画するのが、地形的にみた扇状地流路工の縦断計画である。

若い沖積錐の場合には、タイプⅡやタイプⅢのものであってもそれはテンポ

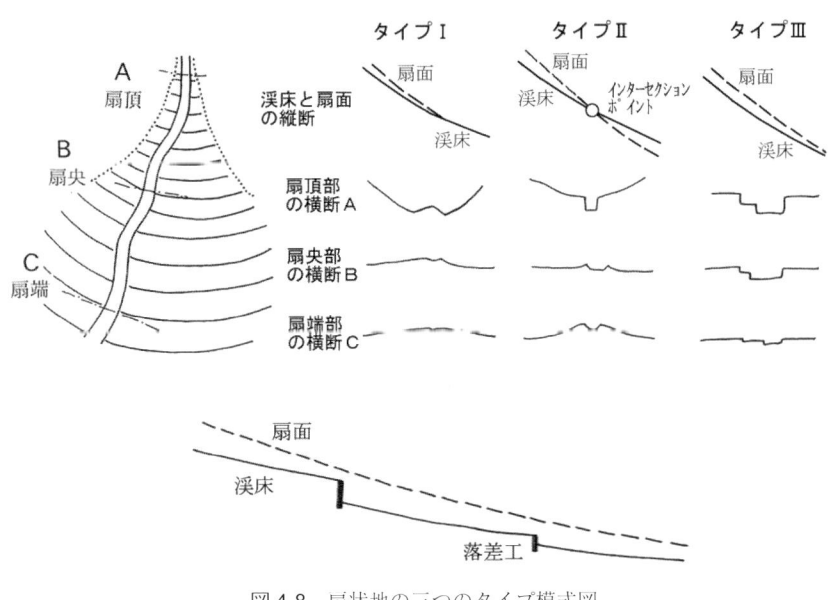

図4-8　扇状地の三つのタイプ模式図

ラリーな現象であって、1回の豪雨でタイプⅠに戻るケースがしばしば見られる。したがって扇面の土地利用は慎重でなければならない。

　かなり発達した沖積錐の場合には、長い間未利用であった扇面を利用して、小・中学校や公共施設が設置されているケースが多い。この場合、水みちは極度に手が加えられ、暗渠になっている場合も見られる。豪雨時、融雪期の出水時の安全性を検討しておくことが必要である。

　ここで扇状地の三つのタイプについて述べたのは、土砂災害が沖積錐に極めて多く発生してきたこと、これが沖積錐の微地形や土地利用の形と極めて密接に関係していること、沖積錐の微地形は扇状地の微地形と基本的には同じであること、したがって扇状地の微地形とその変形過程を詳しく解析することが堆積面の災害防除に有効であることと、こうしたことを多くの事例で実証することが次の課題である。

　なお、2.8.3項で述べたように、土砂災害を考える場合、災害が発生する場の地形条件として、後背流域からの土砂生産、流下と、沖積錐などの土砂氾濫、堆積とを常に一体のものとして、受け取り吟味することが肝要である。

第5章　規模からみた土砂移動のタイプ

5.1　大規模土砂移動現象と小規模土砂移動現象

　われわれが対象とする土砂移動現象のタイプは、斜面崩壊、渓岸崩壊、地すべり、土石流、土砂流等様々である。本書ではこれらをひっくるめて土砂移動現象と表現し、タイプを特定して話す場合には崩壊とか、地すべりとか、土石流とか限定して述べている。本章では、規模からみた土砂移動のタイプとその事例を紹介する。

　土砂移動現象は、移動規模からみて大規模土砂移動現象と小規模土砂移動現象に分けられる。なぜ大規模土砂移動現象と小規模土砂移動現象に分けるのか。それは、土砂災害という点からは、小規模高頻度の土砂移動よりも深層崩壊や過去の大規模な崩積土堆の再移動の方がはるかに重要な役割を演ずるからである。小規模高頻度の土砂移動現象は、山麓部の小渓流の中で土石流危険渓流として取り上げられているような単発型のものと、山地部で小規模の崩壊が高頻度に発生する群発型小規模崩壊に分けられよう。山地部の群発型崩壊は対策上は経過観察という要素が強い場合が多い。防災の立場からは、このような大規模土砂移動現象を対象としての予兆、前兆を示す微地形要素をまず調査、検討することが必須の事項である。そのためには過去の大規模な土砂移動個々の事例を解析し、そこから得られた情報によって将来の土砂移動現象の発生の様態を予測することが、現在のところ実務的に有効な最良の方法であると考える。

　崩壊の中には極めて稀にしか起こらない巨大崩壊、数年に一度はどこかで起こる大崩壊、毎年のようにある区域に集中的に、あるいは散発的に起こる小規模崩壊等、崩壊の規模も発生の様態も様々である。町田洋先生は、一回に発生する崩壊の規模を重要視し、およそ $10^7 m^3$ 以上の多量の物質が崩壊するものは、その崩壊地形や堆積地形に特有なものが生ずるために、それ以下の規模の崩壊と区別し、「巨大崩壊」と呼んだ。それは、移動した物質の体積が異常に

大きいことに加えて、大規模な岩屑流となって、摩擦すべりで期待される移動距離を大幅に越えて遠方にまで流動化して堆積する点で、それ以下の規模のものと異なるからである。それ以下の規模のものは表 5-1 のように、従来「山崩れ」と呼ばれることが多かった崩壊（$10^0 \sim 10^3 \mathrm{m}^3$）、従来「地すべり性崩壊あるいは崩壊性地すべり」と呼ばれていた崩壊（$10^4 \sim 10^6 \mathrm{m}^3$）に分け、「巨大崩壊」（崩土量 $10^7 \mathrm{m}^3$ 以上）と合わせ 3 つに区別している［Machida (1966)・町田 (1984)］。また、地すべりにも大規模のもの、小規模のもの、活動の古いもの、新しいもの、古いものの中に起こる再活動の地すべり等、やはりいろいろに分けられる。このような土砂移動現象を対象とするわれわれは、土砂移動現象の起こりやすい地点とその様態、規模をあらかじめ予測することが防災対策上必要となる。

表 5-1　崩壊の規模による分類
［Machida(1966)・町田(1984)に基づき編集］

分類	面積	深さ	崩土量
山崩れ	$10^1 \sim 10^3 \mathrm{m}^2$ 程度	$10^{-1} \sim 10^0 \mathrm{m}$ 程度	$10^0 \sim 10^3 \mathrm{m}^3$ 程度
地すべり性崩壊あるいは崩壊性地すべり	$10^4 \mathrm{m}^2$ 以上	$10^1 \mathrm{m}$ 程度	$10^4 \sim 10^6 \mathrm{m}^3$
巨大崩壊			$10^7 \mathrm{m}^3$ 以上

表 5-1 で示されているとおり、崩壊は巨大崩壊を除けばタイプや規模によって大きく二つのケースに分けられる。一つは崩壊のスケールが $10^4 \sim 10^6 \mathrm{m}^3$ の比較的規模の大きな大規模崩壊、もう一つは崩壊規模が $10^3 \mathrm{m}^3$ 以下の群発型崩壊あるいは単発型崩壊である。大規模のものには、地すべり性崩壊あるいは深層崩壊と表現されている場合もある。"地すべり性"とか"深層"という表現の中には、規模のほかに特定の要素が含まれていると考えられる。地すべり性という場合には、運動が緩慢で崩壊というより、むしろ一般には崩壊より規模の大きな地すべり性崩壊で、深層という場合には崩壊が深部の基盤岩をえぐっているものをいう。われわれはこのような土砂移動現象の発生場所とその危険度を予測しなければならないが、そのためには上述したタイプごとに地形的、地質的な特徴から考察することとなる。

単発的に発生する比較的大規模な崩壊は、さらに以下のタイプに分けられる。

1)　一般山地に見られる大規模崩壊
　①　過去の大規模崩壊跡地の崩積土堆の再移動
　②　地質構造に規制された大規模崩壊

2) 火山地に見られる大規模崩壊
  ① 火山活動に起因するもの
  ② 山腹の山体構造（火山噴出物の地質構造）に起因するもの

　今日までの経験から、比較的大規模な崩壊の場合には、過去の多くの大規模崩壊の事例から得られた情報をベースとし、空中写真判読などによって、予想される崩壊箇所、その規模、崩壊危険度をある程度予測することができそうである。この件については第6章で述べている。

　一方、小規模の崩壊は地質的に選択的ではなく、山地のどこでも発生する。群発型崩壊の場合には、発生のパターンは地形や岩質によって類型化されるように思われるが、崩壊の発生場所を事前に個々に抽出することは現状では不可能である。散発的に起こる中・小崩壊の場合には、例えば谷の出口に人家などの保全施設があるなど対策の必要な小流域に限れば、後背流域を大縮尺空中写真判読や現地踏査、試錐、電気探査、弾性波探査などによって精査すれば、ある程度崩壊箇所とその危険度を判断することができる場合もあるのではなかろうか。本章では、主として大規模崩壊に着目し、その1、2の事例を紹介する。

5.2　大規模崩壊事例

5.2.1　古い崩積土堆の再移動

　一般に山腹で崩壊が発生すると、その崩土全体が山脚つまり渓床まで流下することは極めて稀で、崩土の大部分あるいは一部は山腹斜面に残される。この崩積残土は、図5-1のように堆積箇所の縦断形がS字を伸ばし斜めに倒したS状形になる［建設省関東地方建設局（1960）］。筆者らはこのような地形をS状地という。S状地をつくるのは崩積残土だけでなく、地すべり頭部の滑落崖下の凹地とその先端、ルーズな地表面や流れ盤の表層部のクリープによるふくれ上り等いろいろある。

　このS状地は比較的規模の大きい場合テラス状となるが、普通は小規模で、空中写真判読では見落とす場合も多い。この部分は最も不安定で、次期の豪雨時に最初に崩れるであろうと想像される箇所である。このような不安定箇所のうち、特に規模の大きい崩積土堆は、降雨が続き、浸透水が深層の不透水層に達し、地下水位や土質定数の関係が崩壊に見合う状況に達した後に大規模崩壊として発現する。このような箇所について、可能な限り現地で表層物質、地層、岩質の構成状況、物理的、化学的風化の状況、崩積土堆の形、植生の倒れ

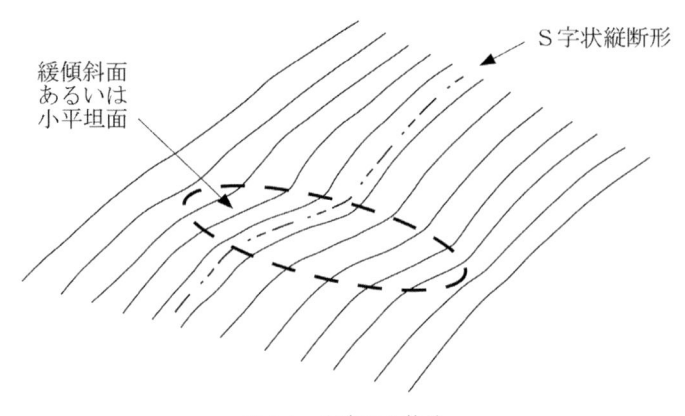

図5-1 山腹のS状地

方や根曲がり状況等、詳細に調査する必要がある。次に、過去の崩積土堆の崩壊の二つの事例を紹介する。

(1) 宮崎県えびの市真幸の地すべり性崩壊

1972（昭和47）年7月6日、宮崎県えびの市真幸町内堅地区の川内川支白川上流大河平川の谷頭部で大規模崩壊と土石流が発生した。このときの崩壊土量は約30万 m³ といわれ、これが土石流となって流下し、肥薩線真幸駅付近の鉄道線路約200mを押し出し、その下流の西内堅地区を襲って住宅23戸を倒壊・埋没し、4名の犠牲者を出した。しかし、他の68人の地区住民は事前に避難していて難を免れた［水谷（1987）］。

この年の崩壊は、**写真5-3**に見るように円弧状の急崖に囲まれたすり鉢状の古い大規模崩壊跡地内の東側斜面の崩壊と、古い崩積土堆が大規模に再移動したものである。ここでは、この年の7年前、1965（昭和40）年にも**写真5-2**からもうかがえるように、すり鉢状の凹地の西側の古い崩積土堆の一部が再移動している。**写真5-1**に見られるように、この地区には大河平川沿いに土石流段丘と、その上に載る押し出し地形が見られる。このような微地形から、ここでは大規模な土砂移動現象が繰り返されてきたことがわかる。ここに示した写真は、1965（昭和40）年と1972（昭和47）年の2度の災害を挟んで、**表5-2**の4時期のものである。

これらの写真から次のことが読み取れる。

(a) 微地形からみた大河平川源頭部斜面の特徴

写真5-1の中央を南北に流れるのは大河平川で、その源頭部が台地状の山稜

第5章 規模からみた土砂移動のタイプ　101

表 5-2　えびの市真幸の地すべり性崩壊前後の空中写真

	崩壊状況	撮影整理番号	写真番号	およその縮尺	撮影年月日
写真 5-1	昭和 40 年崩壊前の状況	米軍 R57-1	81・82	1/16,000	1948(S23)年 6 月 7 日
写真 5-2	昭和 40 年崩壊後の状況	林野庁 山 616 (第 2 大淀川)	C5-11・12	1/20,000	1971(S46)年 5 月 17 日
写真 5-3	昭和 47 年崩壊直後の状況	国際航業㈱ RJ-2 K9029	31・32		1972(S47)年 7 月 14 日
写真 5-4	平成 15 年の復旧状況	林野庁 03-40 (第 8 薩摩)	C5-36・37	1/16,000	2003(H15)年 9 月 30 日

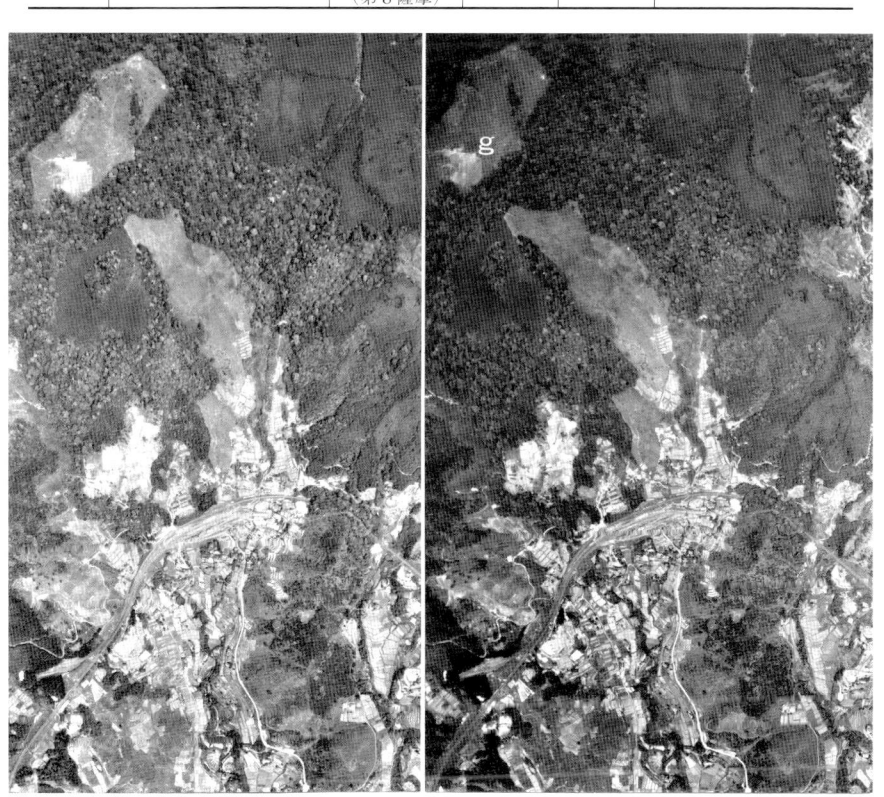

写真 5-1　1965(昭和 40)年崩壊前 (1948(昭和 23)年当時) の状況

部をすり鉢状に深くえぐっている。ここは大河平川の侵食前線で、最も侵食されやすい斜面である。写真 5-1、写真 5-2 を見ると、源頭部の斜面は階段状にブロック化していて、過去から何度か崩壊し、ルーズで極めて不安定な状態にあることがわかる。このことは大河平川の源頭部に崩れを誘発するような要

写真 5-2　1965(昭和 40)年崩壊後（1971(昭和 46)年）の状況

素（例えば顕著な湧水）があることをうかがわせる。このすり鉢状の凹地の様子を**写真 5-2** で見ると、この凹地は**写真 5-2** で見られるように大きく e_1、e_2、e_3、e_4 の四つの部分に分けられる。それは滑落崖と崩積土堆の形、そこから推定される土砂移動履歴の違いから、それぞれ一つのユニットと考えられるからである。

　写真 5-1 の左上方に白く見える箇所 g は人工造成地で、施設らしきものが見

られる。大型の施工機械のない当時の施工方法から考えると、地山そのものが比較的軟らかい岩質ではないかと思われる（この付近の地質は第三紀の火砕岩類で、温泉作用などを受けて粘土化が進んでいるらしい［水谷（1987）］）。次に、崩壊履歴（現在の地形）からみた e_1 から e_4 斜面の特徴を見てみる。

まず e_1 は、このすり鉢状地形の中で最も古い地すべり性崩壊跡地で、崩積土堆は**写真 5-2** で示したように上流側から a_1, a_2, a_3 と3段に残されている。現在の滑落崖も、恐らく過去何回かの崩壊で後退したのであろう。

e_2 では、鮮やかな滑落崖の脚下に規模の大きな崩積土堆 b が見られる。b は上流側 b_1, 下流側 b_2 の二つに分かれるが、1回の崩壊でできた土堆の下流部分の b_2 がこのようにずり落ちたのであろう。

e_3 では、e_2 のような滑落崖は見られない。台地状の山頂緩斜面の末端を頭に崩壊し、崩壊土は地山の一部と思われる高まりに阻まれて、乱れた状態で山腹に残されている。

e_4 では、山頂部は e_3 と同じく山頂緩斜面でやはりその末端が削られている。e_4 の西側稜線部分は、山頂緩斜面が南北方向へ残された部分とも見える。e_3 と e_4 では、東北東–西南西方向とこれと交わる北北東–南南西のリニアメント（写真上白線）が見られ、このあたり、特に e_4 の東側 m で示した箇所は地質構造上東北東–西南西方向に帯状に脆弱なゾーンがあることを示唆している。

(b) 1965（昭和40）年の e_1 での崩壊

判読した**写真 5-2** は崩壊後6年のものであるので、植生の回復等地表の状況は崩壊直後と変わっているものと思われるが、1965（昭和40）年の主たる崩壊は崩積土堆 a_2 と a_3 の中間あたりで発生し、崩土は a_3 の表層部を削って本川に流入した。崩壊深は浅く比較的小規模であった。崩壊前・後とも谷型斜面が盆状で、崩土の2次堆積物で覆われている。この災害後、**図5-2**のように大河平川上流部に6基のダムが築設され、5号ダム、6号ダムがこの盆状谷に造られた。5号ダムの下流側の河床は急勾配で本川に合流していて、河床の遷急点の後退が懸念される。この写真からは、40年災では e_2 から e_4 にかけての斜面はほとんど変化はなかった。

(c) 1972（昭和47）年7月の崩壊の状況

写真 5-3 は崩壊の直後に撮影されたもので、これにより $e_1 \sim e_4$ の斜面の状況を観察する。

e_1：前述したように、40年災前の崩積土が広濶な盆状谷の全域を覆ってい

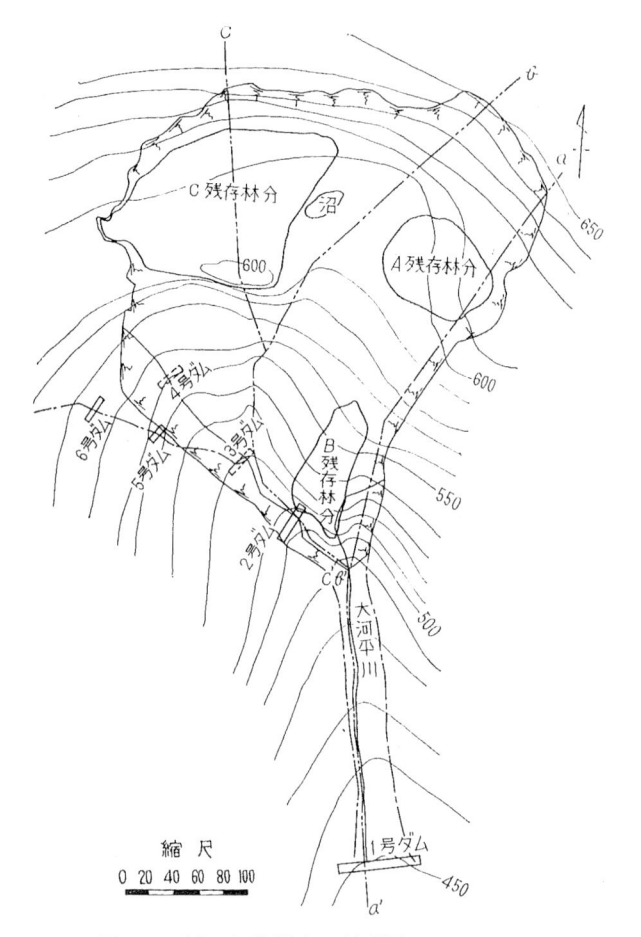

図 5-2 大河平川源流部の地形図 [高橋 (1974)]

る。この状態は 1965(昭和 40)年災害直後と大きな変化はない。5 号堰堤の下流の河床の遷急点 (**写真 5-3** ×印) の部分では、谷地形はかなり乱されている。ここでは洗掘の遡上を警戒すべきである。

e_2: 典型的な滑落崖の下に残されている大規模な崩積土堆 b の前半分 b_2 が大きく崩壊した。これは、b そのものが円弧型に回転すべりを起こし、下流側の不安定な土堆 b_2 が大きく崩壊したとも考えられる。b_1 の一部はなお不安定な状態で残されており、今後の経過観察が必要である。

e_3: **写真 5-3** で見ると、e_3 の崩壊の頭部は山頂緩斜面内にある。e_3 での崩壊は古い崩壊頭部の後退である。新しい崩壊頭部は、**写真 5-2** で記号 e_2

と記号 b の間の段差が見られる箇所ではないかと思われる。ここで e_1、e_2、e_3 を滑落崖の後退という点から眺めてみると、e_2 は e_1 より若く、崖面基部の後退、さらに崖斜面の後退がこれから進行する段階というところであり、e_3 は e_2 の侵食ステージへの段階の状態と考えられる。

e_4：1972（昭和 47）年の崩壊時には、e_4 ではほとんど変化はない。しかし**写真 5-3** では、稜線部に乱れた部分（**写真 5-4** 楕円で囲った範囲）があって、稜線部を斜めに切る破砕帯らしききものが窺える。この乱れの東方への延長が東隣の谷斜面、稜線に続いているように見える。脆弱なゾーンが帯状につながっているのであろうか。

以上、大河平川谷頭部の鉢形地形を概観したが、不安定な土堆がまだまだ残されていて引き続き監視が必要である。

なおこの地域では、1965（昭和 40）年と 1972（昭和 47）年 2 回の崩壊の間、

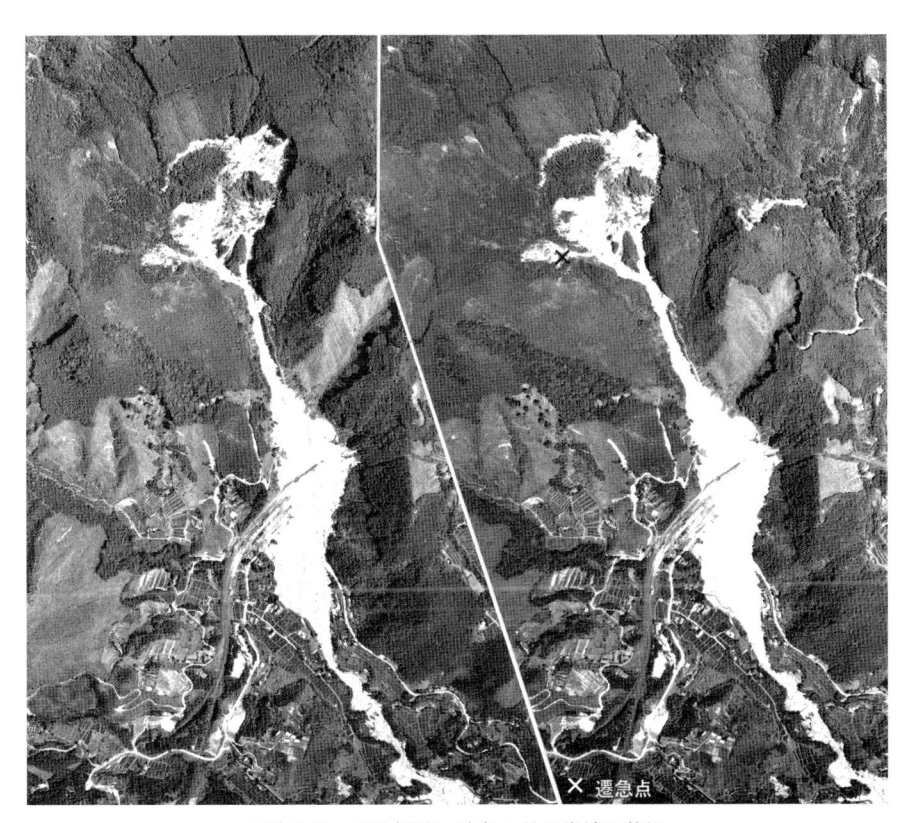

写真 5-3　1972（昭和 47）年 7 月の崩壊の状況

1968(昭和43)年にM5.7のえびの地震が発生している。震源は真幸から10km程度離れている。地震直後の現地踏査では震源に近い丘陵性の山地に山腹崩壊が群発し、大小のクラックがかなりの密度で発生していた。この真幸でも震度6といわれるから、山体にもそれなりの影響があったものと思われる。1923(大正12)年の関東大地震後の丹沢山系花崗岩類地域の荒廃がその後長く続いたことなど考えると、えびの山地は丹沢山系と地質に相違はあるものの、今後も要注意地域であることに間違いない。

(d) 2003(平成15)年の復旧状況

堰堤工を中心とした対策工事が施されている。しかし、すり鉢状凹地内にはまだまだ土堆が不安定な状態で大量に残されており、1972(昭和47)年時の土砂移動状況を見ると、現在の施設で十分とはいえない。ハード施設と併せ、監視等のソフト対策も充実させる必要がある（写真5-4）。

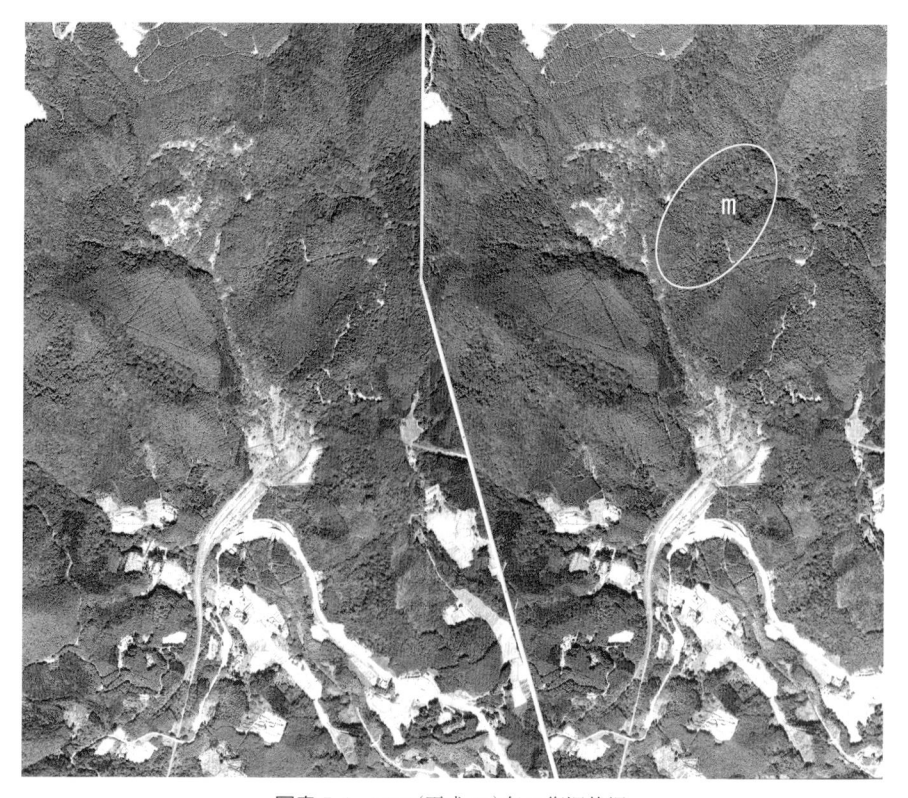

写真5-4　2003(平成15)年の復旧状況

(2) 兵庫県一宮町の地すべり性崩壊

ここで取り上げたのは、1976(昭和51)年9月13日に兵庫県一宮町福知で発生した地すべり性崩壊である。この土砂移動現象は古い地すべり土堆が大規模に再移動したもので、地すべりというよりも、スピードの遅い地すべり性崩壊とも考えられる。以下では福知抜山地すべりと表現する。

図5-3は災害前の地形図である。○印で囲った2カ所は今回の土砂移動部の上半部、下半部で、上半部の等高線のパターンは、谷が埋められた地形、下半部は押し出し地形を表している。この部分は、過去の大規模な土砂移動時の移動土砂の残留部である。このような不安定な地貌を示している箇所は、この近傍には他には見当たらない。

写真5-5は崩壊前の空中写真で、この空中写真を判読すると、稜線や谷系のパターンはかなり乱れていて、細かく追跡するのが厄介である。それにつれて山腹の斜面形も単純ではなく、揖保川左岸一帯が揉まれていて、過去に崩壊や地すべり等様々な土砂移動の履歴を持つ地域であることがわかる。今回の崩壊箇所は谷形の斜面ではなく、地形図からも読み取れるほどに、過去の地すべり

図5-3 福知抜山地すべり近傍の地形図
[国土地理院、縮尺1/25,000「安積」、1975(昭和50)年4月30日発行]

写真 5-5 福知抜山地すべりの土砂移動前の状況
位置　　　兵庫県穴粟市一宮町福知
写真番号　林野庁 山 629（第 2 穴粟）C7-18・19
撮影年月日　1972(昭和 47)年 4 月 29 日

土塊の大部分がわずかに移動して残された不安定で土砂移動のポテンシャルの高い箇所と判断される。

　写真 5-5 に記した×印 a は、稜線の鞍部を断層が通過すると推定される箇所である。鞍部は通常、稜線方向にも稜線を直角に切る方向にも滑らかなカーブをしているが、断層が通る場合には写真で見るように稜線方向に折れて見えることが多い。このような稜線上の点のパターンが、隣り合う稜線上に見られるとき、これらの点をつなぐ線が隣り合う稜線を切る断層の存在を示唆する場合がある。写真の範囲では北西-南東、北東-南西方向のリニアメント（写真上白線）が見られる。北西-南東方向のリニアメント g は抜山断層［島 (1987)］で、鞍部 a はその断層上の点と思われる。鞍部 a、b、c、d は、これらを連ねるリ

ニアメント（恐らく断層）、鞍部 e、f は、これを連ねるリニアメント（恐らく断層）の通過点と判断される。

今回の崩壊箇所を写真 5-5 で見ると、皆伐されたためか斜面全体の地表地形がよく見える。斜面は谷型ではなく、また、単調な平滑な面でもなく、浅い盆状の地形の中に残積土堆のほかマウンド状の小さな高まりが複数見られ、その下流側に谷を横断する方向に遷急線が残されている。遷急線の切れる部分は、遷急線が形成されてからの時間の経過を示唆している。こうした遷急線によって、この盆状谷は 3 段くらいに区分できる。最上部から h_1、h_2、h_3 である。

また、揖保川左岸の山脚部には狭い段丘の痕跡が残され、谷出口に梶原集落、抜山集落などの載る押し出し地形（沖積錐）が並んでいる。この中で、下三方小学校の載る沖積錐が際立って大きい。この押し出し地形をつくった土砂の供給源を追うと、その箇所は今回の崩壊斜面と一致する。今回の崩壊箇所は、もともとかさのある山体でそれが大きく変動し、斜面にかなりの移動土塊を残す一方、先端に大きく押し出し地形を形成したものと推察される。これが 1 回のイベントでつくられたものか、複数のイベント（何時期かの漸移的な土砂移動現象）でつくられたものかはわからない。

谷出口からは、押し出し地形が階段状に t_1、t_2、t_3 と広がっている。谷出口左岸にわずかに残る t_1 は最高位で、これを形成したイベントはかなり古く、かつ規模が大きかったと思われる。この押し出し地形はその後侵食され、侵食面上に次のイベントで新しい押し出し面 t_2 が形成された。t_2 の末端は崖となっているが、t_2 形成時の土砂はここから河道にも落下、堆積し、学校の載る t_3 面を形成した。この土地では古老の言い伝えとして、約 300 年前（200 年前、500 年前ともいわれている）に大崩壊があったとされ、抜山の地名がそれを裏付けている。t_1、t_2、t_3（押し出し地形）の形成時期、その規模は埋没土壌を採取できれば ^{14}C 年代測定によって得られるかもしれない。

写真 5-6 は、崩壊時の土砂移動の様子を示している。崩壊の規模は、奥行き平均 220m、幅平均 200m、平均深さ 20m と推定して、体積 $88×10^4m^3$、堆積域を含む変動域は長さ 600m、幅 600m、冠頂と尖端の比高 135m、平均傾斜 13°と報告されている［大八木ほか（1977）］。

この崩壊で特徴的なのは、崩壊の形が深い V 字谷型であること、谷線が直線であること、右岸側の崩壊面が平滑であることである。また地質については、「地すべり地の中央部に北西−南東方向の抜山断層（仮称）が走り、滑落崖直

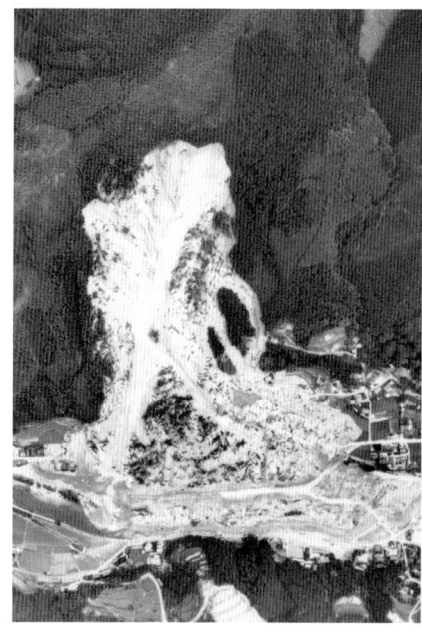

写真 5-6 地すべり性崩壊の土砂移動後の状況
  位置　　　兵庫県穴粟市一宮町福知
  写真番号　アジア航測(株) C2-188・189
  撮影年月日　1976(昭和51)年9月17日

下には北東-南西方向の断層が認められ、その他これに平行な断層が数本ある。……」[島 (1987)]*とあり、また文献［大八木ほか (1977)］によれば……生野層群の火山岩類中には主として3方向（北西-南東、北東-南西、北-南）の節理系が認められた。……これらの節理系およびその他の裂かにより、本岩は大小種々の大きさの礫になりやすい状態にあると報告されている。崩壊右岸側の崩壊面は、恐らくこうした節理面と関係していると思われる。また、このV字谷型の谷地形は対岸の抜山断層に位置する直線型のV字谷と調和的である。先に述べたように、揖保川左岸一帯の揉まれた地形はこのような地質条件に由来している。

図 5-4 は、崩壊前の9月8日から6日間の雨量強度の推移図である。崩壊が発生したのは9月13日午前9時で一連の降雨がやんだ後である。降雨強度は

＊　島通保先生は、「兵庫県一宮の地すべり」報告書の中で、「地すべり規模は削剥部で幅約300m、最大深30m、削剥土量約60万 m^3、堆積部で、幅約600m、長さ250m、最大堆積厚15m、堆積土量81万 m^3 であった。」と記されている。

最大でも 20mm/h 程度、10mm/h に達しない状態で降り続いた。崩壊が深い基岩に達することと併せ考えると、12 日夜半までの連続降雨量約 550mm が時間をかけて地下水を涵養し、大規模な崩壊を発生させたのであろう。

　今回の崩壊箇所は、冒頭に述べたように周辺地域の中で過去の崩積土堆をはっきり残している箇所である。事前に崩壊危険箇所の抽出という目で空中写真を判読すれば、少なくとも崩壊の危険性が高い箇所として取り上げたことは十分考えられる。しかし実際に発生した地すべりの形が、この写真で見るように深いⅤ字谷になることは全く思い及ばなかったであろうし、また南西側の3本の崩壊も予想できなかったであろう。この部分はあとで見直すと、正調な斜面ではなく、乱れていて、当時は十分に飽和していて、何かの刺激によって崩壊する状態であったことが納得できる。この刺激として、文献［大八木ほか（1977）］では、図 5-5 のような地すべり変動概念図が示されている。

　この地すべりについては一宮町建設課の福田信明氏が、地すべり土塊の移動状況を撮影された 17 コマの写真があり、地すべり運動形態を理解する上で極

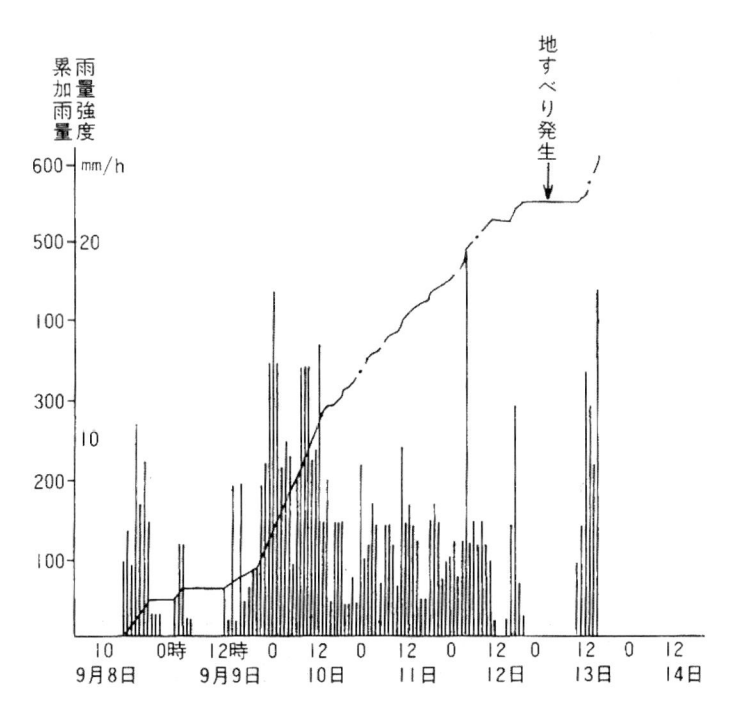

図 5-4　9月8日から6日間の一宮町における雨量強度の推移図［島（1987）］

めて貴重な資料となっている。国立防災科学技術センターの大八木規夫氏ほかは、この17コマの写真や空中写真から、福知抜山地すべりの変動概念図を図5-5のように示している。

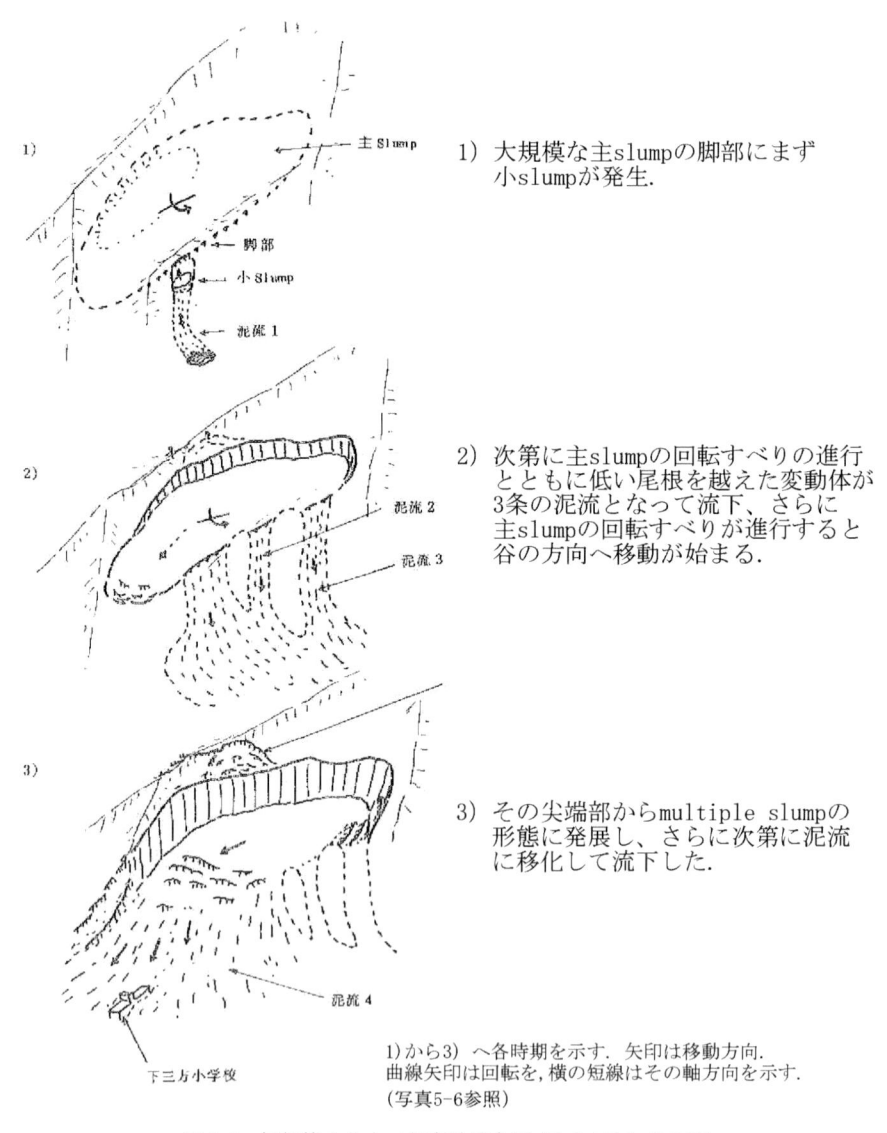

1) 大規模な主slumpの脚部にまず小slumpが発生.

2) 次第に主slumpの回転すべりの進行とともに低い尾根を越えた変動体が3条の泥流となって流下、さらに主slumpの回転すべりが進行すると谷の方向へ移動が始まる.

3) その尖端部からmultiple slumpの形態に発展し、さらに次第に泥流に移化して流下した.

1)から3)へ各時期を示す. 矢印は移動方向.
曲線矢印は回転を、横の短線はその軸方向を示す.
(写真5-6参照)

図 5-5　福知抜山地すべり変動概念図［大八木ほか（1977）］

(3) 岐阜県根尾白谷の崩壊

ここで示す事例も、前者と同じく崩積土堆の大崩壊の例である。1965(昭和40)年9月14日から15日にかけて集中豪雨に見舞われた岐阜県揖斐川上流根尾川支八谷の根尾白谷で大規模な崩壊が発生した。推定崩壊土量は $1.07 \times 10^6 m^3$ といわれる。崩壊前後の空中写真（**写真 5-7**、**写真 5-8**）から、次のように読み取れる。

崩壊前の写真から、白谷の谷頭部に崩積土で埋められた緩傾斜面 m が見られる。m はかなり規模が大きく、東西に 250m、南北に 200m 程度ある。この

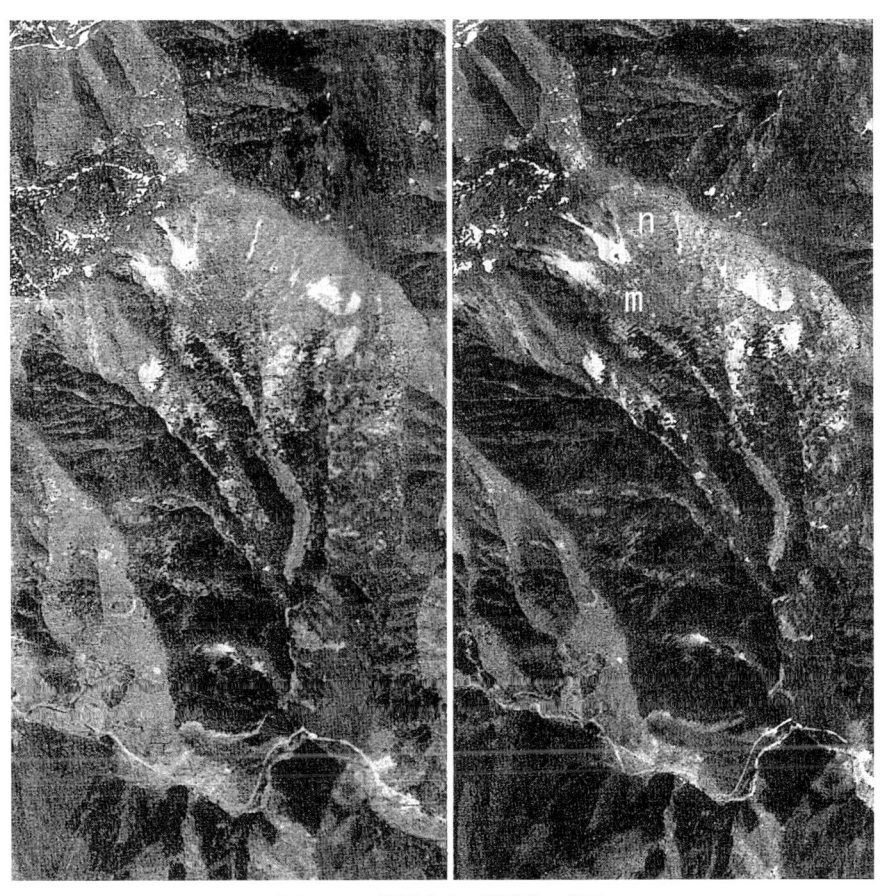

写真 5-7　根尾白谷の崩壊前の状況
　　位置　　　岐阜県本巣市根尾八谷
　　写真番号　米軍撮影 M4-16-2 14・15
　　撮影年月日　1952(昭和27)年4月16日

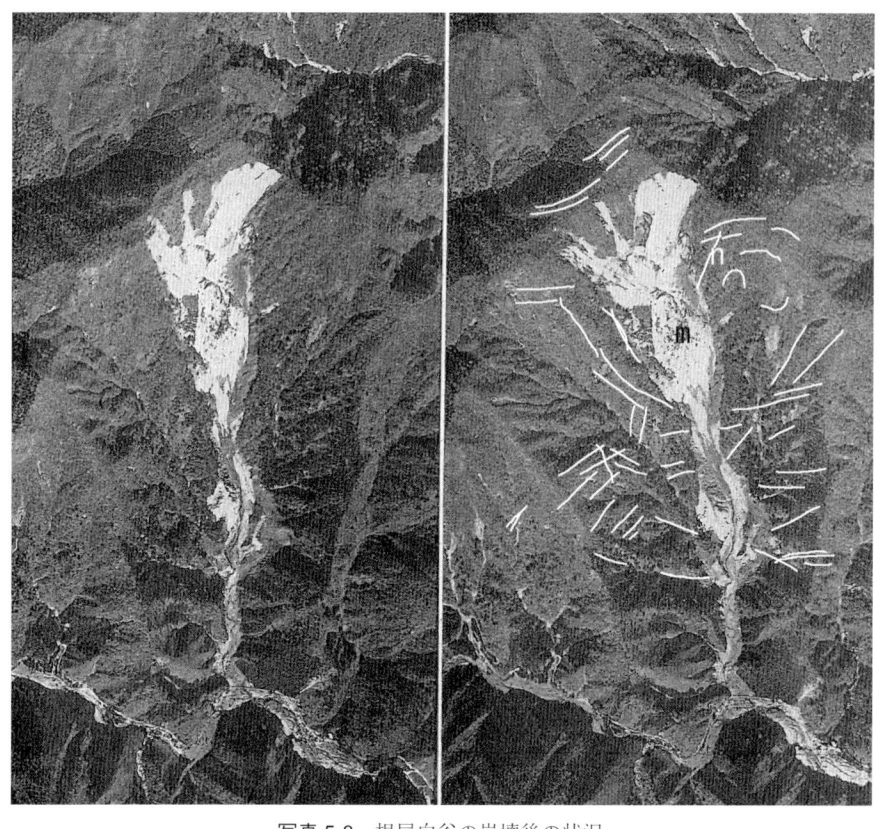

写真 5-8　根尾白谷の崩壊後の状況
位置　　　岐阜県本巣市根尾八谷
写真番号　旧国立防災科学技術センター　防 65-14　1693・1694
撮影年月日　1965(昭和 40)年 11 月 13 日

　緩斜面は背後の急斜面からの崩壊土砂が残積したものである。背後の急斜面を見ると、西側半部には比較的新鮮な崩壊面が見られるが、東半部には見られない。この東半部には、稜線直下に古い崩壊の残土堆 n がくっついている。この部分は崩壊危険度が高い。西半部の新鮮な崩壊も、このような崩壊残土が崩れたのではなかろうか。
　崩積土堆のつくる緩傾斜面 m は崩壊予備軍であることは間違いないが、この箇所にこのように斜面からの崩土が堆積したのは、m 面末端部分の基盤に岩質的に硬いものが隠れているのであろうか。とにかくこの緩斜面の土砂は、なんかのきっかけで崩壊する可能性が高いかどうかを確かめる必要がある。ま

た、写真からは谷の中・上流部に東西方向のリニアメント（写真上白線）が多数認められる。これが何を表すのかは、写真判読だけではわからない。

この米軍写真 M4-16-2 の No.14、15（写真 5-7）で判読できる範囲から、最も不安定な斜面としてはっきりと抽出されたのが、この谷頭部であった。

谷頭部東半部の崩壊は既述したとおり、n に見るような古い崩積土堆の崩壊がきっかけとなったものと思われる。崩壊残土やこのような崩積土堆の痕跡は規模の小さい場合は、特に空中写真判読では拾い難い。しかしこのような崩積土堆が山腹斜面の崩壊のきっかけになるケースは極めて多く、注意深く判読する必要がある。

中央の土堆 m 部分は、その上流端が円弧状に陥没するような形で下流側に押し出した。この m 部分の末端はさらに崩壊し、多量の崩壊土砂がここから下流に流下した。崩壊後の m 面には、左岸側にやや原形をとどめた面がわずかに残されているが、ここもブロック状に沈下している。今後の崩壊予備軍の一つである。

さて、今回の白谷崩壊のきっかけはどのような現象であったのか、微地形の変化から次のように考えてみた。まず、上述した最上流谷頭部の急斜面に残されていた崩積土堆 n が崩れ、その崩土が m 面の上流側に落下した。それまでに十分にサチュレートしていた m ブロック上流側が落下した崩土によって大きなプレッシャーを受け、それに伴って地下水圧が土堆 m の先端部を強い勢いで押し出し、m 土堆先端が崩壊し、それにつれて崩壊が上流側に波及し、写真 5-9

写真 5-9　根尾白谷の崩壊を対岸より望む（昭和 40 年撮影）

で見るような緩傾斜面を残すような形で落ち着いたのではなかろうか。大縮尺空中写真で判読するとともに、地質関係文献等との照合検討が残されている。

(4) 新潟県大所川の赤禿山の崩壊

(a) 最近の崩壊履歴の概要

ここで紹介する赤禿山は、新潟県の姫川左支大所川の下流左岸側に位置している。赤禿山の崩壊は 5.2.1(2) 項で紹介した福知抜山地すべりと同じく断層破砕帯内に発生しているが、土砂移動のタイプが前者が古い地すべり土塊の二次的な大移動であるのに対して、この赤禿山の崩壊は本川との合流点から破砕帯沿いに侵食が遡上することによって断続的に崩壊してきたと考えられることに相違がある。写真 5-10 〜 写真 5-14 に見られるように、赤禿山の稜線から南南東方向に流下する谷は、谷全体が残積土を残す崩壊跡地形で、この部分の地質が極めて脆弱であることを示している。この谷を、ここでは赤禿山谷と仮称する。

姫川流域は有名な荒廃河川で、過去に豪雨ごとに大きな土砂移動現象を繰り返してきた。赤禿山は、最近では 1967(昭和 42)年 5 月に融雪に伴う地下水を誘因として大崩壊が発生した。この崩壊は、その移動土砂量約 50 万 m^3、そのうち約 10 万 m^3 が大所川を堰き止め、天然ダムを形成した。このダムは 2 年後の 1969(昭和 44)年 8 月の豪雨時に決壊したが、事前に排水路を造るなどの対策を取っていたので、決壊による被害はまぬがれた。その後 1995(平成 7)年にも豪雨により大所川流域に崩壊が多発し、赤禿山の谷でも堆積土砂の再移動が見られた。

本項では、1947(昭和 22)年から約 50 年間の赤禿山の微地形変化(土砂移動の推移)を何時期かの空中写真を判読して、このような大規模崩壊地形がどのような変化を辿るのかを追ってみた。表 5-3 に、判読した空中写真と撮影時期間のイベントなどを示した。

まず、文献[茅原ほか(1975)]による赤禿山の輪郭は概ね以下のとおりである。

赤禿山周辺の地質は中生代の来馬層群で、層中には断裂面が著しく発達し、来馬層全体はブロックに分割していて、岩体は著しく脆弱である。赤禿山崩壊地のつくる谷の方向は北北西-南南東で、この谷にはこの方向の断層が知られており、谷そのものが破砕帯で、谷全体が崩壊地形である。

この谷の侵食パターンを大雑把に過去にさかのぼって推定すると、上述したように、まず大所川の下刻につれ、これと交わる断層破砕帯の箇所(赤禿山谷合流点)で崩壊が始まり、時間の経過とともに下流からの侵食が遡上した。谷

表 5-3 判読空中写真とイベント

	撮影年月日	整理番号	写真番号	およその縮尺	イベント
写真 5-10	昭和 27(1952)年 5月3日	米軍 M-5-3-3	49・50	1:40,000	終戦直後の状況、比較的新しい崩積土堆の堆積と、その侵食状況がみられる
	昭和 34(1959)年 8月14日				平川・松川 特に松川で大被害
	昭和 34(1959)年 9月26日				伊勢湾台風 松川氾濫
写真 5-11	昭和 39(1964)年 10月31日	国土地理院 CB-64-6X	C4-18・19	1:20,000	赤禿山大崩壊3年前の状況、1947(昭和22)年から17年の間に崖線などに従順化がみられるものの、大きな地形変化はない。植生の侵入が著しい。
	昭和 42(1967)年 5月				赤禿山大崩壊
写真 5-12	昭和 48(1973)年 10月12日	国土地理院 CB-73-2X	C4-16・17	1:20,000	赤禿山崩壊6年後、1972(昭和47)年災害の翌年の写真、谷全体に土砂移動がみられる
写真 5-13	平成 5(1993)年 8月11日	国土地理院 CB-93-1X	C7-21・22	1:20,000	1995(平成7)年崩壊2年前、前年の1992(平成4)年の梅雨前線に伴う豪雨により数箇所に土砂移動がみられる
	平成 7(1995)年				梅雨前線による崩壊
写真 5-14	平成 11(1999)年 6月8日	国土地理院 CB-99-1X	C13-14・15	1:20,000	1995(平成7)年崩壊4年後

頭で遷急線をつくると、さらにこの上流が大小規模のブロックとしてずり落ち、この土堆が、二次的、三次的に小分けされて移動する、このようなタイプの侵食が繰り返されてきたと考えられる。赤禿山という名称は、早くからこうした現象が顕著であったことを物語っている。

(b) 1952(昭和27)年当時の状況

写真 5-10 は、1952(昭和27)年撮影の米軍写真で、赤禿山谷頭部には三つの円弧型の崩壊頭部 f_1、f_2、f_3 が見られる。これらは、それぞれが大規模な地すべり性崩壊の跡地形である。この頭部は、ほぼ東西方向に走る稜線を北側に大きくえぐっていて、谷頭部の侵食が活発であったことがわかる。この地すべり性崩壊の滑落崖の脚部に崩積土堆 m_1 があって、その先端にブロック状に崩壊した m_2 ブロック、さらにその先端にその一部が崩落した m_3 ブロック、その下に m_4 ブロックが見られる。m_1 と m_2、m_2 と m_3 との境は崖となっている。このような段落ちの地形は、赤禿山谷の崩壊地形だけでなく、大所川流域にはしばしば見られるし、大所川の南側に接する蒲原沢流域でも、後出の写真 5-35 に見られるように斜面形は段落ち地形である。このことは、両流域を含む大所川流域左岸側の基盤地質(来馬層群)がこういったブロック状に破壊しやすい物理的、化学的風化性状を持ち、それが上記のような特徴的な微地形の

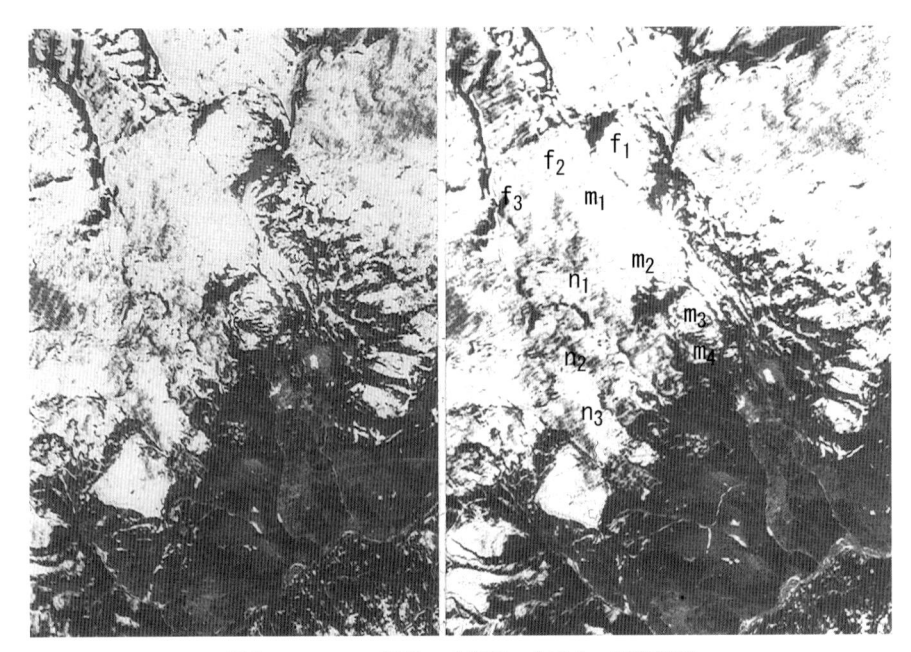

写真 5-10　1952(昭和27)年頃の赤禿山の崩壊地形

原因となっていると考えられる。

m_2 から m_3、m_3 から m_4 と落ちているエッジの形は鋭く角ばっていて、滑らかになっていないこと、すなわち従順化*していないことから、この部分の下流からの侵食が比較的新しいこと、あるいは崩積土堆の形成が比較的新しい時期の現象であることを示している。

m_3 より下流では谷型は V 字型で、ここから下流の谷床に堆積の痕跡は見られない。このような下流側の V 字型谷型地形とその上流の階段状の堆積痕跡地形の著しいコントラストから、下流で見るような谷型地形を形成する正調な時期があって、ある時期に上流部に再び大崩壊が発生し、その崩積土堆の部分が m_1 より上流にとどまり、m_1 の末端が二次的、三次的に侵食されて、1952(昭和27)年現在の地形になったものと思われる。

この時点で、その後の土砂移動箇所を予測すると、下流 V 字谷の谷頭部の侵食、したがって m_3 部の崩壊の危険度が最も高く、また右岸側のブロック状

---

*　新鮮でシャープなエッジが侵食によってなめらかな曲面になる過程を従順化と表現している。

斜面の崩壊ポテンシャルも同様に高い。これらは中・小規模の降雨で、多かれ少なかれ崩壊するであろう。また右岸南側の n_1、n_2、n_3 ブロックも古い崩積土堆で、土堆末端の崩壊、崖線の従順化が前記崩壊箇所と同様進行するであろう。

写真中、白色の積雪箇所は概ね上記したブロック状に崩積土堆面が残された箇所で、それより下流側の黒色の斜面は新しい侵食面で、白と黒の境界のあたりが侵食前線で土砂移動ポテンシャルの高いゾーンである。

(c) 1964(昭和39)年の状況

写真5-11は、写真5-10の1952(昭和27)年から12年経過した1964(昭和39)年の様子である。斜面全体に植生が侵入して安定してみえる。昭和27年と39年の間には1959(昭和34)年9月の伊勢湾台風、その前月8月14日の前線性豪雨が見舞っている。

写真5-10の米軍写真が残雪時のものでもあり、植生が豊かなこの写真5-11と比較して細かい地形変化を追うことはできないが、前述したシャープなエッジが削られ m_2 から m_3、m_3 から m_4 の痕跡は消され谷全体が従順化していることが見てとれる。こうして土砂移動が降雨ごとに漸移的に進行し、従順化に伴う流出土砂はそのほとんどが下流の河床に堆積することなく、大所川本川に流下したものと思われる。

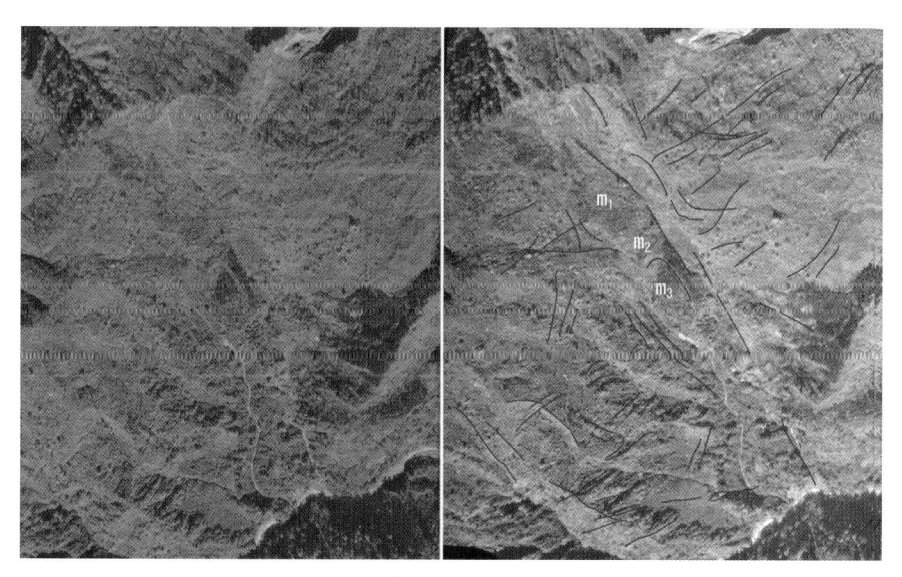

写真5-11　1964(昭和39)年の赤禿山谷の状況

写真 5-11 で北東−南西方向のリニアメント（写真上紫線、以下同）がかなり明瞭に見られ、これに交わる北西−南東方向のものも認められる。地表には、浅いにしろ二次堆積物が被覆しているはずであることを考えると、リニアメントにはかなりの切れ込みが考えられる。しかしその原因はわからない。

図 5-6 は、写真 5-11 の谷頭部の拡大写真である。この谷頭部の一見平滑に見える斜面は、崩積土堆あるいは基盤が小スケールにブロック化し、階段状、モザイク状に並んでいて、そのどこから崩れてもおかしくない不安定な状況にある。この部分が、1967(昭和 42)年に大きく崩壊している。

(d) 1973(昭和 48)年の状況

写真 5-12 は、1967(昭和 42)年崩壊 6 年後の様子を示している。6 年という時間経過にかかわらず、崩壊時の土砂移動の状況をかなり鮮やかに残していると思われる。この頭部の崩壊部分は、図 5-6 の赤線で楕円状に囲った不安定土堆の集合位置とよく対応している。つまり、1967(昭和 42)年の崩壊は、これらの不安定土堆の崩壊であったことがわかる。また中流部左岸側の崩壊も、写真 5-11 で見た m_2 末端の不安定な遷急線の従順化としての残積土堆の崩壊であった。

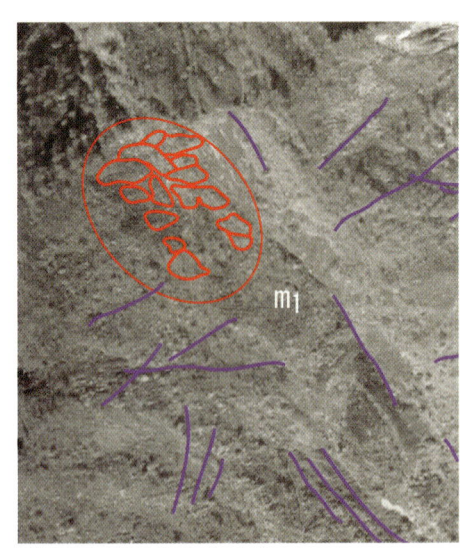

図 5-6　写真 5-11 の赤禿山谷頭部にみられる崩壊頭部（f_2）の状況
位置　　　新潟県糸魚川市
写真番号　国土地理院 CB-64-6X C14-19
撮影年月日　1964(昭和 39)年 10 月 31 日

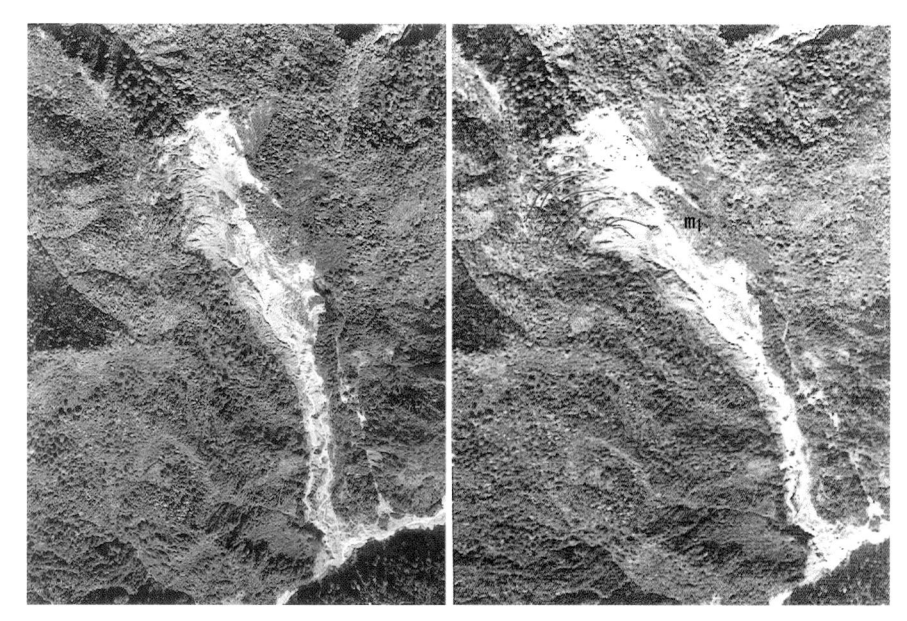

写真 5-12 1967(昭和 42)年崩壊後 1973(昭和 48)年の状況

　この上流部の崩壊は流下の際、中・下流の谷壁、谷床を侵食し、侵食土砂のかなりの部分が谷を埋め、結果として崩壊土砂 50 万 m^3、その 20%の 10 万 m^3 が大所川本川を堰き止めた。合流点直上流でほぼ直角に東に向きを変えていた河道は、ここで直進して大所川本川に合流するようになった。赤禿山谷の谷床が、この時著しく上昇したこともあるが、この部分は岩ではなく、赤禿山谷の開析の過程で、二次的に堆積した箇所ではなかったか、とも考えられる。

　写真 5-10、**写真 5-11** で見た崩積土堆 m_1 を**写真 5-12** の m_1 と比較してみると、目視（判読）によるのみでは判然としないが、この災害時には大きくは移動していなかったようにみえる。しかし、m_1 の堆積面の標高が、上流側下がりにわずかにずり落ちたようにも見える。末端の変化は確かめようがない。

　また、**写真 5-13** は**写真 5-12** から 20 年を経た 1993(平成 5)年時点での写真である。この 2 時期の間には、1978(昭和 53)年、1981(昭和 56)年（台風 15 号）にこの付近でかなりの降雨があり、また撮影前年の 1992(平成 4)年にも梅雨前線に伴う豪雨があった。両者の間の変化は、こうした降雨によるのであろう。

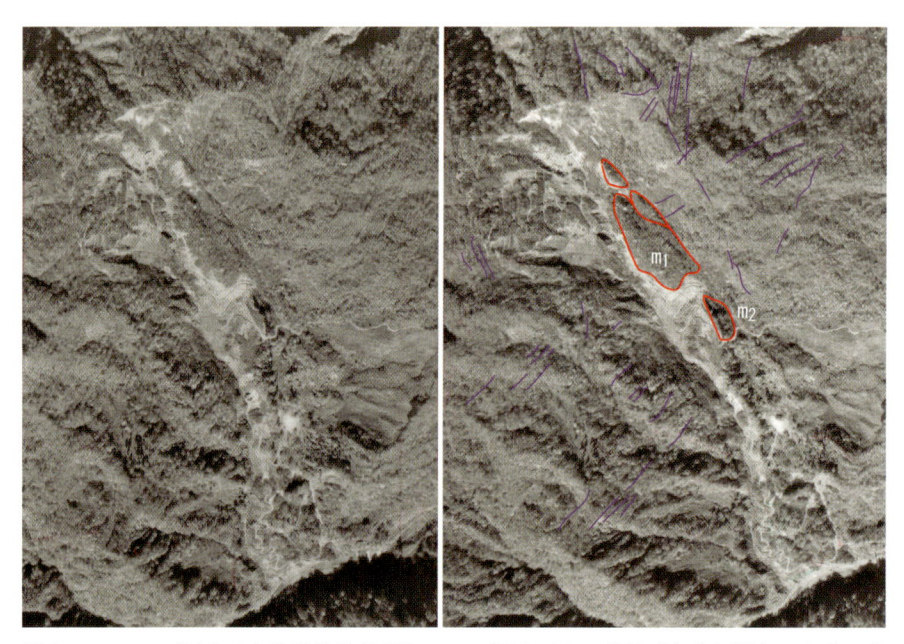

写真 5-13 1992(平成 4)年梅雨前線豪雨後の 1993(平成 5)年の状況（赤禿山崩壊 26 年後の谷の状況）

(e) 1993(平成 5)年、1999(平成 11)年の状況

写真 5-13 は、崩壊の回復の経過を示している。写真からは、写真 5-12 で見た上流右岸の比較的浅い表層崩壊斜面（円弧型線状模様が密に入っている）に斜面利用のためと思われる小径がヘアピン状に這い上がっている。この部分の地表はルーズであるため、平成 7 年災害後の写真 5-14 では、結局放置されている。平成 7 年災害 4 年後の 1999(平成 11)年では、それなりに落ち着いているが、谷筋には過去の残積土の痕跡がまだ多く残されていて、比較的容易に今後も土砂生産源となるであろう。また、この谷の西側の谷の上流部にもブロック状の小平坦面が点々と存在し、これらの崩壊も予想される。

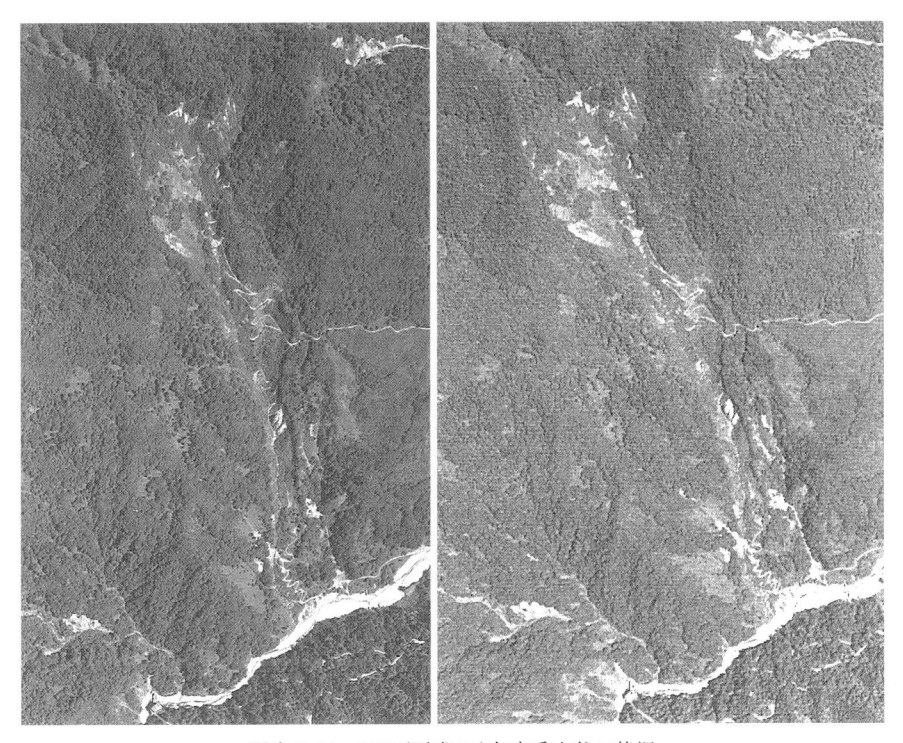

写真 5-14　1999(平成 11)年赤禿山谷の状況

5.2.2 地質構造支配の崩壊
(1) 岐阜県徳山白谷の崩壊

徳山白谷の崩壊は、前述の根尾白谷と同じく1965(昭和40)年9月の災害時、揖斐川上流白谷を堰き止めた大崩壊で、その規模は183万 m^3 といわれている。崩壊前後の空中写真(**写真5-15、写真5-16**)を判読して、崩壊箇所周辺の微地形から崩壊の特徴が次のように読み取れる。

揖斐川上流は活断層の分布で有名な地域であり、崩壊地周辺には西北西-東南東方向から北北西-南南東方向にかけて、また、これらと斜交する北北東-南南西方向から北東-南西方向のリニアメント(写真上紫線、以下同)も見ら

写真5-15 揖斐川左支徳山白谷の崩壊前の状況
位置　　　岐阜県揖斐郡揖斐川町徳山
写真番号　米軍撮影 M4-16-2 14・15
撮影年月日　1952(昭和27)年4月16日

写真 5-16　徳山白谷の崩壊後の状況［大石（1985）］
位置　　　岐阜県揖斐郡揖斐川町徳山
写真番号　国立防災科学技術センター　防 65-14 1735・1736
撮影年月日　1965（昭和 40）年 11 月 13 日

れる。左岸側の谷斜面 a_1、a_2、b_1、b_2、c_1、c_2、これらと斜交する d 斜面などの斜面が、これらのリニアメントと調和的に特徴的なパターンをつくっている。恐らくこれらの方向に断裂系が卓越し、これが谷系のパターンと斜面の向きを規定しているのであろう。崩壊 m の崩落崖 f も北西-南東方向で a_1、a_2 等の斜面と調和的である。

　崩壊前の写真（写真 5-15）で、今回崩壊した D 谷の北隣の E 谷は、今回の D 谷と同じく大規模な崩壊であったらしく、崩積土堆は対岸に押し上げたため、河道はここで凸型に湾曲している。さらに土堆の過半は、現在も崩壊斜面に不安定な状態で残留している。D 谷の谷斜面には、中腹から下部に大規模な

崩積土堆が残されており、不安定な状態にある。1965（昭和40）年の崩壊の主部はこの部分であり、この土塊が基盤岩の崩壊に寄与したのではなかろうか。崩壊跡の斜面の状況はE斜面と類似している。D谷、E谷の右岸側稜線 l_1、l_2 は先述の北東–南西方向のリニアメントと調和的である。崩壊したD谷の右岸側稜線の崩落崖 f' は、前記 l_1 の直線部分である。

崩壊後のD谷の輪郭（稜線のパターン）はE谷の輪郭と極めて類似している。恐らくE谷も、今回のD谷の崩壊と同じようなタイプの崩壊で形成されたのであろう。D谷の今回の崩壊では、崩積土堆nが残されているが、この部分は経過観察が必要である。

今回の崩壊は、崩壊のタイプとしてはバーンズの Rock block glide に相当すると思われる。E谷も、同型のすべりで形成された谷地形と推測される。

崩壊後の写真（**写真5-16**）に示した s_1、s_2、s_3、s_4、s_5 は、三角末端面様の斜面で東に張り出す尾根が北北東–南南西方向に流下する白谷に沿って切られた形をしている。この部分で白谷は稲妻状に折れていて、上流側の右岸に s_1、s_2、下流側右岸に s_3、s_4、s_5 が接している。E崩壊跡地の左岸側斜面 s_6 も s_3、s_4、s_5 に調和的である。この一帯では広域の断層運動、地質構造を検討する必要がある。

以上のように、徳山白谷は地質構造的にかなり揉まれていて不安定な状態にあり、今後も山腹崩壊の可能性が高い流域といえる。

(2) 長野県天竜川流域大西山の崩壊

1961（昭和36）年6月27日から28日にかけての豪雨により、長野県天竜川左支小渋川の青木川合流点直下流左岸側の大西山北東側斜面山麓部で大崩壊が発生した。旧建設省中部地方建設局天竜川上流工事事務所発行の写真集「昭和36年災害大西山崩壊変貌写真集」には、大西山の36年崩壊前後の斜面の写真が掲載されている。**写真5-17** は1937（昭和12）年頃の斜面状況、**写真5-18** は崩壊前年の斜面の状況、**写真5-19** は1961（昭和36）年崩壊直後の状況である。この三者を見ると、この斜面では古くから崩壊が見られたが、1937（昭和12）年から1961（昭和36）年までは斜面に大きな変化は見られない。しかし、1961（昭和36）年の崩壊では、上流側4半分を残しその下流側全体が大きく崩れた。

崩壊箇所は小渋川の水衝部で、小渋川は脆弱とみえるこの水衝部の斜面脚下を洗っており、写真で見る崩壊箇所は自然復旧する余裕を持たなかったのではなかろうか。この斜面が脆弱とみえるのは、このように崩壊が長期にわたり継

1. 崩壊前

写真 5-17　1937(昭和12)年頃の大西山の状況 (1937(昭和12)年9月24日)
「1961(昭和36)年災害大西山崩壊変貌写真集」

写真 5-18　崩壊 (1961(昭和36)年6月) 前の大西山 (1960(昭和35)年6月)
(右寄りの建物は天竜川上流工事事務所出張所で、36年災で被災し犠牲者を出した)
「1961(昭和36)年災害大西山崩壊変貌写真集」

写真 5-19 1961(昭和36)年崩壊の崩土の広がりと流れを変えた小渋川 (1961(昭和36)年)
「1961(昭和36)年災害大西山崩壊変貌写真集」

続し、自然復旧のきざしが見えないことと、後述するように、この部分が地質構造的に非常に揉まれていると考えられることからである。

崩壊規模は320万 m^3 あるいは354万 m^3 ともいわれ、崩壊土砂は小渋川を一時堰き止め、対岸の集落に押し出し、死者、行方不明者55人の犠牲者を出した。

ここでは、1961(昭和36)年崩壊前の空中写真として1947(昭和22)年撮影の米軍写真、崩壊後の1965(昭和40)年撮影の国土地理院写真を判読し、判読によって事前にどこまで荒廃特性、崩壊の危険性が読み取れるかを検討した。

まず米軍写真（**写真 5-20**）から、次のことが読み取れる。崩壊前の米軍撮影写真は、植生が貧弱で地山の様子がわかりやすい。

この範囲では2方向のリニアメント（写真上紫線、以下同）が見られる。リニアメント l_1 に見られるように北北東-南南西方向と、リニアメント l_2 に見られるようにほとんどN-Sに近い方向とである。l_1、l_2 はともに断層と推定され

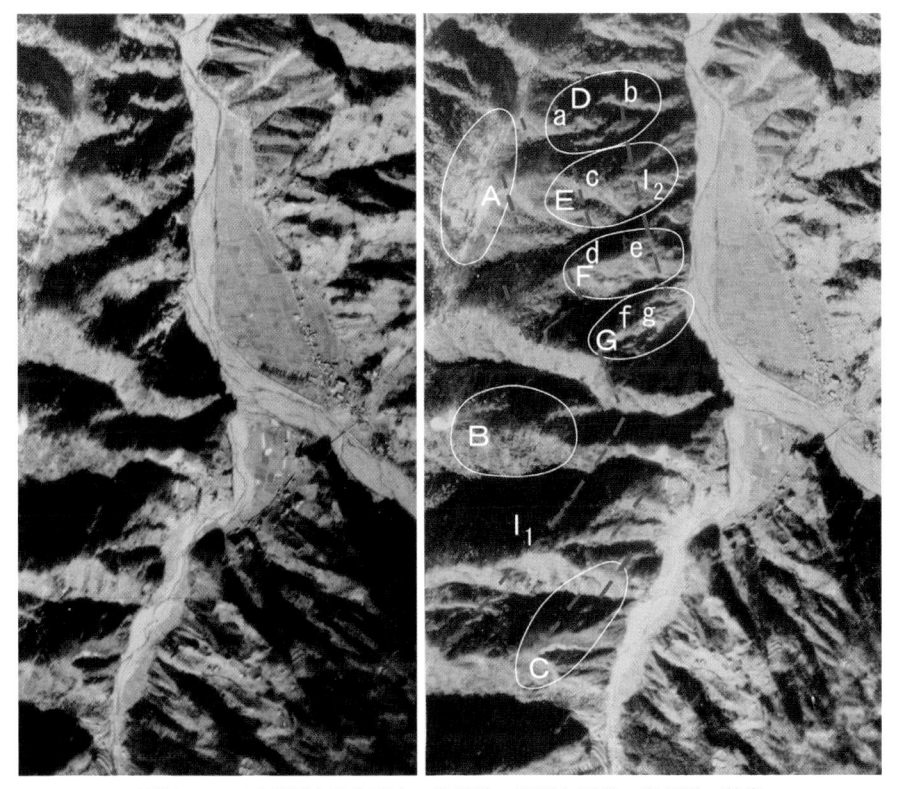

写真 5-20　天竜川流域大西山の崩壊前の状況と近傍の微地形の特徴
　　　　　位置　　　長野県下伊那郡大鹿村大河原
　　　　　写真番号　米軍撮影 M662 35・34
　　　　　撮影年月日　1947(昭和22)年11月21日

る。また l_1、l_2 それぞれに平行して断続するリニアメントが認められ、l_1 とこれに平行する帯状のリニアメント群、l_2 とこれに平行する帯状のリニアメント群の部分は斜面が乱れていて、地質的に揉まれたゾーンと推定される。全体として小渋川、青木川左岸側の山腹斜面は、後述するように、乱れた谷系、斜面形をしていて、地山の脆弱さと二次的な堆積物が広く分散して存在することがうかがえる。今回崩壊した箇所も、その南側は古い崩積土堆と判読される。

　次に、楕円で囲った稜線部 A とその南方の東に出張った稜線上 B、l_1 の東南側の C 部に、やはり北北東-南南西方向の細かいリニアメントが密に見られる。C 部には北北東-南南西方向のリニアメントが、ここに断裂系が存在することを示唆している。

また、写真上 D、E、F、G で囲った部分は、稜線と谷系のパターンに乱れが見られる。D では東に延びる稜線 a がリニアメント l_2 と交わる点で段落ちし、その東側で切れ、先端がさらにだらだらと消滅する。そしてその北側に別の稜線 b が現れている。こうした乱れの傾向は南方に続き、E では西からの稜線が c 点で段落ちし、さらに 1 段、2 段とわずかに段落ちして 2 本の稜線に分かれている。F も E と同様 d、e で段落ちし、e 以東の斜面はかなり崩れている。G では f で段落ちし、f・g 間の稜線は乱れ、g 以東は崩れている。この D、E、F、G 箇所には l_2 に馴染む方向に短小なリニアメントが認められ、その東側がある幅で帯状に乱れた地形となっている。恐らく破砕帯と推定される。D、E、F で囲った範囲内は、谷系のパターンがそれぞれ片仮名のへの字を平行に組み合わせたような形になったところが散見される。地質的な弱線を示唆している。

　1961（昭和 36）年崩壊箇所は、l_1 方向と l_2 方向の恐らく断層と思われるリニアメントの交点に当たる。崩壊前からここが崩壊地形であったのは、このような地質的背景を反映したものであろう。

　崩壊前の写真は崩壊箇所が日陰になっていて極めて判読しづらいが、ここに崩積土堆が見られ（**写真 5-18** の破線で囲った部分）、また、ここより北のどの谷にも稜線近くに残積土が認められる。

　崩壊後の**写真 5-21** では、新鮮な崩壊斜面の南西側で、基岩が直に切られている。このことは、ここに顕著な節理面があり（l_2 リニアメントと調和的）、恐らく風化が進行していて、この面が一つのすべり面となって崩壊したものと思われる。

　崩壊前の写真に現れていた断層と思われる l_1 は見えない。しかし、写真範囲全体に l_1 と調和的な北北東-南南西方向のリニアメントが認められる。l_1 同様にリニアメント l_2 も見えない。しかし、l_2 に伴う破砕帯と思われた帯状の乱れた箇所の東側末端は多少その傾向がうかがえる。

　災害時の降雨は 6 月中旬から 28 日には総雨量 424mm に達しており、29 日の午前 9 時 10 分の崩壊時には、上述の節理面をはじめ、ここで交差する節理面群には崩壊のために十分な水量が供給されていたと思われる。

　以上のように、大西山の崩壊は地質構造支配の大崩壊であった。

　1961（昭和 36）年の崩壊は、上述した基岩の崩壊とその南側の崩壊とからなっている。南側の崩壊は崩壊前の写真で見た崩積土堆の崩壊で、基岩の崩壊に続

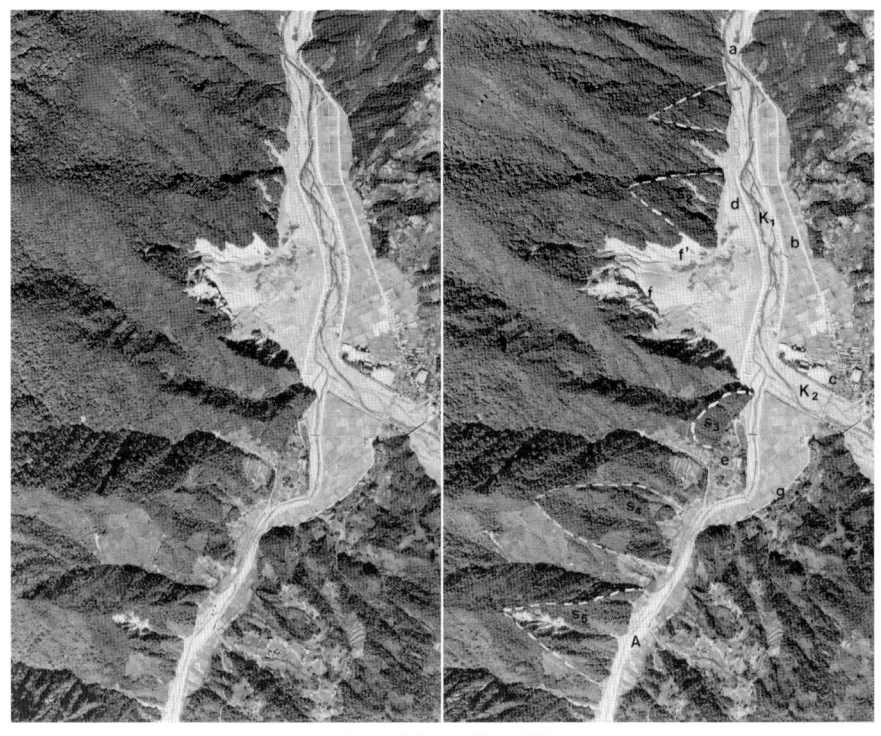

写真 5-21 大西山の崩壊 4 年後の状況［大石 (1985)］
位置　　　長野県下伊那郡大鹿村大河原
写真番号　国土地理院 CB-65-9X C5-19・20
撮影年月日　1965 (昭和 40) 年 10 月 4 日

いて発生したと思われる。基岩の崩積土堆の上に，この崩壊の土砂が載っているからである。さらに**写真 5-21** で，主崩壊の左下に色合いの異なる崩土の流れた跡が見える。基岩の大崩壊に触発されたのであろう。

(3) 有田川流域金剛寺の大崩壊

1953 (昭和 28) 年 7 月 16 日から 25 日にかけて東北地方から西方に広範囲にわたって豪雨に見舞われ，和歌山県北部では長雨後の豪雨であったため，有田川上流域を中心に大小の崩壊が多発した。特に金剛寺東側の南向きの稜線部では 20 日午前 1 時頃大崩壊が発生し，有田川を埋めて天然ダムが形成された。このダムは 25 日に決壊し，下流に大きな被害が発生した。**写真 5-22** は 1947 (昭和 22) 年当時の崩壊箇所の状況である。ここには，眉形のクラック，山腹斜面に緩勾配小規模の傾斜地が見られ，昭和 28 年当時既に山体の断裂系

にはかなりのズレが入り、風化も進んで脆弱であったと想像される。写真で見るように、この稜線の西側の谷も埋積谷様（写真上赤色）で、山腹斜面もルーズに見える（写真上赤色）。さらに下流部では斜面は古い崩積土堆が棚田様（写真上橙色）に人手が入り、流域全体がルーズであることを示している。さらに有田川本川がこの部分のa、b、c、dの4カ所で西北西‒東南東方向に流路をとるのは、基盤岩にこの方向に際立った弱線があることを示唆している。写真5-23でみる金剛寺の崩壊は深層崩壊である。事前の写真からはこれほどの姿は予測できなかった。

　有田川流域では、このほか有中谷その他広範に崩壊が発生し、天然ダムも作られた。18日午前11時頃発生した北寺の大崩壊は北寺集落を壊滅させ死者97名を出した。ここに造られた天然ダムは、埋塞後約30分で決壊した。

　以上ここで取り上げた徳山白谷、大西山、金剛寺の大崩壊は、いずれも基岩に発するいわゆる深層崩壊で、共通して見られる現象は、地山そのものに断裂

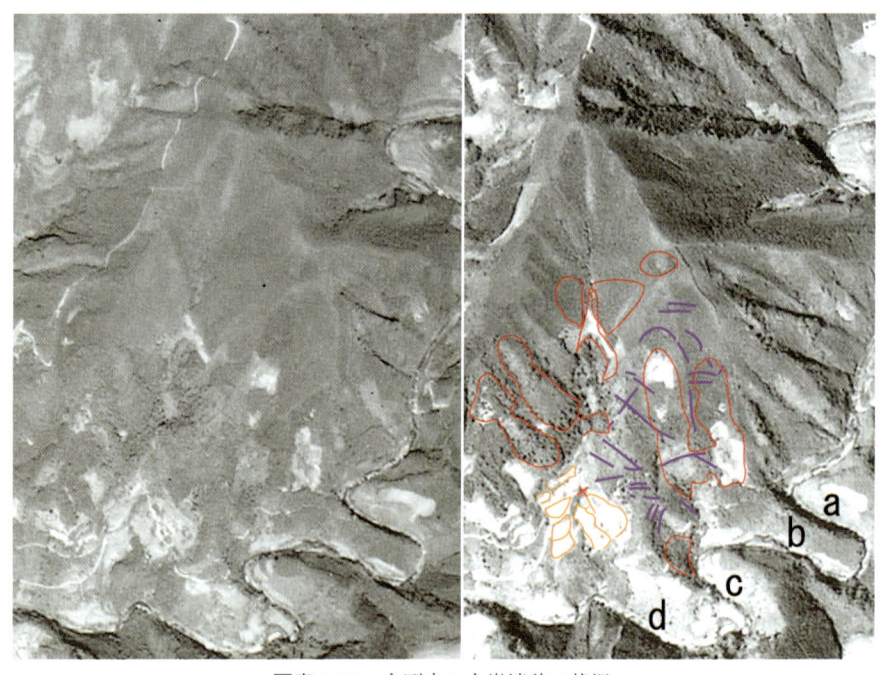

写真5-22　金剛寺の大崩壊前の状況
　　　　位置　　　　和歌山県伊都郡かつらぎ町花園新子
　　　　写真番号　　米軍撮影 M499 12・13
　　　　撮影年月日　1947（昭和22）年9月23日

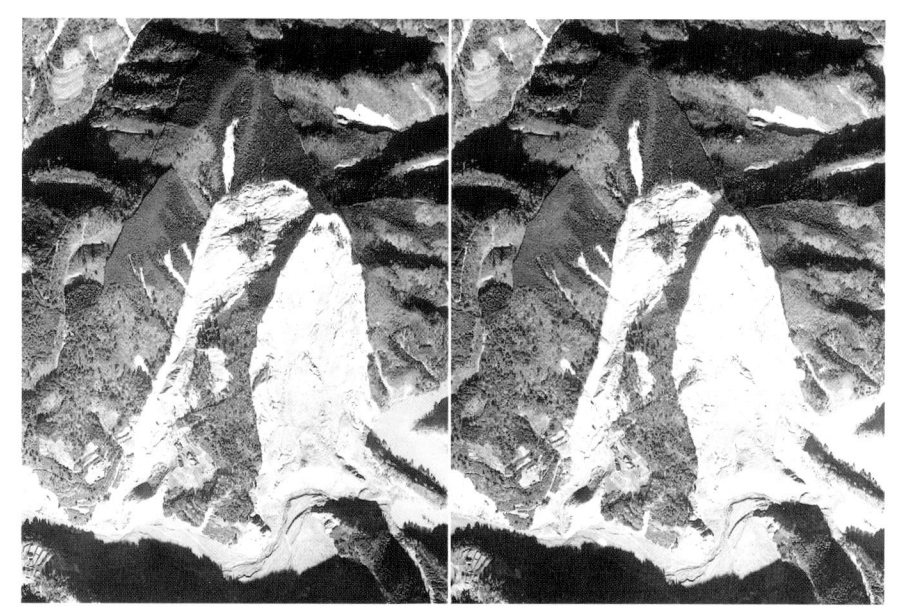

写真 5-23　金剛寺の大崩壊後の写真
位置　　　和歌山県伊都郡かつらぎ町花園新子
写真番号　林野庁 KINKI［近畿地区］C51-10 185・186
撮影年月日　1953（昭和28）年12月1日

系が発達し、ここに浸透した地下水が崩壊の起爆剤となったと推測されることである。地山そのものの脆弱性は、明瞭なリニアメントが存在することから、これが水系パターンの乱れ、地山の脆弱性をもたらしたものと推察される。

5.2.3　火山地に見られる大規模崩壊

　火山体は溶岩、火砕流堆積物、火山弾、降下火山灰などの様々の火山噴出物から形成される。形成の過程には堆積物が侵食され、二次的生成物が移動し、堆積する。また噴出の休止期には地表は風化し、風化生成物が残され、その上に噴出物が堆積し、風化はさらに進行する。山腹斜面はこのような経過をたどるので、山体の地下構造は極めて複雑である。一見単調に見える山麓部でも同様の経過をたどり、地表下の地形は複雑である。

　火山地では、上位に溶岩、溶結凝灰岩、下位に軽石、降下火山灰、非溶結凝灰岩の組み合わせの箇所で、下流からの侵食が遡上している場合に、しばしば大規模な崩壊や地すべりが発生する。発生の引き金は、降雨、融雪に起因する地下水、あるいは地震である。

また、火山は高標高のものが多く、もともとルーズな地質条件に加え、凍結・融解による山体の破壊が進み、裸岩斜面とその下脚部にルーズな堆積物を残す。さらに、後火山作用による粘土化によって地すべりが発生するなど、火山地特有の侵食現象が見られる。火山地の崩壊事例も枚挙にいとまがないが、ここでは、最近火山地で発生した山形県月山のにごり沢の大規模崩壊の事例を紹介する。

(1) 山形県立谷沢川支にごり沢の地すべり性崩壊

　最上川左支立谷沢川は、月山火山に源を発する荒廃河川で、火山活動に伴う変質により地質は脆弱化し、加えて豪雪、豪雨により流域全域に地すべりや崩壊が多発してきた。特に上流にごり沢は荒廃性が著しく、大規模な地すべりや崩壊が続発している。ここでは、1993（平成5）年6月に古い地すべり跡地内に発生した地すべり性崩壊を対象として、空中写真を判読して事前に崩壊の発生箇所を予測することが可能であったかについて検討した。

　にごり沢の表層地質は、月山安山岩溶岩および火山角礫岩で、キャップロック構造となっており、その下位に第三紀の緑色凝灰岩、凝灰質砂岩が露出し、両者の関係は不整合で、境界付近で風化・粘土化が進んでいる。

　空中写真下では、溶岩台地縁辺部の侵食前線の下位は全域が地すべり跡地で、滑落崖や残積土堆末端には崩壊も見られる。

　1993（平成5）年における地すべり性崩壊の移動土塊は、490万 m^3 あるいは $4 \sim 5 \times 10^6 m^3$ などと大規模であったことが報告されている。崩壊の誘因は1993（平成5）年当初に積雪量が多く、5月下旬は高温で融雪が進み、さらに5日には60mmの降水量があったことなどが挙げられている。

　写真 5-24 は平成5年崩壊前（1976（昭和51）年撮影）、**写真 5-25** は崩壊4カ月後（1993（平成5）年10月29日撮影）の状況である。

　崩壊前の写真に見られる山腹斜面は、にごり沢左岸側全域が地すべりあるいは地すべり性崩壊跡地で全斜面が乱れている。この写真範囲で土砂移動という点から注目すべき微地形は、①過去の崩積土堆の一部が谷型斜面に小平坦面となって残留し、その末端が下流からの侵食の遡上によって崩壊して、明瞭で不安定な遷急線をつくる箇所、②崩積土堆がノーズ型に斜面に引っかかっている箇所、③崩積土堆が斜面にS状地として残留している箇所、④滑落崖背後のほか、広域に見られるリニアメントなどである。

　このような特徴的な微地形から特に崩壊の危険性の高い箇所を拾うと、**写真**

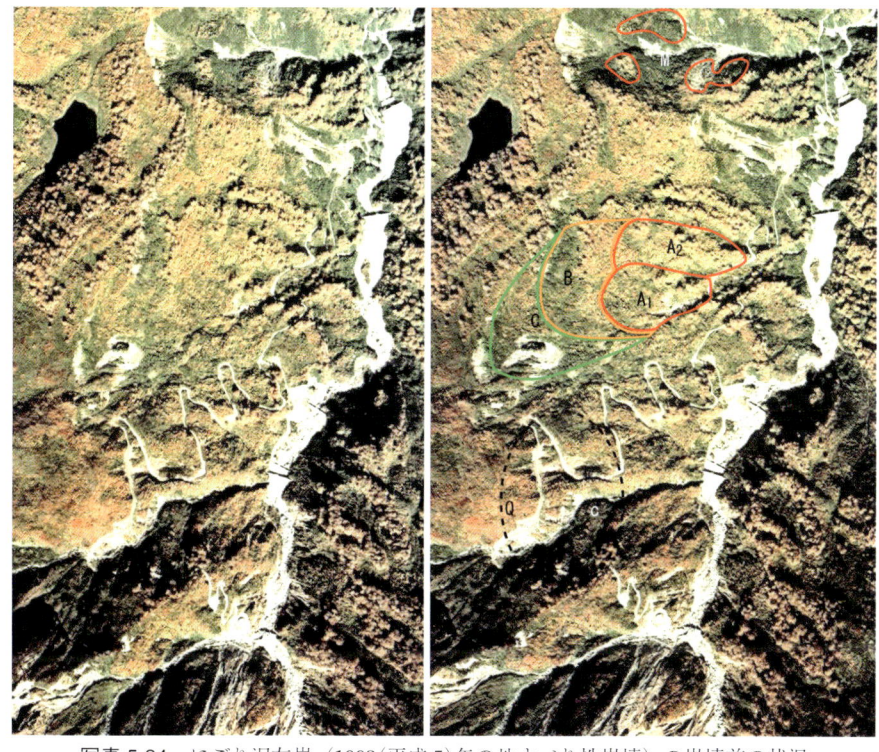

写真 5-24　にごり沢左岸（1993(平成 5)年の地すべり性崩壊）の崩壊前の状況
　　　　　　位置　　　　山形県東田川郡庄内町
　　　　　　写真番号　　国土地理院 CTO-76-18（月山地区）C4-7・8
　　　　　　撮影年月日　1976(昭和 51)年 10 月 13 日

5-24 のようになる。この中の記号 A、B、C は、6.3.1 項で述べる土砂移動の危険性の度合いを示している。

　写真 5-24 に記した A_1、A_2、B 等の添字は、その箇所の危険性のランクと説明のための位置を示している。

　これらの箇所は、それぞれ次のような危険性を持っている。

A_1：崩積土堆末端が深く切られ、降雨、地震等の誘因によって土堆全体が崩壊するおそれが高い。

A_2：A_1 と同類であるが、崩壊は旧残土堆の範囲に限られると判断される不安定な土堆である。崩壊頭部の後退は深くはなかろう。後背部の地形が広くなく、集水面積（地表水も地下水も）が小さいからである。

B：A_1 の崩壊時の営力が大きければ、A_1 の崩壊と同時に A_2 とも一体となっ

写真 5-25　にごり沢左岸（1993（平成 5）年の地すべり性崩壊）の崩壊後の状況
　　　　　位置　　　　山形県東田川郡庄内町
　　　　　写真番号　　林野庁 93-36（鳴子地区）C19-5・6
　　　　　撮影年月日　1993（平成 5）年 10 月 29 日

　　て大きく崩れることが予想される。
　C：稜線直下の古い滑落崖の侵食はかなり進んでいるが、まだ斜面にルーズ
　　　な崩積土が不安定な状態で残されている前記 A、B が崩れれば、C 箇所
　　　も不安定となる。
　このほか、崩壊などの移動土砂が斜面に中高の形で落ち残っている。また不安定な土堆など小規模な崩壊危険箇所が点々と存在する。しかしこのような小さな不安定な土堆は中、小の降雨や雪食によって常時時間とともに潰れていくことが**写真 5-24**、**写真 5-25** を比較することによって推定される。
　写真 5-24 で拾った崩壊発生危険箇所に、**写真 5-25** の崩壊箇所を重ねてみると、崩壊の発生箇所は、最もポテンシャルの高い不安定箇所として取り上げた

A_1、A_2、これに連なる B の範囲にほぼ一致している。ということは、にごり沢左岸斜面内で平成 5 年までに繰り返された土砂移動現象の結果として、いわばぎりぎりのところで踏みとどまっている箇所が A_1、A_2、B といった不安定箇所であり、それが平成 5 年に予想した箇所で崩れたということである。

　図中破線で囲った Q 箇所では、1976(昭和 51)年と 1993(平成 5)年の間に大きな変化が見られる。崩壊前写真で、小渓流の右岸斜面が押し出している地形箇所 a は、崩壊後写真ではこの押し出しが拡大し、谷を埋め、さらに左岸に乗り上げたのか、左岸側の地形を乱している。この部分の北方への延長は 1993(平成 5)年の崩壊の滑落崖、南方の延長は押し出し a の南方稜線の乱れ(地形変化)に続いている。この南北に伸びるある幅を持った一連の範囲は著しく乱れていて、特に脆弱な地質構造であることを示唆している。このような変化の著しい地形地域は、経時的に密に追跡することが対策の必要性、その内容等の検討のために欠かせない。その際、レーザープロファイラー測図は有効な判断素材となる。

(2) 熊本県集川の崩壊

　2003(平成 15)年 7 月 20 日、熊本県水俣川水系宝川内川支集川で大規模崩壊、土石流が発生した。この災害については既に多くの調査・研究成果が報告されているが、筆者はこのときの崩壊箇所を空中写真判読によって事前に予測できたかという点と、下流右岸側の比高 10m の高台に泥流型土石流がなぜ乗り上げたかの 2 点について、大雑把ではあるが微地形から考えてみたのでこれについて紹介する(表 5-4)。

表 5-4　集川崩壊箇所検討写真

	検討箇所	整理番号	写真番号	およその縮尺	撮影年月日
写真 5-26	宝川内川中・下流部の空中写真	国土地理院 KU-95-2X [水俣地区]	C11・5・6	1/20,000	1995(H07)年 11 月 28 日
写真 5-27	宝川内川中・下流部の米軍撮影空中写真	米軍 M70	56・57	1/30,000	1947(S22)年 2 月 24 日
写真 5-28	埋積谷床中の段丘地形	国土地理院 CKU-74-18 [天草地区]	C36-12・13	1/10,000	1975(S50)年 3 月 3 日
写真 5-29	崩壊箇所近傍の米軍空中写真	米軍 R51-2	39・40	1/10,000	1948(S23)年 5 月 17 日
写真 5-30	崩壊後の空中写真	朝日航洋㈱	1016・1017		2003(H15)年 7 月 21 日

(a) 崩壊箇所の事前予測

集川中流部右岸に大規模崩壊が発生したことを知って、早速同地区の空中写真 KU-95-2X、米軍撮影 M70 を入手し判読した。写真 5-26、写真 5-27 はそのステレオペア写真である。

まず、地形図と写真から読み取れる流域の概況を以下に述べる。

① 流域の形状は羽毛状である（図 5-7）。
② 流域は比高の小さな山地で、上流部にはなだらかな小起伏面状の 2 段の高位面 H_1、H_2 が残されている。この高位面は溶岩のつくる緩傾斜面で、その縁辺部の遷急帯は不安定で、崩壊や地すべりが発生しやすい（図 5-7、写真 5-26、写真 5-27）。

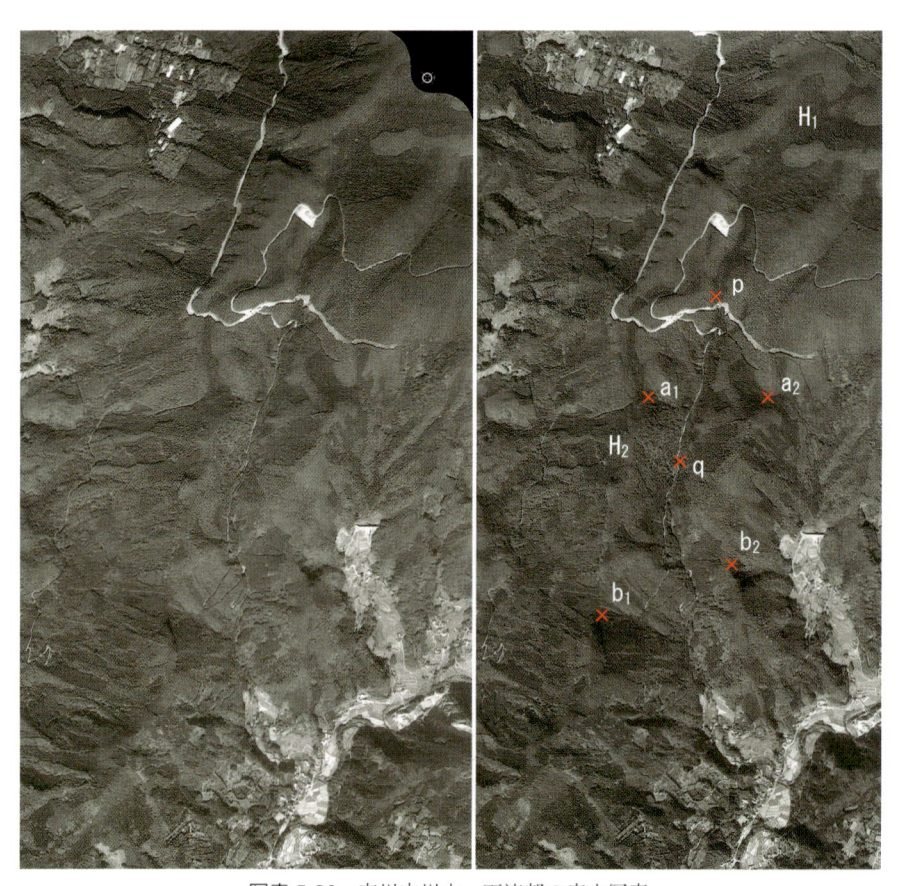

写真 5-26 宝川内川中・下流部の空中写真

写真 5-27 宝川内川中・下流部の米軍撮影空中写真

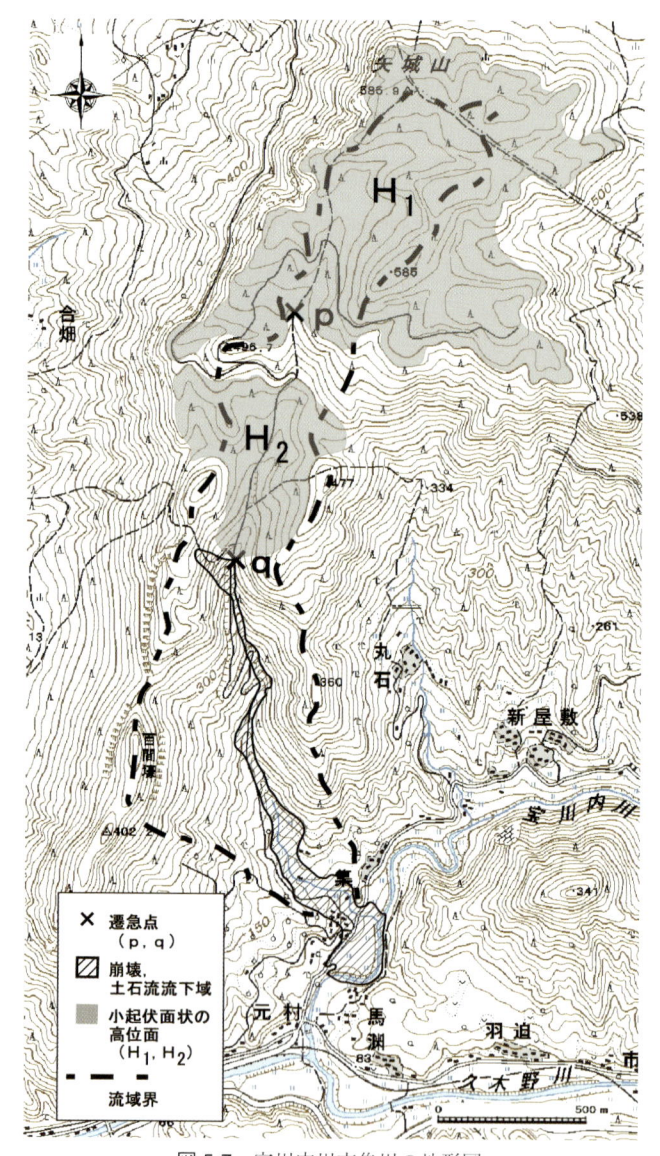

図 5-7　宝川内川支集川の地形図

［国土地理院、縮尺 1/25,000「水俣」、2004（平成 16）年 3 月 13 日発行］

③　河床に遷急点 p、q が見られる。これは 2 段の高位面と調和的である（図 5-7）。

④　上流側の遷急点 p から下流には**写真 5-26**、**写真 5-27** に見られるように、稜線をつくる南北方向の山体が西側の稜線部分 a_1 から東側の稜線部分 a_2 へ、同じく西側で b_1 部分から東側の b_2 部分へと東西方向に切られ、稜線上に切断によってつくられた東西方向の凹地形が、広い幅で乱れた状態で稜線山体を横断し、崩土が谷を埋塞している。この 4 地点は、恐らく a_1 から a_2 方向へ、b_1 から b_2 方向へと東西に地質的な弱線（断層破砕帯か？）が走り、このように垂直方向につぶれるような地形を作ったのではないかと思われる。

また、写真中には東西方向、北東-南西方向のリニアメント（写真上紫線）が見られる。

⑤　集川中流部から下流部の渓岸斜面はそのほとんどが土砂移動跡地で、地表の乱れがほぼ全面に見られる。

⑥　下流部の幅の広い埋積谷床は、**写真 5-28** で見るように段丘状の地形で、棚田として利用されていて、崩壊時には十分に湛水していたと考えられる。

次に、1948（昭和 23）年に米軍が撮影した縮尺 1/10,000 の空中写真を判読した（**写真 5-29**）。

この写真上、F で示した細長い馬蹄形の斜面は植生も乱れ、表面には微起伏があって近い過去に地表が動いたことを示している。また、F の脚部には崩積土堆 a が残され、その上位に b 土堆も見られるが、この a が水衝部に当たるので、洪水の直撃を受けて崩壊すればこの崩壊が上位 b の崩積土堆を取り込み、さらに周囲の乱れた斜面の崩壊を誘発するのではないかと考え、ここが崩壊したものと判断した。崩壊の免疫性という点からは、F 部分はむしろ崩壊しにくい斜面といえるが、不安定な土堆 a、b などが見られる崩壊跡斜面 F 以外に崩壊危険度の高い箇所を拾い出すことができず、この F 部分を崩壊箇所と予測した。しかし、この判断は間違っていた。

(b)　崩壊箇所の特徴

崩壊後の**写真 5-30** を見ると、崩壊したのは**写真 5-29** に示した G 斜面であった。G は F と裾を共有しながら F と斜交する馬蹄形の斜面である。そこであらためて G 斜面の微地形を検討するため、**表 5-4** の写真を追加入手し、一部倍伸ししして見直すとともに、半日ではあるが現地も歩き、次のようなことを知った。

142

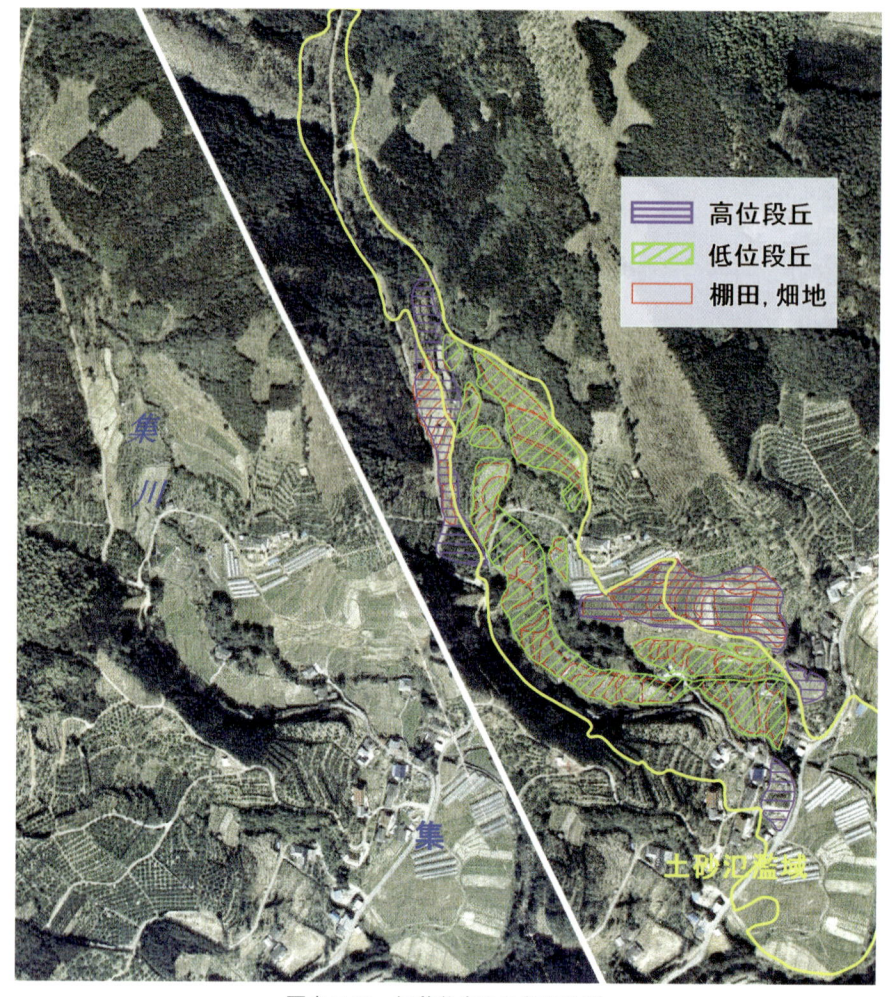

写真 5-28　埋積谷床中の段丘地形
位置　　　熊本県水俣市宝川内
写真番号　国土地理院 CKU-74-18（天草地区）C36-12・13
撮影年月日　1975（昭和50）年3月3日

凡例：
- 高位段丘
- 低位段丘
- 棚田，畑地

① 写真 5-29 で予測した F 部分が崩壊しなかったのは、やはり比較的新鮮な崩壊跡地であったからであろう。ただ、F 部分脚下に残積していた土堆は崩壊し、これが G 崩壊の引き金となったことは十分に考えられる。

② 写真 5-29 で見る崩壊 G に当たる斜面は、その脚部にかなり大きな段丘痕跡状の土堆 t が張りつくように残されている。また、G 斜面の中腹にも土堆

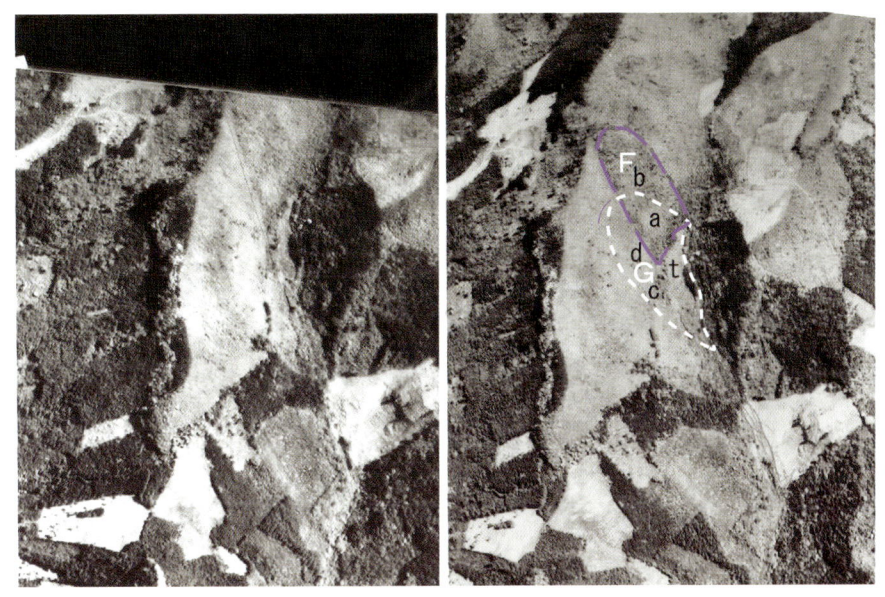

第 5 章　規模からみた土砂移動のタイプ　　143

写真 5-29　崩壊箇所近傍の米軍空中写真

写真 5-30　崩壊後の写真
位置　　　熊本県水俣市宝川内
写真番号　朝日航洋株式会社 1016・1017
撮影年月日　2003（平成15）年 7 月 21 日

c、d が見られる。今回の崩壊は、まず脚部が洗われて崩れ、これに引っ張られる形でこの土堆が崩壊し、さらに崩壊が上位斜面に拡大したのであろう。写真を見直すと、G 崩壊箇所の頭部には円弧状のリニアメント（写真上紫線）が見られる。

③　写真 5-31 は、崩壊頭部の立木の状況である。根曲りの様子には地表の動き（傾斜）との間に違和感があるが、崩壊斜面の頭部は、かなり以前から複雑に動いていたことを物語っている。現地調査を行っていれば、立木の根曲りのほか、足元にクラックと思われる線状の凹地も見つけられ、ここが危険斜面であることに気づいていたはずである。

④　写真 5-32 は、崩壊地右岸側の安山岩の柱状節理である。発達した柱状節理が風化し、写真で見られるように分離している。風化が進み、球状の巨礫として崩落した礫も見られる。千木良先生は、崩壊時には図 5-8 で見るように時間雨量約 90mm の強烈な降雨が 2 時間続き、その結果「恐らく最上部の安山岩溶岩の亀裂が水で満され、その下位の風化凝灰角礫岩の間隙水圧が急激に上昇して、せん断破壊が起こったものと判断し」、2 時間で 180mm の降雨による浸透水が土中の有効応力を減少させ、せん断破壊を発生させるに十分な値に達していたと報告されている［千木良（2007）］。こうした状態にあった斜面に下流からの侵食が遡上してバランスが崩れ、破壊されたものと考えられる。

⑤　少なくとも縮尺 1/10,000 あるいはこれより大縮尺の空中写真、さらにはレーザープロファイラー測図によって、崩壊斜面とその近傍を丁寧に見て、現地を歩いていれば、斜面の残積土堆やクラックなどの微地形をより

写真 5-31　崩壊頭部稜線部の立木の状況（下流側に凹に曲がっているのが不自然）

第 5 章 規模からみた土砂移動のタイプ　　145

写真 5-32　崩壊右岸側の状況（柱状節理）

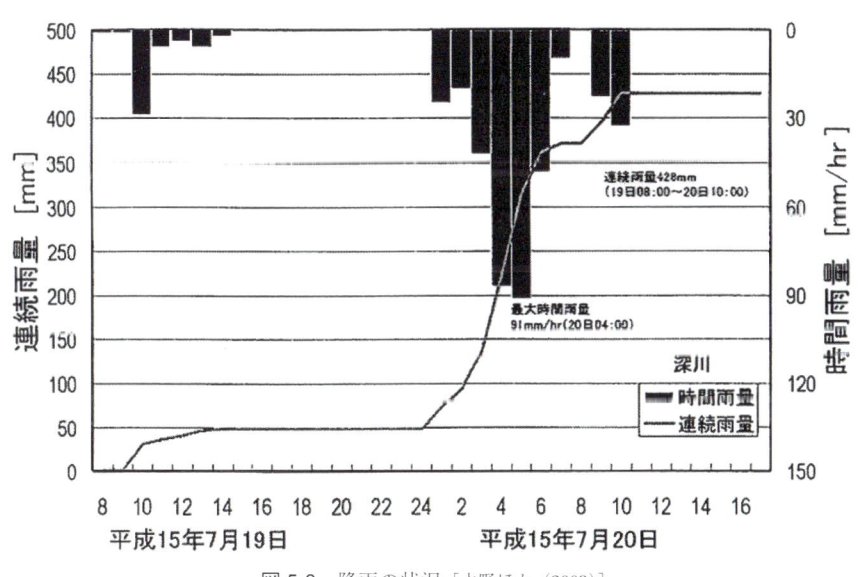

図 5-8　降雨の状況［水野ほか（2003）］

細かく認識することができ、また③で述べた稜線に近い緩斜面の植生の異常などと合わせて、山腹の非安定箇所として、Gあたりの斜面を危険斜面として事前に抽出できたのではないかと思う。

(c) 土石流の挙動

集川は、過去からたびたび土石流が発生してきた。写真 5-33 は、集川最下流左岸側の渓岸露頭の様子である。写真で見るように、被災を免れた人家の立地する面は古い何回かの土石流の堆積面で、露頭の状況、すなわち最下位はシルティな土石流の堆積層でかなり古く、その上位は礫を交える泥っぽい土石流、その上は泥流状の土石流といった層相で過去の土石流の履歴を示している。手前の今回の土石流は、左方に石礫型土石流の先端堆積部が見え、その前方（手前）に後続の小粒径石礫型土石流の先端部、その手前に流木の堆積が見られる。今回の土石流は高水がある時間持続したので、土石流は当初の泥流型、続いて石礫型と二つの型の土石流となって流下したようである。

今回の土石流で特に注目したのは、下流右岸側の比高 10m の高台に泥流が乗り上げたが、下流部谷床の棚田がこの泥流の乗り上げに関わったのかどうか、関わったとすれば泥流にどのように働いたかという点である。

1) 流域の形状

流域の平面形状は羽毛状で、これが図 5-9 に示すようなプラトー状のハイドログラフを特徴づけている。

2) 埋積谷

中流部より下流は埋積谷で、写真 5-28 に見るように段丘化している。この段丘は棚田として利用されており、崩壊時には十分に湛水していたと考えられる。

写真 5-33　集川最下流左岸側の状況（渓岸露頭）

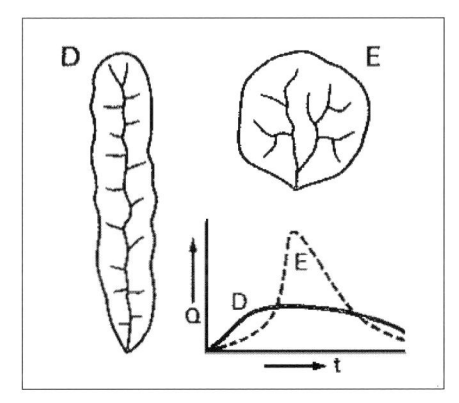

図 5-9 流路網分岐比とハイドログラフの関係
［流路網分岐比 D と E：Strahler（1964）、鈴木（2000）］

3） ハイドログラフの特徴

図 5-8 は、19 日から 20 日にかけての水俣市深川でのハイエトグラフである。当市では 7 月 19 日 15 時頃から 20 日午前 0 時までは降雨は見られなかったが、午前 1 時頃から 5 時間で総雨量は 265mm となり、特に 20 日午前 3 ～ 4 時には 87mm/h、4 ～ 5 時には 91mm/h の豪雨を記録した。土石流は午前 4 時 18 分～ 35 分の間に発生したといわれている［水野ほか（2003）］。

流域の平面形状や河系模様はハイドログラフの形状を強く制約する［鈴木（2000）］。図 5-9 で見られるように、ピーク流量は流域の形状が細長い河川ほど大きくならないが、円形に近いほど、また大きな支渓が短い区間に集中して合流する求心状河系に近づくほど急増する。集川の場合、上流流域の形状が羽毛状であったため、図のハイドログラフに見られるようにピークは低かったが、長時間継続した。住民によると、土石流の継続時間が数十分も続いたといわれており、かなり長時間であったことが知られている［谷口（2003）］。

4） 土石流の流下堆積状況

図 5-10 に、集川土石流の流下・堆積状況を示している。

今回の崩壊・土石流（土砂移動現象）を微地形との関わりからみると、次のようにいえる。

① 土石流は、前述のように 7 月 20 日午前 4 時 18 分～ 4 時 35 分の間に発生した［水野ほか（2003）］。段丘状あるいは崩積土堆状のルーズな堆積物からなるこの斜面脚部は、この時間までに十分飽和していた。この部分は、図

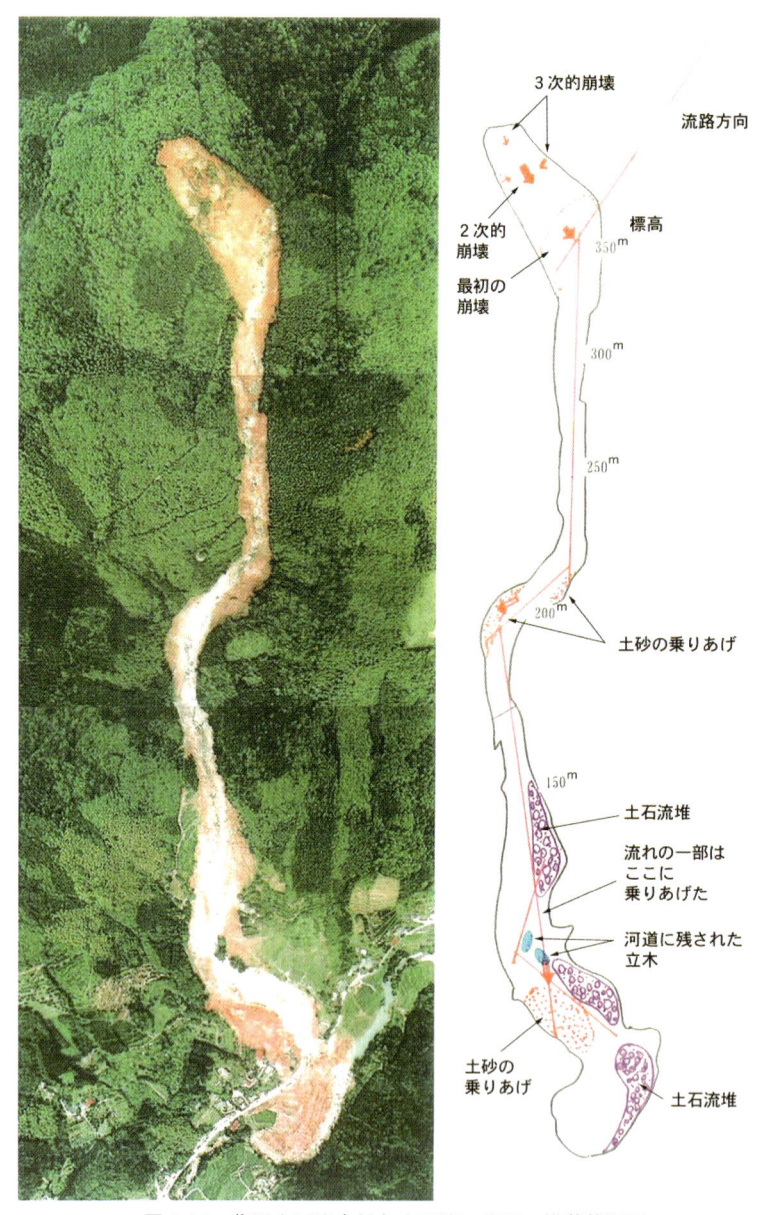

図 5-10　集川土石流全景と土石流の流下・堆積状況図
　　　　位置　　　　熊本県水俣市宝川内
　　　　写真番号　　朝日航洋株式会社 1013・1015・1016 を合成編集
　　　　撮影年月日　2003（平成 15）年 7 月 21 日

5-10 に見るように水衝部になっていたこともあり、容易に崩壊し、これに引っ張られて斜面下部が河道に崩れ落ち、その後に、より上位、側面の山腹が崩壊した。その一部は立木とともに残積土堆として残された。

② 崩壊して河道に流入した先頭の土砂は径の大きな石礫を残し、水衝部に泥土をはね上げつつ流下した。崩壊土砂と河床堆積物を伴った土石流の先頭が埋積谷に流入したとき、棚田は十分に湛水していたはずであるが、ここに流入した土石流がどのように変化したのか、土石流は勢いを増すのか、殺がれるのか、棚田の湛水と田面の泥土の存在が土石流に与えた影響はどんなものだったのか、このあたりのことが筆者にはわからない。また、谷の最下流右岸に飛び出している台地は谷床から10mもの比高があるにもかかわらず、泥流状の土石流がこの上にはね上がり、ここに立地していた集落は壊滅した。災害時には、流れの途中で粒径の異なる大量の土砂や水が供給されるのが一般的である。この場合、土石流にどのような変化が生ずるのか、既存の理論式によるシミュレーション等渓流における土石流の挙動という点から、検討したい事項である。

③ ピーク流量は比較的長く継続した。そのため、その後半には残された河床礫と洗い出された石礫、表面を洗い流された棚田の石礫とが石礫型土石流となり、棚田部分と本川の3カ所に土石流堆を次々につくった。

これが、私が描いた今回の土砂移動現象の姿である。

(3) 蒲原沢の崩壊地形

姫川左岸流域の蒲原沢では、1996(平成8)年12月6日に人的災害を伴う土石流が発生した。発生の時期が冬期で、降雨は土石流発生を警戒する基準雨量には達していなかった。融雪量についても、災害前日には気温は上昇したが、そのための融雪量は24mmと評価され、一日の降雨量はせいぜい70mm程度であったこともあって、今回の崩壊、土石流の発生のメカニズムについて広く関心が持たれた。

蒲原沢では、前年の1995(平成7)年7月11日の豪雨時にも崩壊が発生した。このときには姫川流域に広範に土砂移動現象が見られた。5.2.1(4)項で紹介した大所川流域赤禿山の大崩壊もその一つである。11日から12日にかけての降雨量は白馬村で569mm（24時間連続雨量)、小谷村で395mm、ピーク時の時間雨量はそれぞれ59mmおよび49mmとなっている。特に11日の17時から20時にかけての3時間に強い雨が降り、土石流等の発生もこの時間帯に集中

している［丸井・渡部（1997）］。

このときの蒲原沢の崩壊は、本川上流の標高 1,300m 付近の谷壁斜面で発生し、崩落土砂が渓床の堆積土砂を巻き込んで土石流の規模を大きくした。蒲原沢の地質は、標高 1,300m 付近より上流では基盤のジュラ紀の来馬層群の上に第四紀風吹火山噴出物が載っている。7月11日の崩壊は、来馬層群と火山噴出物との境界面から噴出した地下水が誘因となったものと考えられている。

1996（平成 8）年 12 月の崩壊も 1995（平成 7）年 7 月崩壊と同様、来馬層群上の地下水が崩壊の誘因とされている。

いま、空中写真から上記した二度の崩壊を眺めてみる。

(a) 米軍写真からみる蒲原沢の基盤の状況

写真 5-34 は、1952（昭和 27）年に米軍が撮影した写真で、1995（平成 7）年崩壊より 43 年前の状況である。流域全域にわたって樹木がない状態で、淡い積雪が幸いして地上の微地形がよくわかる。図 5-11 の灰色ベタの部分は、ブロック状に破砕された崩積土塊がつくる小平坦面で、流域全面に分布して

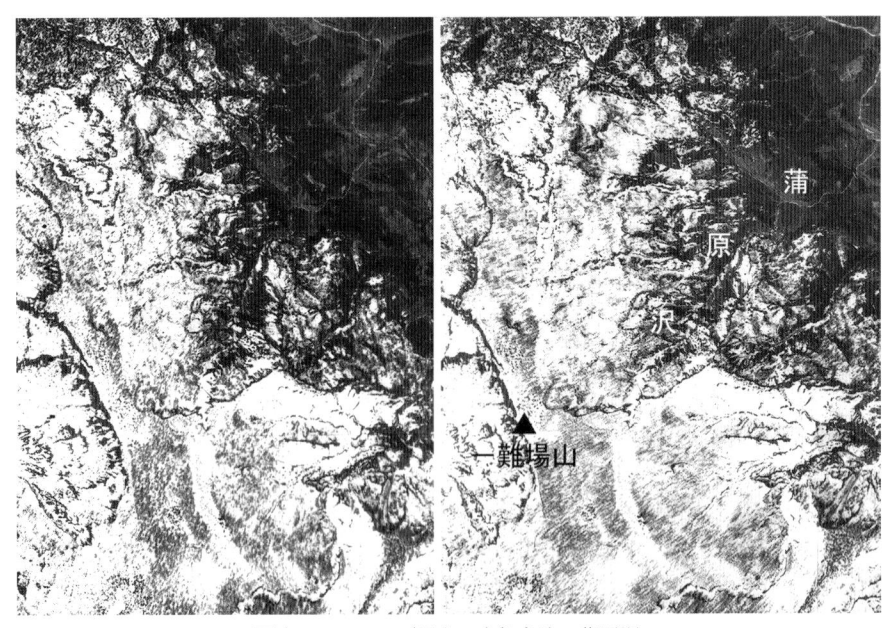

写真 5-34　1952（昭和 27）年当時の蒲原沢
　　　位置　　　新潟県糸魚川市大所、長野県北安曇郡小谷村北小谷
　　　写真番号　米軍撮影 M5-3-3 66・67
　　　撮影年月日　1952（昭和 27）年 5 月 3 日

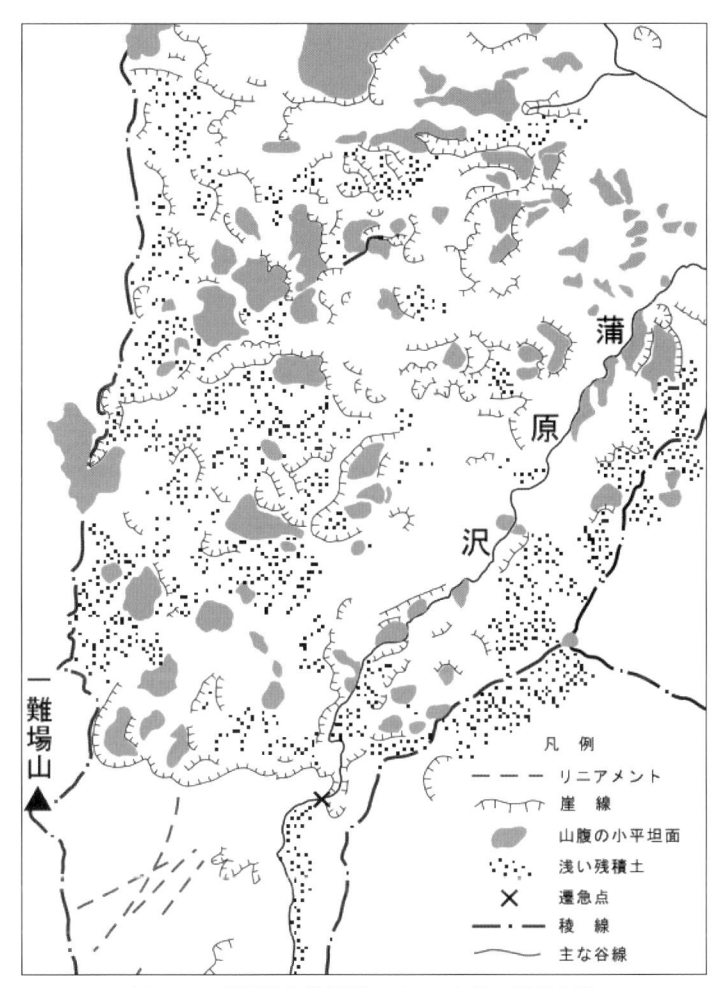

図 5-11 蒲原沢左岸斜面のブロック状の擾乱地形

いる。このことは流域全域の山体がルーズな状態であることを示している。写真 5-35 は米軍写真より 24 年後に撮影されたものであるが、この写真からは、繁茂した植生のため米軍写真で見るような斜面の乱された状況はほとんど読み取れない。

(b) 1995(平成 7)年の崩壊箇所の地質と地形

写真 5-36 は、1995(平成 7)年 7 月の崩壊後の写真である。崩壊の頭は谷筋を挟んで左右に分かれている。この崩壊地の地質は、来馬層群の砂岩の上に風

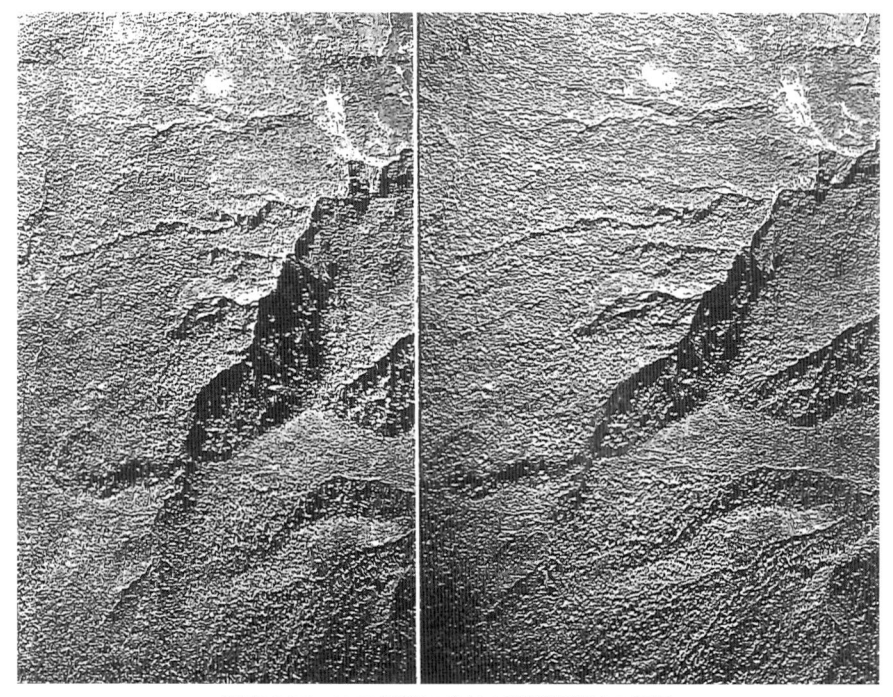

写真 5-35 1976(昭和51)年の蒲原沢流域の状況
位置　　　新潟県糸魚川市大所、長野県北安曇郡小谷村北小谷
写真番号　国土地理院 CCB-76-4 (糸魚川地区) C26-24・25
撮影年月日　1976(昭和51)年 10 月 7 日

吹火山噴出物の安山岩溶岩が載っている。右岸側崩壊面の中ほどに褐色に見える部分が来馬層群ではなかろうか。露出面のキメの細かさ、なめらかさ、表面のゆるい勾配などの様態がそれより上位の露頭の様子と相違することから、このように推測する。この来馬層が難透水層となり、ここに地下水が集中して崩壊の引き金となったのではなかろうか。この点の標高はこの地点の本川渓床の標高とほぼ同じで、枝分かれした地下水脈がこちらにもあったとしても不合理ではない。左岸側の崩壊も同様である。

　しかし、こうした推測を確かめるためには現地の地質調査、地下水調査によって検討する必要がある。

(c) 1996(平成8)年の崩壊状況

　写真 5-37 は、1996(平成8)年の崩壊後の写真である。この左岸側谷壁斜面に筋状に黒く見えるのは谷壁斜面からの湧水が雪を融かした跡で、この黒い模

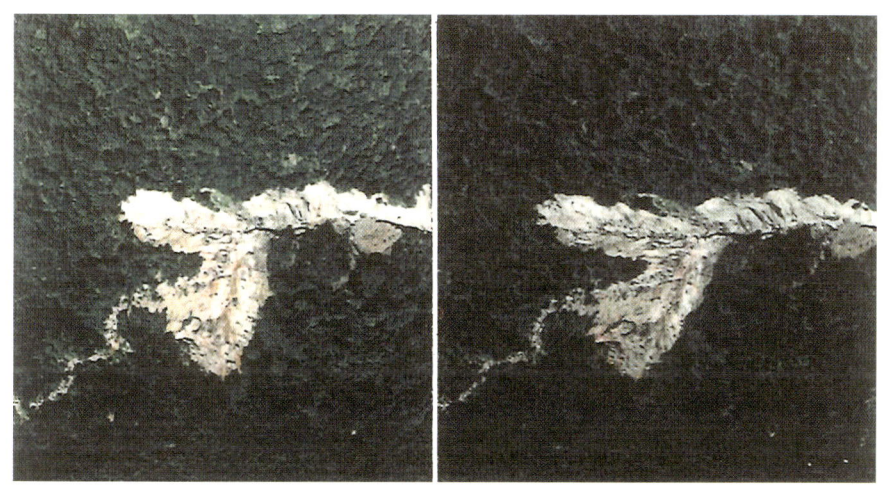

第 5 章　規模からみた土砂移動のタイプ　153

写真 5-36　1995(平成 7)年 7 月 7 日崩壊の状況
　　位置　　　新潟県糸魚川市大所、長野県北安曇郡小谷村北小谷
　　写真番号　中日本航空株式会社 5706 C4-5・6
　　撮影年月日　1995(平成 7)年 7 月 19 日

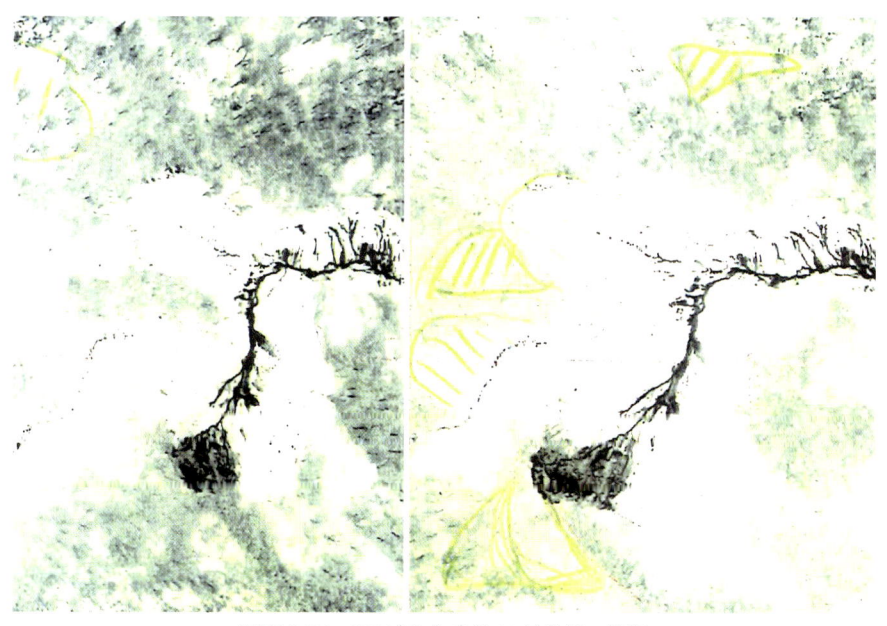

写真 5-37　1996(平成 8)年 12 月崩壊の状況
　　位置　　　新潟県糸魚川市大所、長野県北安曇郡小谷村北小谷
　　写真番号　株式会社パスコ 0131・0130
　　撮影年月日　1996(平成 8)年 12 月 7 日

様のパターンから、左岸側の山体内から谷壁斜面に向けて地下水が流れやすくなっていること、地下水の経路が多くあること、また常時絶えることなく地下水の浸出が継続していることを示している。このことは、前述したように地山がブロック状に破砕されていることと調和的である。

(d) 1996(平成8)年の崩壊の誘因

写真 5-38 に記した赤線は、前年 7 月の崩壊箇所の輪郭を推定している。写真からは、前年 7 月崩壊の頭部の後退が読み取れる。その誘因は、やはり地下水の噴出以外には考えられない。しかし、前述したように土石流発生当日は降雨はほとんどなく、前日 5 日の雨量も南小谷観測所で 49mm、崩壊前数日の融雪量 24mm を合せて 73mm となる。これは 1995(平成 7)年 7 月の土石流発生時の降雨量と比較してはるかに少なく、また、水質調査の結果からみて、土石流の誘因となった水は降水量や融雪水から考えられる水量では説明できないとされている［丸井・渡部（1997）］。しかし、12 月 6 日に崩壊は発生した。崩壊を誘発した地下水は、あるいは推定よりも多かったのではないだろうか。その理由として次のように考える。

① 風吹火山噴出物のつくる地形面（これを高位面と仮称する）は極めて低平、緩勾配である。溶岩流は地盤地形に必ずしも馴染むようには堆積しな

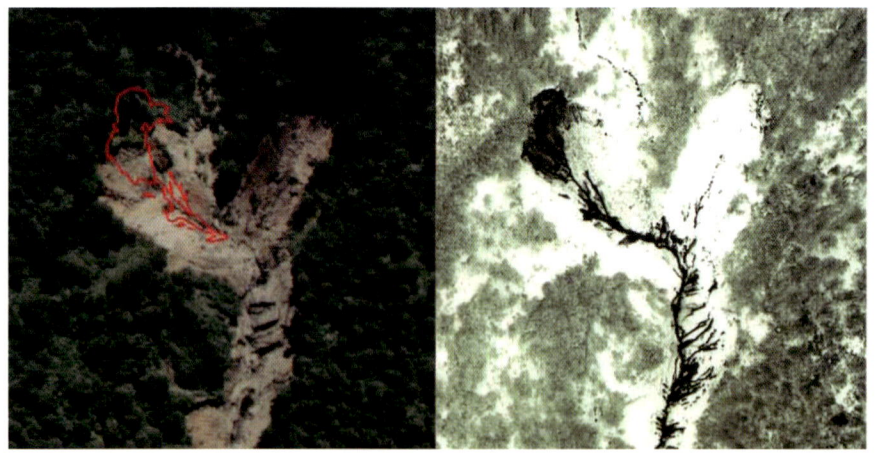

写真 5-38 平成 7 年、平成 8 年崩壊の位置 ［沼本・鈴木・太田(1997)］
　　　　位置　　新潟県糸魚川市大所、長野県北安曇郡小谷村北小谷
　　　　（左）写真番号　　アジア航測株式会社
　　　　　　　撮影年月日　1995(平成7)年7月23日
　　　　（右）写真番号　　株式会社パスコ
　　　　　　　撮影年月日　1996(平成8)年12月7日

いといわれるが、ここでは、基盤の来馬層群の表面地形そのものが高位面の地表面と馴染むように低平で広濶な谷地形をしているのではないか。
② 難透水性の来馬層群に載る風吹火山噴出物の岩質が、地下水を保存しやすい性質ではないか。
③ 崩壊時、降雨や融雪水は少なかったが、火山噴出物下に隠された広濶な谷地形が保水していた水量、谷に集まった地下水量はかなり多かったのではないか。そのためには、風吹火山噴出物が地下水を滞留しやすい性質を持っていなければならない。この点、また地下水の挙動も調査しなければならない。

(e) 微地形からみた蒲原沢の土砂移動

写真 5-34、写真 5-35 を見て最初に気づくことは、蒲原沢で最も侵食の活発な地点は 1995(平成 7)年、1996(平成 8)年と相次いで崩壊した谷頭箇所ということである。ここで蒲原沢は高位面である火山噴出物の堆積面を切っているが、この地点は高位面の谷の末端でもある。この高位面の谷筋は、前述したように基盤岩の谷筋であったかもしれない。このことは、蒲原沢上流部では地表水も地下水も、このいわば盆状の広濶な集水域の水を集めて今回の崩壊箇所で地下水を噴出して下位谷の谷頭を後退させ、あるいは谷頭に噴出した地下水が崩壊を発生させる。そうした現象を規模の大、小にかかわらず絶えず繰り返してきたのではないか。蒲原沢中・上流部の谷地形から、こんなことが推測される。地下水の場合には滞留現象があるので、地表水と噴出のタイミングや量が 1：1 に対応はしない。侵食前線と表現した斜面の後退は、このような姿で断続的に続いてきたものと考えられる。ここ蒲原沢で見た現象は、特に火山地において一般的に見られる現象である。

次に、侵食されやすい箇所は左岸谷壁斜面である。左岸側山体が非常に不安定であることは既に述べた。このことを反映して、谷壁斜面は絶えず大小の崩壊を継続し、谷床に砂礫を供給してきた。

この砂礫が土石流の発生、土石流の規模の拡大に寄与してきた。この山体のブロック状の破砕は、米軍写真の判読によって蒲原沢南東側の前沢等姫川左岸流域に広く見られる現象である。以上から、蒲原沢の 1996(平成 8)年 12 月 6 日の崩壊の原因を確かめるには、風吹火山噴出面下の地質の状態と地下水の実態を知ることにかかっている。そのためには、さしあたり湧水、地下水の挙動等のほか、特に融雪の実態、その作用等を追跡することが、今後の課題として

残されている。

5.3 急速な地形変化の事例

5.3.1 急速な地形変化

　自然条件下での崩壊や地すべり等の土砂移動（微地形変化）のほか、人為的要素が急速な地形変化に関わる事例も多い。

　丘陵地の大規模な宅地開発や工場団地、リゾート地の造成、山岳道路の新設などをはじめ、古くは陶土採掘や砂鉄採取（たたら）による地形改変、煙害による荒廃、放置された鉱滓、ボタ山の侵食、採炭地、採石場の地盤陥没など身近に見てきたところである。また、開発途上国に見られる放牧、焼畑による荒廃など、地形変化を加速する作為は枚挙にいとまがない。これら直接的、間接的に人為が荒廃に関わる実態やその対策については多くの報告があり、対策を現在に引き継いでいるものもある。

　このほか、渓流に砂防堰堤や床固工等の横工を築設した際に、渓岸や河床が段丘堆積物あるいは崖錐や沖積錐などの二次堆積物、非溶結凝灰岩、軟弱な第三紀層など侵食に対する抵抗の弱い岩である場合には、横工取付部で渓岸侵食、渓床洗掘などが発生、あるいは拡大するケースが見られる。

　ここでは、北九州の北松型地すべりの中で、短期間に極めて大きく活動した平山・樽川内地すべりの昭和30年代の著しい地形変化と、筆者が建設省神通川水系砂防工事事務所在勤当時懸念した外ヶ谷右岸の著しい湧水と施設設置による渓岸崩壊、平湯川筋白谷の溶岩円頂丘の著しい風化による荒廃特性を紹介する。

5.3.2 北松地すべり地帯平山・樽川内地すべり

　長崎県北部から佐賀県西部にかけての北松地域は、古くから地すべり地帯として有名である。北松地すべり地帯で最近活動したものの多くは、1950（昭和25）年以降1960（昭和35）年ごろに顕著に活動している。

　北松地域の地質は、漸新世から中新世に至る数十枚の輪廻層の上に八ノ久保礫層、北松玄武岩が載っている。一輪廻層は礫岩ないし粗粒砂岩から細粒砂泥互層、泥岩と規則的な構成を持ち、泥岩部分の上部に炭層が挟在し、炭層の上下、あるいはその中に凝灰岩起源の粘土層が挟まれている。これはほとんどモンモリロナイト系の粘土鉱物からなっていて、地表近くで滲透水の供給を受

け、加水、膨潤した粘土層はすべり面に発展しやすい。

　本地帯の地すべりは、このような地質構造を反映して厚く広大な地すべりブロックが地層に平行にすべる流れ盤すべりで、地形的にも周囲の不動域からは極めて鮮明な違いを示している［大八木ほか（1982）］。

　ここでは、佐世保市北北西約 8km の愛宕山の平山地すべりと、その東南に隣接する樽川内地すべりの二つを取り上げた。図 5-12 に地形図を示す。この二つの地すべりは極めて活動的であり、特に平山地すべりは北松地すべり中最たるものである。判読した写真は表 5-5 のとおりで、1962（昭和 37）年から 1996（平成 8）年までの 6 時期の状況を示している。

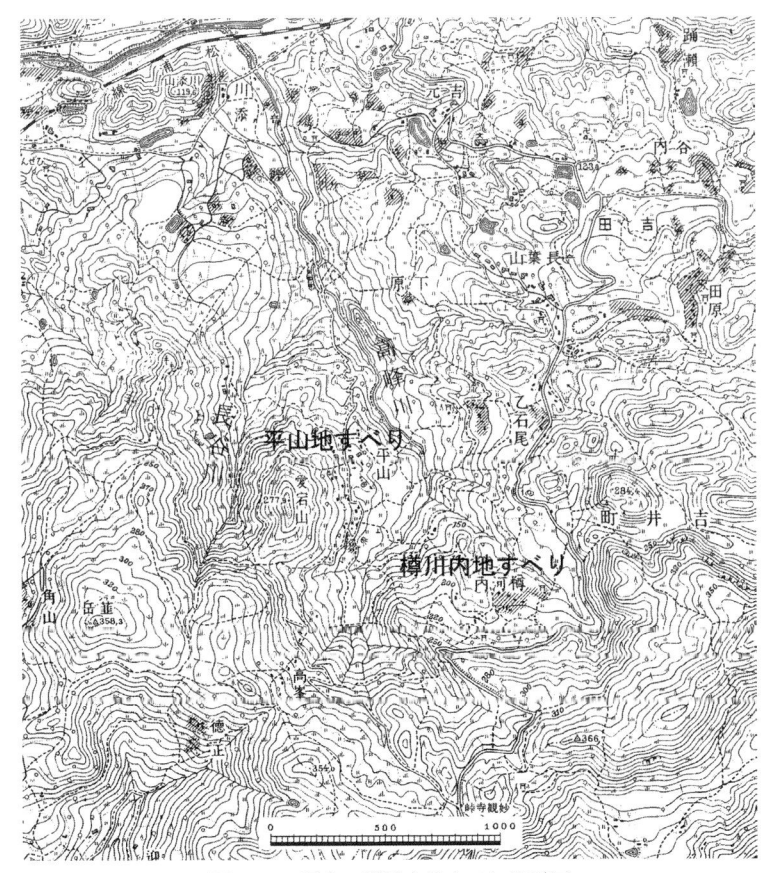

図 5-12　平山・樽川内地すべり地形図
［国土地理院、縮尺 1/25,000 地形図「江迎」、1958（昭和 33）年 8 月 30 日発行、「佐世保北部」、1956（昭和 31）年 10 月 30 日発行］

158

表 5-5　平山・樽川内地すべり変動状況写真

	撮影年月日	整理番号	写真番号	およその縮尺
写真 5-39	1962(S37)年 8月21日	国土地理院 KU-62-7X[佐世保地区]	C1 - 9・10	1/20,000
写真 5-40	1965(S40)年 6月8日	国土地理院 KU-65-1X[平戸65地区]	C6 - 18・19	1/20,000
写真 5-41	1967(S42)年 7月28日	国土地理院 KU-67-5X [国土基本図佐世保67地区]	C1 - 1・2	1/20,000
写真 5-42	1975(S50)年 5月7日	国土地理院 KU-75-2X[伊万里地区]	C9 - 19・20	1/20,000
写真 5-43	1985(S60)年 5月8日	国土地理院 KU-85-2X [国土基本図佐世保地区]	C20 - 9・10	1/20,000
写真 5-44	1997(H9)年 2月27日	国土地理院 KU-96-1X[佐世保地区]	C16 - 18・19	1/25,000

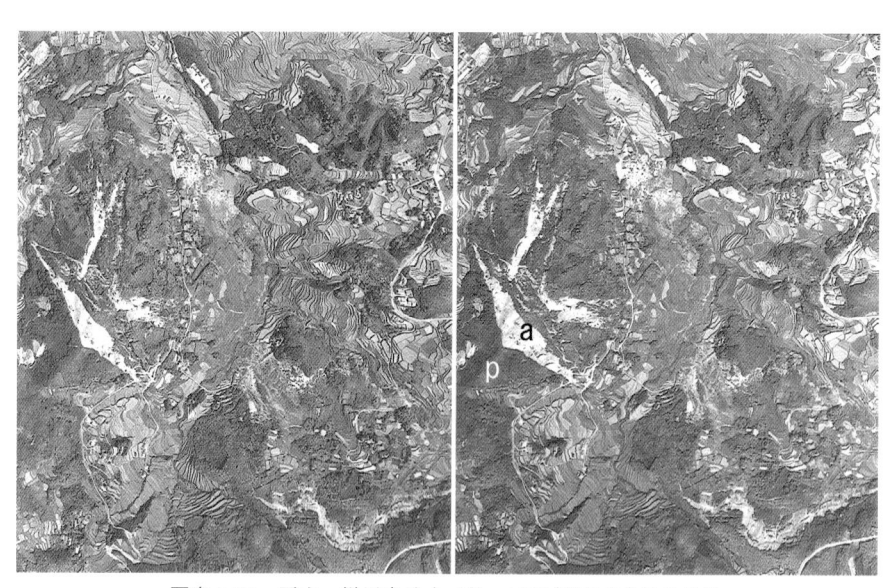

写真 5-39　平山・樽川内地すべり：1962(昭和37)年の状況

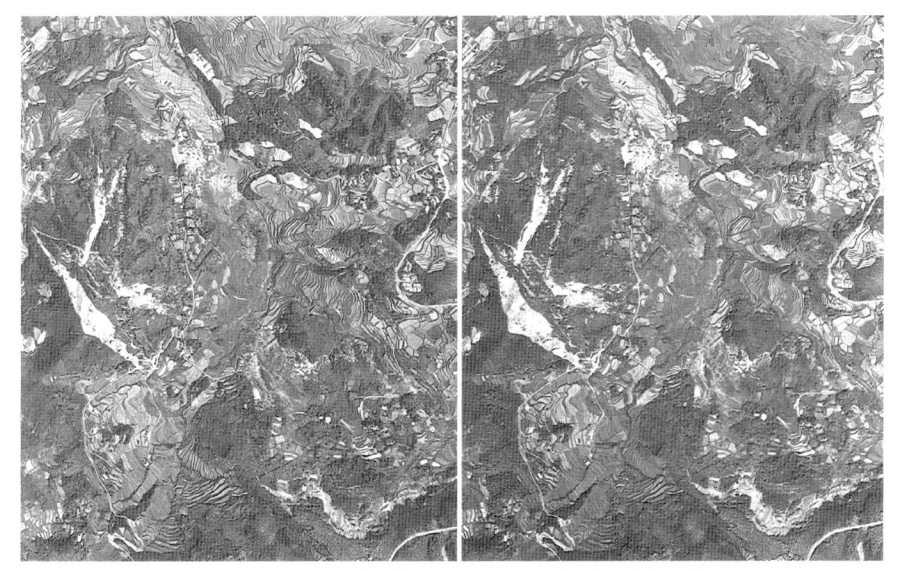

写真 5-40　平山・樽川内地すべり：1965(昭和 40)年の状況

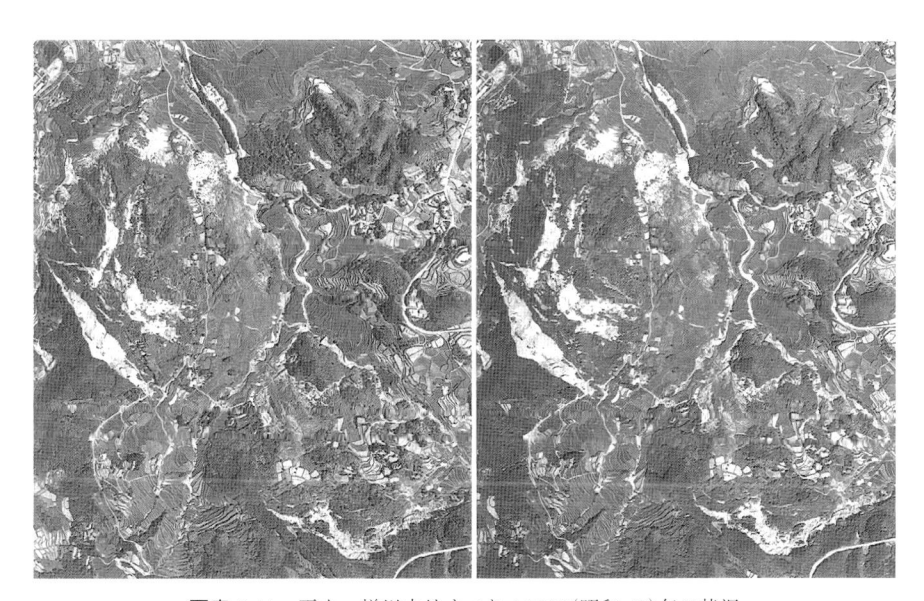

写真 5-41　平山・樽川内地すべり：1967(昭和 42)年の状況

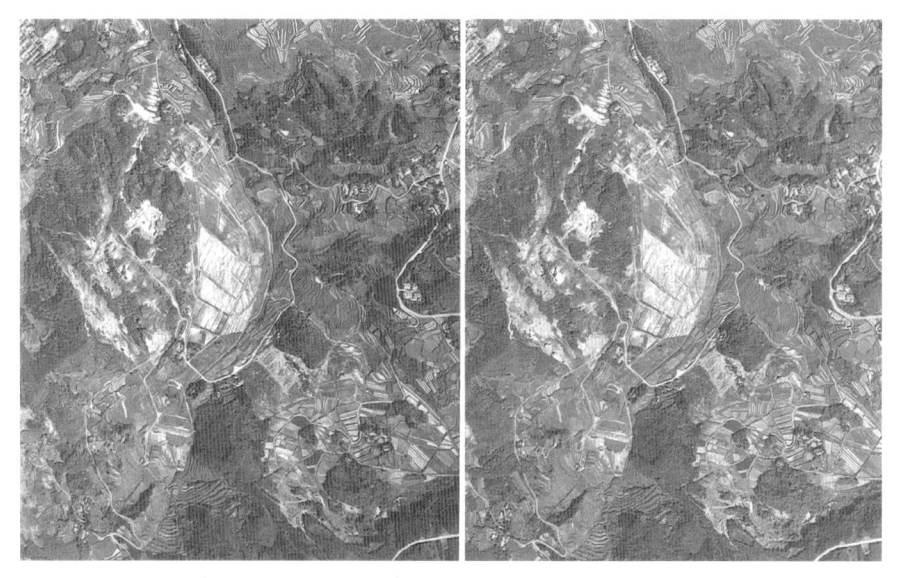

写真 5-42　平山・樽川内地すべり：1975(昭和50)年の状況

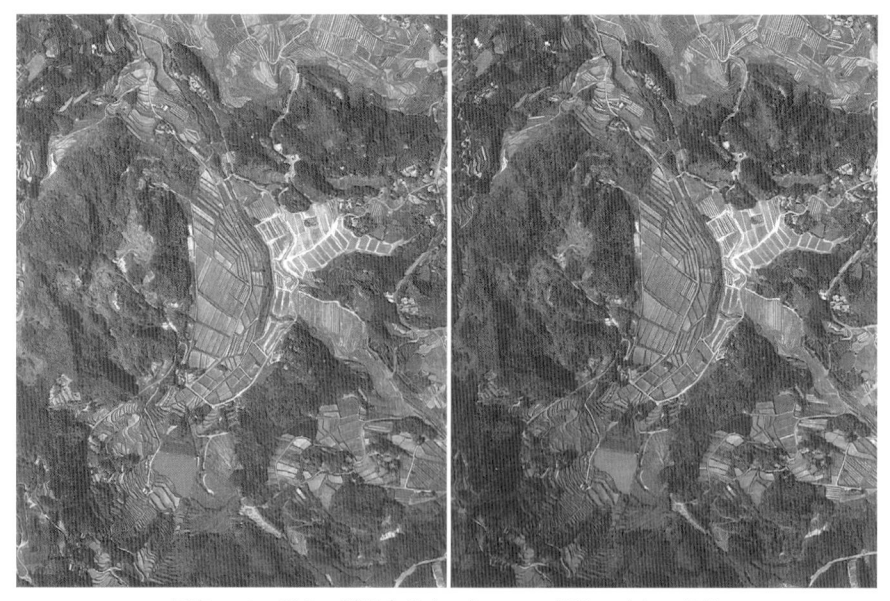

写真 5-43　平山・樽川内地すべり：1985(昭和60)年の状況

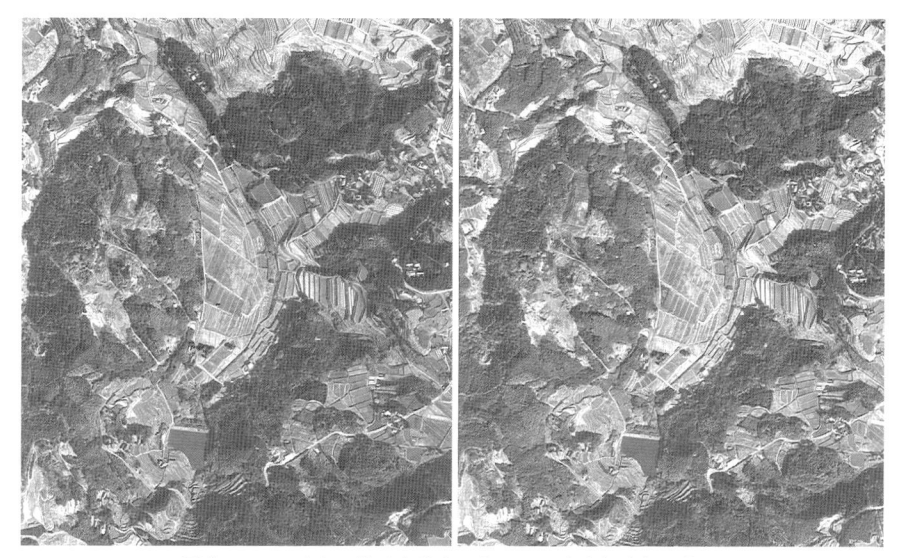

写真 5-44　平山・樽川内地すべり：1997（平成 9）年の状況

（1）平山地すべり

　平山地すべりのすべり面は、佐世保層群世知原層の中央の輪廻層に挟在する炭層（C42）に発している。また樽川内地すべりの場合には、平山地すべりより下位の輪廻層の含炭層である。

　北松地帯の地すべりで特徴的なことは、この地域が佐世保炭田地域で、第二次大戦中や朝鮮戦争の時期に大規模に採炭されたことである。戦後 1950（昭和25）年以降 1960（昭和 35）年頃に活動を始めたものの多くは採炭との関係を否定しえないものがある。文献［安藤ほか（1970）］によると、平山地すべりの場合、前駆・前兆現象が現れたのは 1960（昭和 35）年 11 月頃で、1960（昭和 35）年松浦三尺（C38）炭層の採掘直後である。図 5-13 は、松浦三尺炭層の採掘範囲（採炭期間：昭和 35 ～ 37 年）と平山地すべりの変動域を示している。

　先駆・前兆現象としては、1960（昭和 35）年 11 月頃から山麓部で井戸水の枯渇、湧水の減少が見られ、1961（昭和 36）年 6 月には地すべりの舌端部に亀裂が発生し、水田の一部が隆起・決壊し始めた。1962（昭和 37）年 7、8 月の集中豪雨で高峰川、長谷川に面した山脚部の一部が崩れた。

　写真 5-39 は、その翌月に撮影されている。翌 1963（昭和 38）年 9 月、愛宕山山頂部 p で北西-南東方向に幅 10m で 2 筋の平行亀裂が発生し、地溝状に陥没

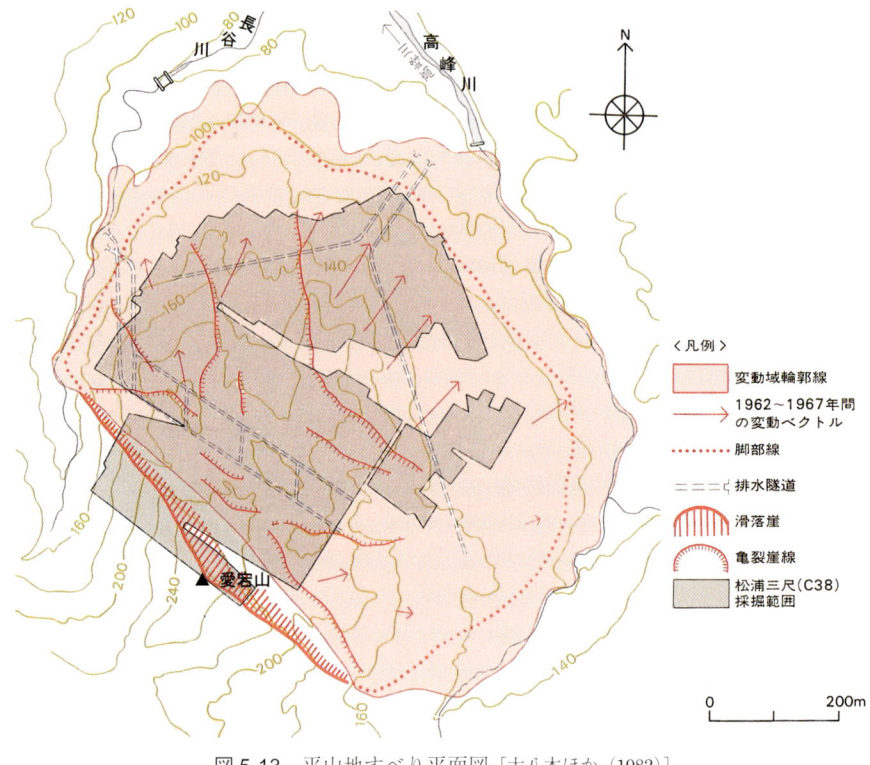

図 5-13　平山地すべり平面図［大八木ほか（1982）］

が始まり、地すべり塊は a 付近を頂点として北西、北東、東の 3 方向に分離して移動した。陥没は翌年 3 月までに見掛け上 36m に達し、南側の亀裂は顕著な滑落崖になった。また、1962（昭和 37）年〜1967（昭和 42）年間の水平移動量は中央部で北東へ最大 110m と計測され、そのうち 100m は 1966（昭和 41）年までに動いた。平均 25m/ 年と大きく移動したことになる。しかし、その後の変動は**写真 5-42** 〜**写真 5-44** に見るように、斜面の崩壊と堆積土砂の再移動が主となった。

　前述の松浦三尺（C38）炭層は、平山地すべりのすべり面（C42）の下位 80 〜 120m の良好な炭層で、1960（昭和 35）年〜 1962（昭和 37）年に採掘された。この採掘により上位地層がたわみ、それに伴って岩盤に亀裂が発生、拡大し地下水が浸透した。先述した井戸水の枯渇、湧水の減少など、1960（昭和 35）年 11 月に現れた初期的兆候はちょうどこの時期である。

(2) 樽川内地すべり

　樽川内地すべり地区は、高峰川、樽川内川に挟まれた階段地形で、渓床から台地まで40〜50mの比高がある。

　文献［国土地理院地理課（1970）］によると。変動は1959（昭和34）年2月に台地南西の畑地に落差3m、延長60mの亀裂が現れ、1960（昭和35）年5月26日、標高280mの山頂尾根筋に落差0.3m、幅20m、延長500mほどの2筋の亀裂が発生し、急激な陥没現象が続いた。その約3カ月後に落差15〜20mを超えるに至って、山腹面は大崩落を生じた。一方、台地には崩落崖錐を含む幅30〜50mにわたる陥没現象が北東側から生じ始め、自然沼が形成されるとともに西から南西に伸びる馬蹄形の陥没現象、水平移動および末端崩壊が生じた。1960（昭和35）年7月から1962（昭和37）年の2年間に30m移動したことがわかっている。写真5-39は1962（昭和37）年の写真で、大きく移動した後の様子を示している。この後、一応安定状態に入ってからの1962（昭和37）年8月〜10月にかけての移動量は3カ月で3.5m程度、1964（昭和39）年10月〜1965（昭和40）年3月の5カ月で2.7mの測定値が得られている。その後空中写真でも読みとれるが、人為による地表の改変も進んでいる。

　すべり面は平山地すべりと同じ世知原層であるが、平山地すべりのすべり面より下位の輪廻層中の含炭部とその上の崩積土の再活動である。

5.3.3　神通川上流外ヶ谷右岸段丘の渓岸侵食

(1) ルーズな地質からなる渓岸の侵食

　渓流に堰堤や床固工等を築設した場合、流れの変化が河床や渓岸を侵食し、その手当が問題となるケースがしばしば見られる。また地下水の流動が渓岸の崩壊や地すべりを誘発する場合もある。特に渓岸が段丘や崩積土堆、崖錐などの二次堆積物であったり、非溶結凝灰岩や軟弱な第三紀堆積岩などルーズな材質あるいは軟弱な地層である場合には、渓床や渓岸の侵食は長く継続し、その規模は大きくなる。ここでは渓流の施設設置と渓岸からの湧水による渓岸侵食との相乗作用として、活発な渓岸侵食が継続してきたと考えられる。神通川上流蒲田川左支外ヶ谷の事例を紹介する。

(2) 蒲田川左支外ヶ谷の河道堆積地形

　外ヶ谷は、北アルプス穂高連峰の西側斜面を西流する流域面積6.2km^2、流路延長3.6kmの荒廃渓流である。その右岸側には1889（明治22）年の大崩壊が見られ、その上半部の崩壊面は、崩壊後120数年を経た今日でも植生が入らぬ

まま残されている。この崩壊面には、**写真 5-45** で見るように珪長質の岩脈が見られる。このときの崩壊土堆は崩壊脚下の外ヶ谷を蒲鉾状に埋め、流水は左岸山脚沿いを V 字型に削り段丘状の堆積地形を示している。この V 字谷の谷壁には、崩壊面に見られる岩脈がそのままの形で残る部分があり、山腹面が乱されることなく滑落したことがうかがえる。古い記録〔神通川水系砂防事務所（2006）〕によれば、このときの崩壊土砂は**図 5-14** のように外ヶ谷を流下して、蒲田川本川を一時堰き止め、その上流に周囲約 4km の池をつくったとされ、このことを考え合わせると、明治の崩壊は、まず崩壊の下半部が土石流となって外ヶ谷を流下し、蒲田川を一時堰き止め、続いて上半部がブロック状に崩れて崩壊脚下の外ヶ谷を蒲鉾状に埋めたものと思われる。

　また、この明治の崩壊のやや上流左岸側で、1954（昭和 28）年に大崩壊が発

写真 5-45　1889（明治 22）年の崩壊とその脚部堆積土堆の崩壊（1962（昭和 37）年撮影）

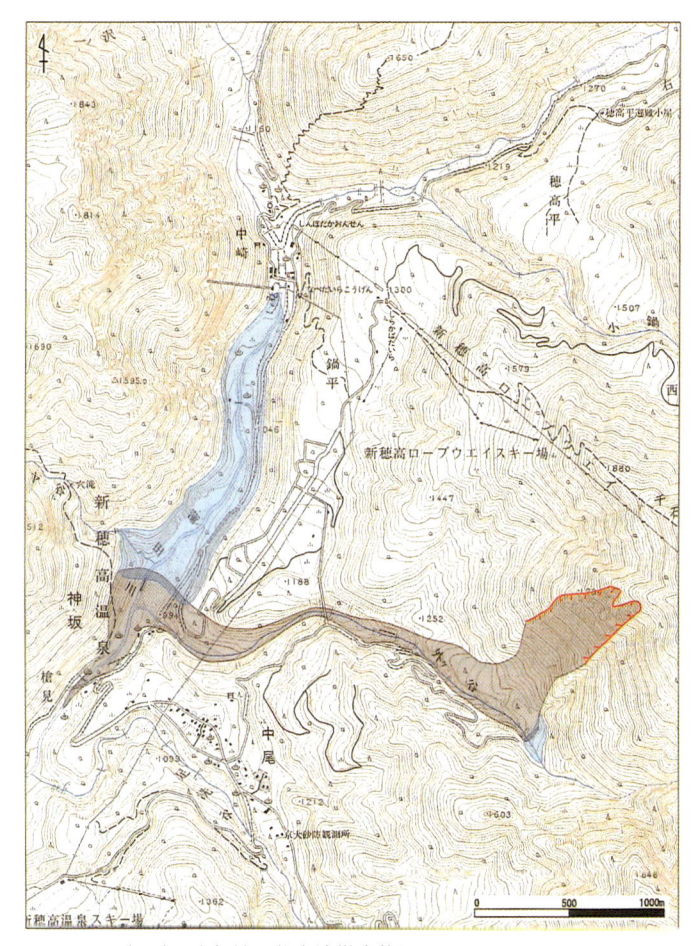

図 5-14　1889(明治 22)年外ヶ谷崩壊災害状況図［神通川水系砂防事務所（2006）］

生し、明治の堆積土堆の上流で河道を堰き止め、池をつくった。この埋塞土砂の一部が翌日土石流となって流下し、子供 3 人が死亡、牛 10 頭が流された。外ヶ谷中流部の現在見られる幅広い谷床は、この 2 回の大規模崩壊の移動土砂が大きく関わっている。ちなみに現国土交通省神通川水系砂防事務所は、1953(昭和 28)年の惨事を契機として翌 1954(昭和 29)年に発足した。

　ここで対象としている河道堆積地形は、ここで取り上げたどの空中写真からも読み取れるが、後出の**写真 5-51** が最も鮮明でわかりやすい。この**写真 5-51** で M、M′ としているのは段丘状の堆積地形で、M は前述した蒲鉾状の部分で

あり、平板状の M′ 部分は上流からの土砂と支川 N 谷から押し出した砂礫との堆積物と考えられる。N 谷は凹型の平底谷で、谷壁斜面の後退が著しく、斜面からの崩土が谷底に残されてきたものと考えられる。この外ヶ谷の南側に接する足洗谷の右支ヒル谷 H が**写真 5-49** で見るように顕著な平底谷であるが、これと同類である。このような現地の状況から M、M′ 部分の渓床、渓岸は二次的堆積物でルーズであり、被侵食性は極めて高いことを示唆している。**写真 5-46** は、外ヶ谷第 5 堰堤下流右岸側の M 部分の渓岸斜面の様子である。

写真 5-46　外ヶ谷 5 号堰堤直下流部右岸斜面の状況

(3) 段丘渓岸からの湧水

1962(昭和37)年当時、外ヶ谷には蒲田川合流点直上流部に最下流の外ヶ谷1号堰堤、その上流に3号堰堤が竣功しており、その上流に5号堰堤が着工されたばかりであった。筆者が5号堰堤の現場に初めて立ったのは、コンクリート打設日の前日であった。このとき5号堰堤から3号堰堤にかけての右岸渓岸の数カ所から、トータルで200～300 ℓ/sec という極めて多量の湧水が噴出していた。この湧水が渓岸で崩壊を引き起こすことを懸念し、さしあたり5号堰堤箇所の湧水を堤体部分から下流に逃がす手立てとともに、地下水追跡調査を行った。**図5-15**は、湧水箇所と湧水の水比抵抗値を示している。このあたりのことは、**第7章**に述べている。

1962(昭和37)年当時、3号堰堤と5号堰堤の間は無施設で、私が離任した後、4号堰堤（昭和48～50年）、4号下流堰堤（昭和51～52年）が築設され、さらに1982～83(昭和57～58)年に4号堰堤と4号下流堰堤との間の右岸側に外ヶ谷護岸が施工された。この護岸工は、懸念した段丘渓岸に発生した渓岸崩壊に対処したものである。**図5-16**は上記施設の配置図である。**図5-15**と見比べると、外ヶ谷護岸工は、その施工位置が水比抵抗値5,000～6,000Ω-cmで、遠方から流下してくる地下水の集中する箇所、図中楕円で囲った箇所とほぼ一致している。両者の間に関連があるのか、あるとすればどのような関連があるのであろうか。

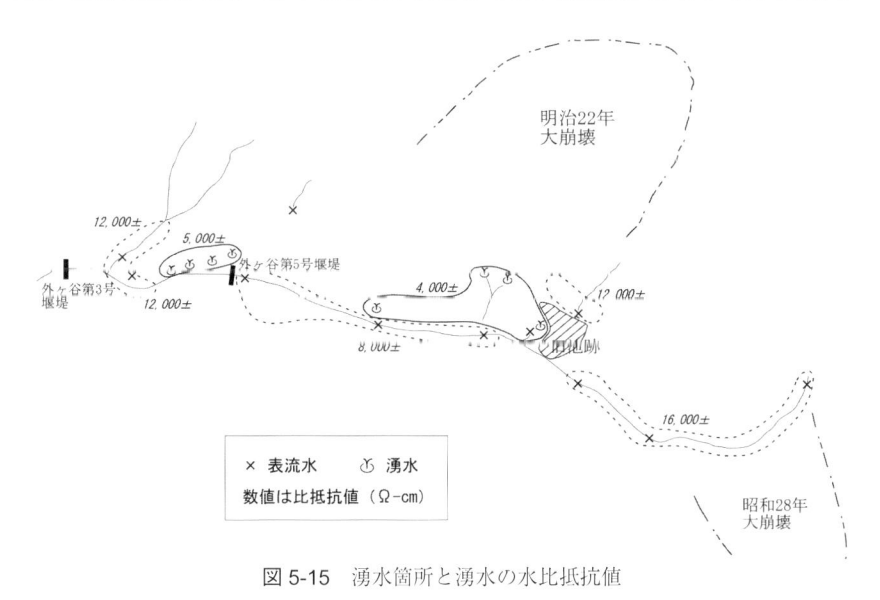

図5-15　湧水箇所と湧水の水比抵抗値

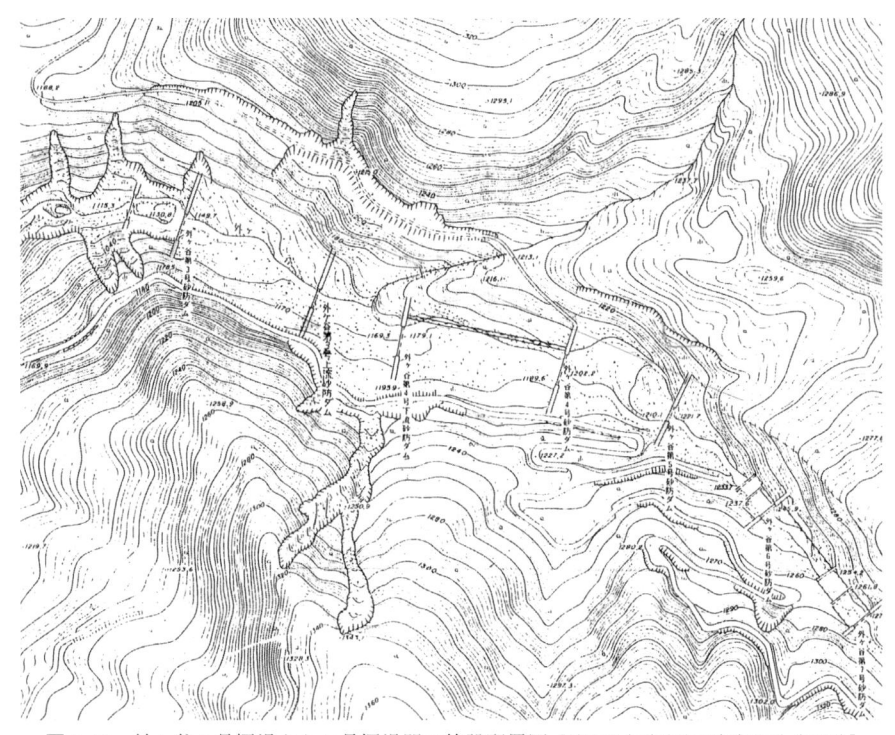

図 5-16　外ヶ谷 3 号堰堤から 5 号堰堤間の施設配置図〔神通川水系砂防工事事務所（0000）〕

(4) 段丘の渓岸侵食の推移

次に、空中写真によって、1947(昭和 22)年からほぼ 50 年間の外ヶ谷中流部の渓岸の変化を追ってみる。取り上げた空中写真は**表 5-6** のとおりで、昭和 22 年撮影の米軍写真から 1995(平成 7)年撮影の写真までほぼ 10 年間隔 6 時期のものである。なお、この表には各撮影時の間に竣功した施設も記している。

ここで紹介する写真はいずれも縮尺 1/15,000 〜 1/20,000 程度であるから、写真上で 1mm が現地の 15 〜 20m に相当する。このことを考慮すると、外ヶ谷の渓岸斜面の変動が極めて大きいことがわかる。同時に、これらの写真からは詳細な量的変化は捉えられず、大雑把に地形変化の傾向をうかがうことになる。今後はレーザープロファイラー図を利用することによって、飛躍的に詳細な情報を捉えることが可能となる。

まず、**写真 5-47** で見る 1889(明治 22)年の崩壊 F_1 は外ヶ谷を一時埋塞したが、対岸山脚部で崩積土堆を下刻する形で水路が次第に成長し、崩積土堆が洗

表 5-6 判読した空中写真と撮影時期間の竣功工事
（神通川水系砂防工事事務所管内図）

	撮影年月日	整理番号	写真番号	およその縮尺	撮影時期間の工事		
					堰堤名	工事期間	災害復旧工事対象
写真5-47	昭和22(1947)年8月13日	米軍M407	26〜28	1/50,000			
					外ヶ谷1号	昭和29.5〜31.3	
					外ヶ谷3号	昭和31.5〜34.9	
写真5-48(1)	昭和33(1958)年10月17日	林野庁山100（穂高岳）	C18A-1〜3	1/15,000			
写真5-48(2)	昭和33(1958)年10月17日	林野庁山100（穂高岳）	C18A-3〜4	1/15,000			
					外ヶ谷5号	昭和37.6〜38.11	
					外ヶ谷3号(災)	昭和40.10〜41.8	副ダム、水叩き
写真5-49	昭和42(1967)年10月9日	林野庁山499（飛騨高山）	C11-27〜29	1/20,000			
					外ヶ谷7号	昭和41.8〜43.10	
					外ヶ谷1号副ダム	昭和43.6〜43.11	
					外ヶ谷8号	昭和44.6〜45.11	
					外ヶ谷10号	昭和46.6〜52.9	
					外ヶ谷4号	昭和48.7〜50.9	
					外ヶ谷5号(災)	昭和50.5〜50.9	本ダム腹付、護岸工
					外ヶ谷8号(災)	昭和51.6〜51.9	副ダム腹付、護岸工
					外ヶ谷4号下流	昭和51.6〜52.11	
写真5-50	昭和53(1978)年8月25日	林野庁山839（第2黒部穂高）	C32-7〜9	1/20,000			〔昭和54.8洞谷災害〕
					外ヶ谷6号	昭和53.6〜54.11	
					外ヶ谷9号	昭和54.7〜56.8	
					外ヶ谷7号(災)	昭和54.10〜55.1	副ダム腹付、護岸、護床工
					外ヶ谷10号(災)	昭和55.5〜55.10	副ダム腹付、護床工
					外ヶ谷8号(災)	昭和55.7〜55.11	護岸工、間詰
					外ヶ谷4号(災)	昭和56.9〜57.8	本ダム腹付、護岸、護床工
					外ヶ谷2号	昭和57.6〜59.11	
					外ヶ谷護岸	昭和57.8〜58.10	
					外ヶ谷3号上流	昭和59.7〜60.11	
					外ヶ谷7号上流	昭和60.5〜62.7	
					外ヶ谷2号上流	昭和62.9〜平成1.0	
写真5-51	昭和63(1988)年10月11日	林野庁88-35（第5黒部穂高）	C30-13〜15	1/16,000			
					外ヶ谷11号	平成2.7〜16.11	
写真5-52	平成7(1995)年10月13日	林野庁95-31（第7御岳山）	C10-15〜17	1/16,000			
					外ヶ谷12号	平成8.5〜13.12	

写真 5-47　1947(昭和 22)年当時の外ヶ谷

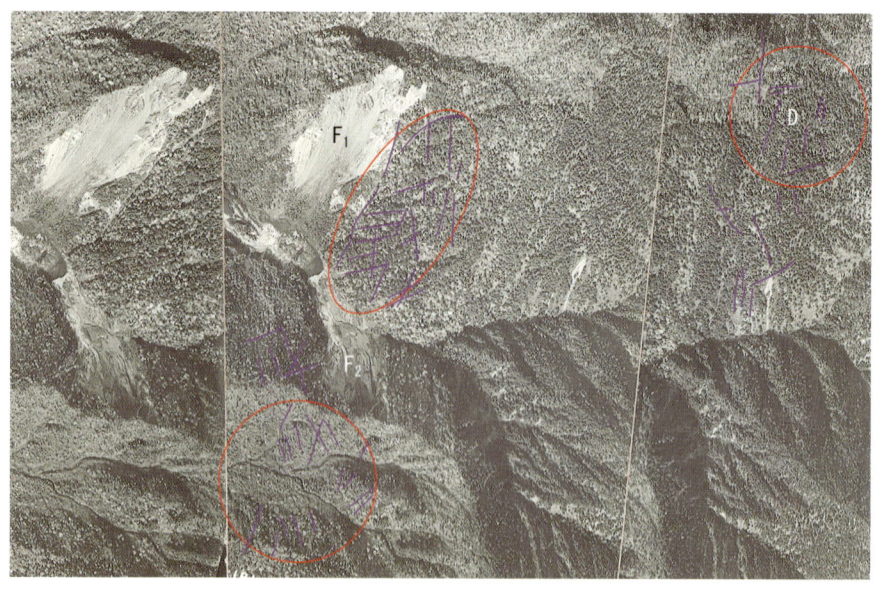

写真 5-48(1)　1958(昭和 33)年：外ヶ谷左岸崩壊 5 年後の状況 中・上流部

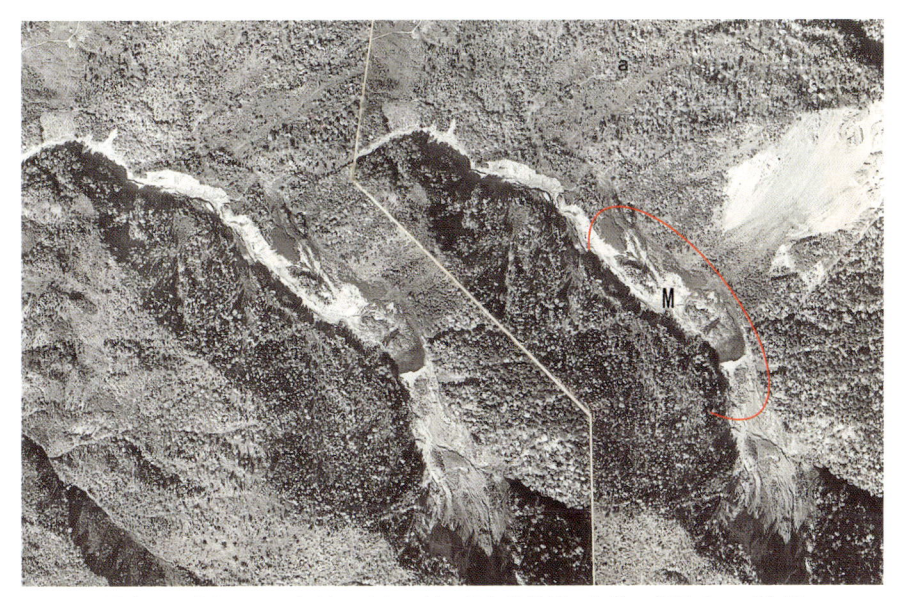

第5章 規模からみた土砂移動のタイプ 171

写真 5-48(2)　1958(昭和33)年：外ヶ谷左岸崩壊5年後の状況 中・下流部

写真 5-49　1967(昭和42)年：外ヶ谷5号堰堤築設4年後の河道状況

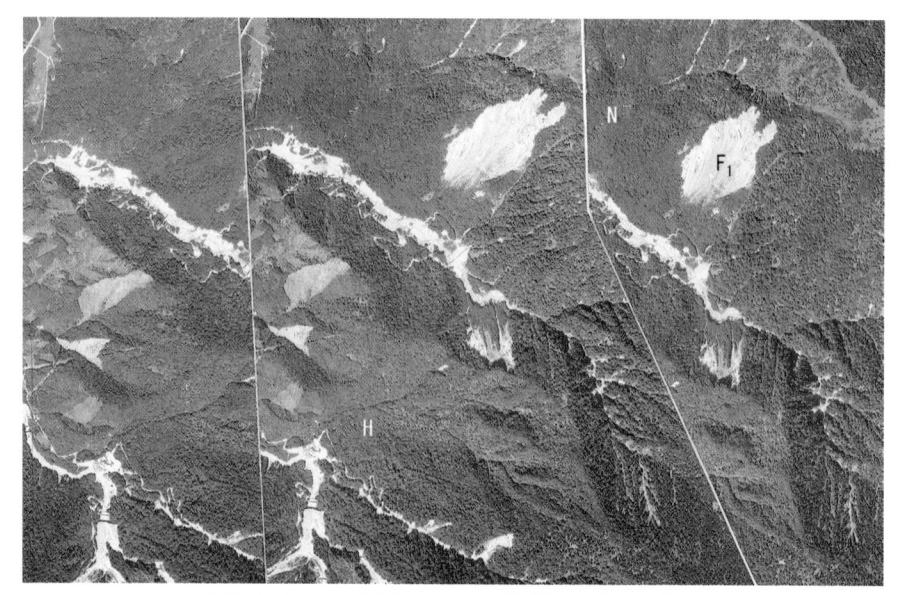

写真 5-50　1978(昭和 53)年：洞谷災害の前年の状況

写真 5-51　1988(昭和 63)年：外ヶ谷 1 号堰堤から外ヶ谷 10 号堰堤までの施設が入った状況
　　　　（足洗谷黒谷の大崩壊が 1947(昭和 22)年当時とほとんど変わらない状態で見られる）

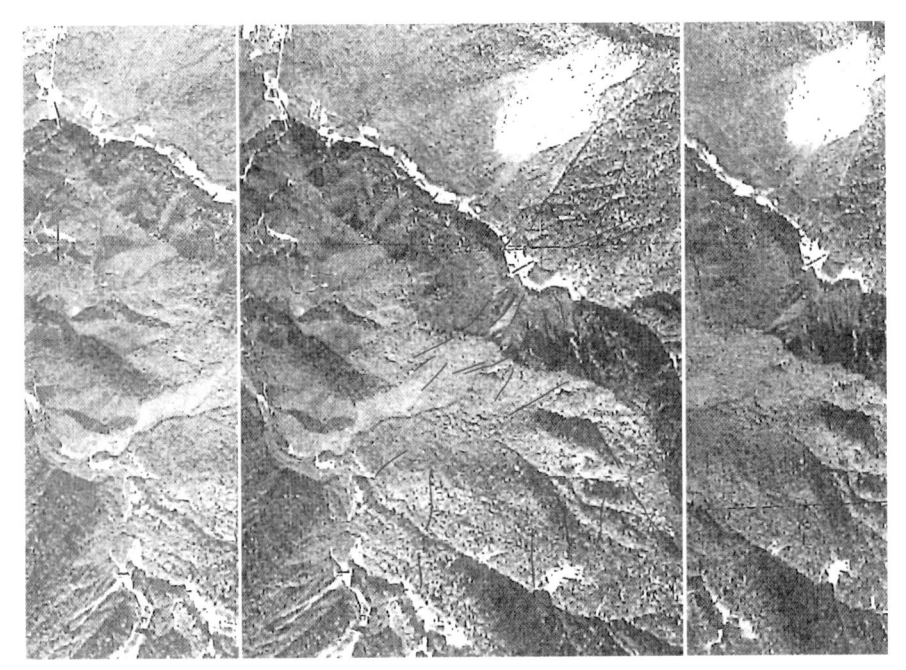

写真 5-52　1995(平成 7)年の状況
(植生が侵入した様子がみえる)

掘され V 字谷を形成した。米軍写真からは、明治 22 年から昭和 22 年まではアクシデンタルな土砂移動現象はなかったようにみえる。しかし、1953(昭和 28)年の左岸側の崩壊 F_2 によって、**写真 5-48**(2)の楕円内に見るように河状は大きく変化した。埋積土堆が谷を閉塞し、崩土は M 堆積の上流末端部に乗り上げ、池をつくった。この閉塞土堆がやがて切れ、明治の埋積土堆の脚部を侵食し、それにつれて M 堆積の下流部あたりまで河道は乱れた。

昭和 28 年の崩壊は、事前に危険箇所として予告できたように思われる。まず、**写真 5-47** の赤マルで示した F_2 地点は、南北方向と東西方向のリニアメント(写真上紫線、以下同)が走り、その南の稜線に近く東西方向に走る短小なリニアメントは、段落ちの様子を示しており、恐らく近い過去にずり落ちずに引っ掛かっているようにみえる。この下位の部分は中高で、いかにも不安定である。事前に A ランクの危険箇所として拾うことができた箇所である。

写真 5-49 は、既設の外ヶ谷 1 号堰堤、3 号堰堤の上流に 5 号堰堤が築設された時期のもので、3 号、5 号堰堤間の右岸側のえぐれ方が 9 年前の**写真 5-48**

(2)と比べて激しいことがわかる。図 5-17 は 1962(昭和 37)年に作成されたものであるが、図からは写真で見られるような深いえぐれは読み取れない。また、私も昭和 37、38 年当時何度も現地を見ているが、この写真で見るようなえぐれ方の印象はない。1964(昭和 39)年から 1967(昭和 42)年の間に侵食が進んだのであろうか。また写真上、1号、3号間はほとんど変化はないが、1号堰堤の堆砂は、恐らくこの右岸の侵食土砂によるものではないだろうか。

写真 5-50 は、写真 5-49 より 11 年後の 1978(昭和 53)年当時の様子を示している。この間には、表 5-6 で見るように 5 基の堰堤と副堰堤 1 基が築設された。1971(昭和 46)年から 1977(昭和 52)年にかけて 5 基中の 1 基、10 号堰堤が随分上流に施工されたが、恐らくその工事用道路の影響と考えられる斜面の乱れが見られる。しかし、これも 10 年後の 1988(昭和 63)年にはほとんど復旧している。

写真 5-51 は、昭和 63 年当時の状況で、外ヶ谷 10 号堰堤まですべての施設が入っている。3 号上流堰堤から上流ほとんどすべての堰堤工について、右岸

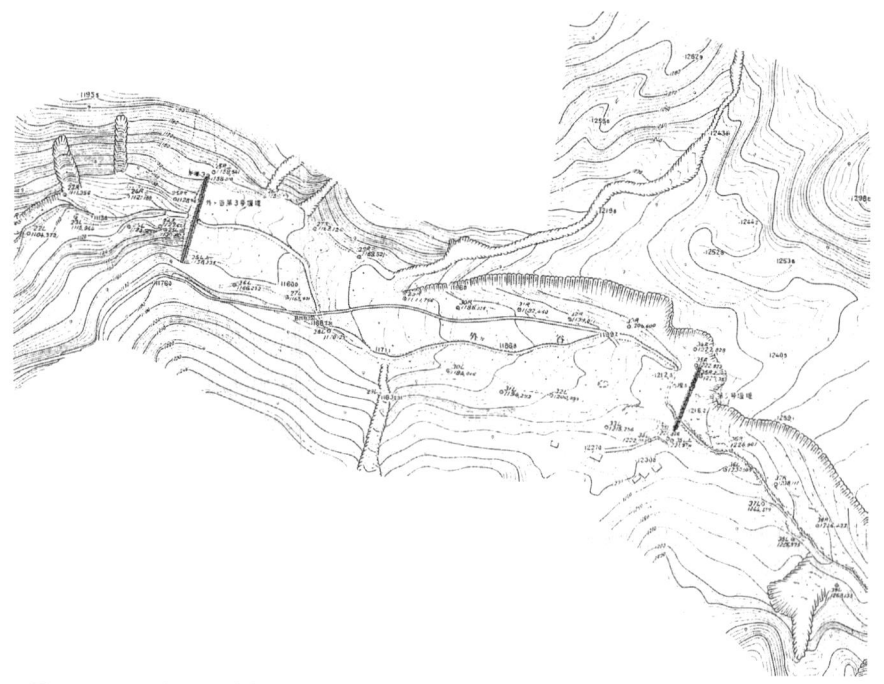

図 5-17　1962(昭和 37)年当時 5 号堰堤工事中の地形図〔神通川水系砂防工事事務所 (1962)〕

側斜面が大きく崩れていて、ほとんどの堰堤の袖部が浮いて見える。この傾向は、袖部がルーズな二次堆積物であるという地質条件から今後も変わることはないであろう。

写真 5-52 は、1995(平成 7)年の状況である。河谷全体に植生が進入し始め、安定に向かっていると見える。湧水についての情報は得ていないので、湧水の有無や湧水に影響された谷壁の挙動はわからないが、写真で見る限り半世紀にわたって右岸側谷壁斜面は裸地であり、下刻が著しいこともあって谷斜面の侵食傾向は続くであろう。また、基盤そのものは、次項に述べるように荒廃性が高いので、この点も注意しなければならない。

(5) 外ヶ谷流域の荒廃特性

写真や図で見られるように、外ヶ谷中流部では特に右岸渓岸のルーズな地質条件の中で、短区間に稠密に横工が造られている。その背景は、当然のことながら流域の著しい荒廃性に由来する。この荒廃性は微地形によく表現されている。以下に気づいた点を簡単に紹介する。

① まず、外ヶ谷は山間部のしかも小渓流であるにもかかわらず、中流部は規模の大きな埋積谷で、しかも特徴のある段丘を持っている。この段丘の形成要因は大規模崩壊であることが空中写真に現れた微地形からうかがうことができ、またこの段丘の変化が激しいことも写真から読み取れる。

② いくつかの特徴的な微地形の一つとして、饅頭笠型の山稜が見られる。私がここで饅頭笠型山稜というのは、明治から大正にかけて人力車夫がかぶった饅頭笠に似た円型のなだらかな山稜をいう。この型の山稜は基岩が発達した節理系によって破砕され、長時間の間に物理的・化学的風化が進んで、このような、なだらかな山稜になっている場合に見られるようである。**写真 5-47** の C が楕円形の饅頭笠型山稜、**写真 5-48(1)** の D が円型の典型的な饅頭笠型山稜である。

③ 次に谷系、稜線のパターンに**写真 5-48(1)**の左側の赤丸内で見るように、ある直線あるいは直線群を境にして左右で谷系、稜線のパターンに不連続が見られる場合があることである。このような場合、この直線が断層あるいは断層破砕帯であることを示唆している。ここでは東から伸びてきた稜線がここで切られ、下流は低平、広濶な凹型谷底に変わっている。**5.2.2 (2)**項の大西山での事例と軌を一にしている。

④ **写真 5-50** で見るように、N 谷は崩壊 F_1 を北側から包み込むように流下

し、下流で幅広い埋積谷となっている。谷頭、谷斜面の後退が著しく、斜面からの崩土が谷底に残されたものである。この外ヶ谷の南側に接する足洗谷のヒル谷H（**写真 5-49**）が顕著な平底谷であるが、N谷はこれと同類である。基盤地質の脆弱性を示唆している。

⑤　流域にはリニアメントにいくつかのパターンが見られる。その一つは、**写真 5-47**その他で明治の崩壊 F_1 の東側の山腹斜面に南北方向に比較的明瞭に見られる2〜3本のリニアメントで、その南方への延長は昭和の崩壊箇所から足洗谷流域のヒル谷上流部を通り、さらに黒谷上流へと断続している（**写真 5-52** 参照）。そのうちのあるものはかなり明瞭で、恐らく断層ではなかろうか。次は**写真 5-48(1)**で大きく楕円で囲った箇所に見られるもので、F_1 崩壊の東側から南側にかけて東西方向に細かいが密に分布するリニアメントである。このリニアメントは F_1 崩壊前、この箇所にも見られたと想像される。③で述べた饅頭笠型山稜にもリニアメントが認められる、Cでは、**写真 5-47** で見られるように北東–南西方向の短いが明瞭なリニアメント4〜5本、Dでは、**写真 5-48(1)**で見られるようにやや北に傾いた東西方向、やや北東に傾いた南北方向のリニアメントである。C、Dとも地表面の地形が乱れていてかなりルーズな状態にあることが想像される。

⑥　**写真 5-51**では1889（明治22）年、1953（昭和28）年の崩壊のほか、足洗谷左支黒谷の大崩壊が見える。これらの崩壊は前述したリニアメント（F_1 の東側から黒谷に至る断続的なリニアメント）の方向、わずかに北北東–南南西方向に傾いた南北方向に並んでいる。蒲田川左岸の外ヶ谷流域、足洗谷流域下流部のこの一帯は非常に揉まれていて、断層破砕帯の様相を呈している。

⑦　1953（昭和28）年の崩壊は左岸斜面に発生している。**写真 5-52** に見られるように、この崩壊跡斜面と同類の崩壊跡地形が左岸斜面に2カ所（G、J）見られる。これらの跡地の脚部のほか、渓岸沿いに崩積残土、崩積土堆が並んでいて、次期豪雨、次期地震時の崩壊候補箇所となっている。外ヶ谷本川の下刻も著しく進んでいるので、注意しておかなければならない。

以上のように、現在の微地形から外ヶ谷が構造運動の影響を受けた脆弱な流域であることがわかる。恐らく外ヶ谷の北側の小鍋谷や、南側の足洗谷も基盤

の状況は外ヶ谷と同様で、かなり揉まれているはずである。しかし小鍋谷は、谷筋を中心に基盤地形の上を寒冷な気候条件に由来する岩屑が被い、足洗谷ではその上流部は火山噴出物が載っていて、現在の地形からは外ヶ谷のようには構造性荒廃の徴候を示す微地形が見られない。しかし、豪雨や地震のような大きな営力に遭遇した場合には、大きな土砂移動現象を起こすような反応を示すかもしれない。

5.3.4 神通川上流平湯川右支白谷の荒廃特性

　ここでは一個の崩壊規模からみた大規模崩壊事例ではなく、谷として絶えず巨量の土砂を流出する柿徳市先生の提唱された活動性河川の一例として白谷をとりあげた。活動性河川の典型的な例として、先生は桜島の野尻川、富士山の大沢川をあげておられたが、ここでは岐阜県平湯川筋白谷山火山の活動的な土砂生産源の荒廃特性をみることにする。

　平湯川右支白谷は、神通川水系管内でも特に荒廃の著しい渓流である。白谷の源流部は、右岸側が白谷山火山円頂丘、左岸側がアカンダナ山火山円頂丘である。白谷山火山円頂丘溶岩は、塊状もしくは柱状節理の発達する部分とクリンカー状（溶鉱炉の中にできる金くそ状）の部分からなり、後者の占める割合が大きい［藤井ほか（1993）］。白谷山火山は旧期火山に属し、時間経過が長い（90,000年前から39,000年前まで）。これに対し、左岸側のアカンダナ山火山は活動年代が9,000年以降で、白谷山火山よりはるかに新しい。山頂部では、現在活動していないが1995（平成7）年には赤怒谷で水蒸気爆発が発生しており、2003（平成15）年に活火山に認定された。以下に、空中写真判読によって流域の荒廃特性を考察する。

　判読した写真は**表 5-7** のとおりで、**図 5-18** は、白谷山火山、アカンダナ山

表 5-7　判読対象とした空中写真

検討箇所		整理番号	写真番号	およその縮尺	撮影年月日
写真 5-53	神通川上流平湯川右支白谷	林野庁 88 - 35 ［第5黒部穂高］	C32A - 4・5・6	1/16,000	1988（S63）年 10月14日
写真 5-54		林野庁 08 - 25 ［第3穂高岳］	C13A - 6・7・8	1/16,000	2008（H20）年 9月12日
写真 5-55		林野庁 88 - 35 ［第5黒部穂高］	C32A - 5・6	1/16,000	1988（S63）年 10月14日

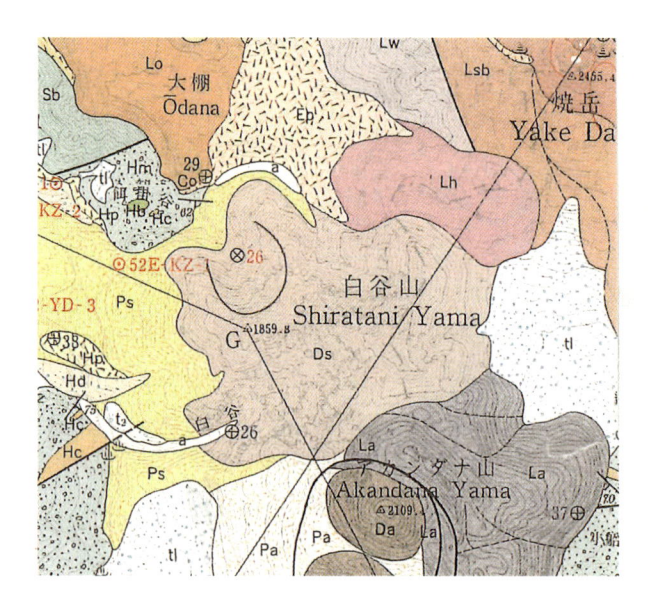

凡例		
河川堆積物 Fluvial deposits	a	礫・砂及びシルト Gravel, sand and silt
崖錐及び小扇状地堆積物 Talus and small fan deposits	tl, tl'	礫・砂及びシルト（一部堰止湖堆積物を含む）(tl'；焼岳東山麓の土石流堆積物) Gravel, sand and silt (with dammed lake deposit)(tl'; Debris flow deposit in the eastern foot of Mt. Yakedake)
一ノ重ヶ根土石流堆積物 Hitoegane Debris Flow Deposit	Hd	火山岩塊・礫・砂及びシルト Block, gravel, sand and silt
平湯川火砕流堆積物 Hirayugawa Pyroclastic Flow Deposit	Hp	輝石角閃石安山岩火砕物(byh A) Pyroxene-hornblende andesite pyroclasts
段丘堆積物 II Terrace deposits II	t₂	礫・砂及びシルト Gravel, sand and silt
アカンダナ火山 Akandana Volcano / 円頂丘溶岩 Dome lava	Da	角閃石輝石デイサイト(qba, hy D) Hornblende-pyroxene dacite
外輪山溶岩 Somma lava	La	角閃石輝石デイサイト(qba, hy D) Hornblende-pyroxene dacite
火砕岩類 Pyroclastic rocks	Pa	角閃石輝石デイサイト－安山岩火砕物(溶岩を挟む)(abhy A·D) Hornblende-pyroxene dacite to andesite pyroclasts (intercalated with lava)
白谷山火山 Shirataniyama Volcano / 火砕岩類 Pyroclastic rocks	Ps	輝石角閃石安山岩－デイサイト火砕物(byh A·D) Pyroxene-hornblende andesite to dacite pyroclasts
円頂丘溶岩 Dome lava	Ds	輝石角閃石安山岩－デイサイト(qa, byh A·D) Pyroxene-hornblende andesite to dacite

図 5-18 白谷山火山、アカンダナ山火山周辺の地質図（抜粋）
［通商産業省工業技術院地質調査所監修（1991）］

火山周辺の地質図である。

白谷流域は、写真に見られる斜面の荒廃性の相違から図 5-19 のように六つの区域に分けた。

① 白谷山円頂丘を開析する D 谷
② アカンダナ山円頂丘を開析する E 谷
③ D 谷、E 谷合流点とその周辺
④ ③の合流点直下流右岸側の崩壊斜面 F
⑤ F 斜面対岸の崩壊跡斜面 G
⑥ その他

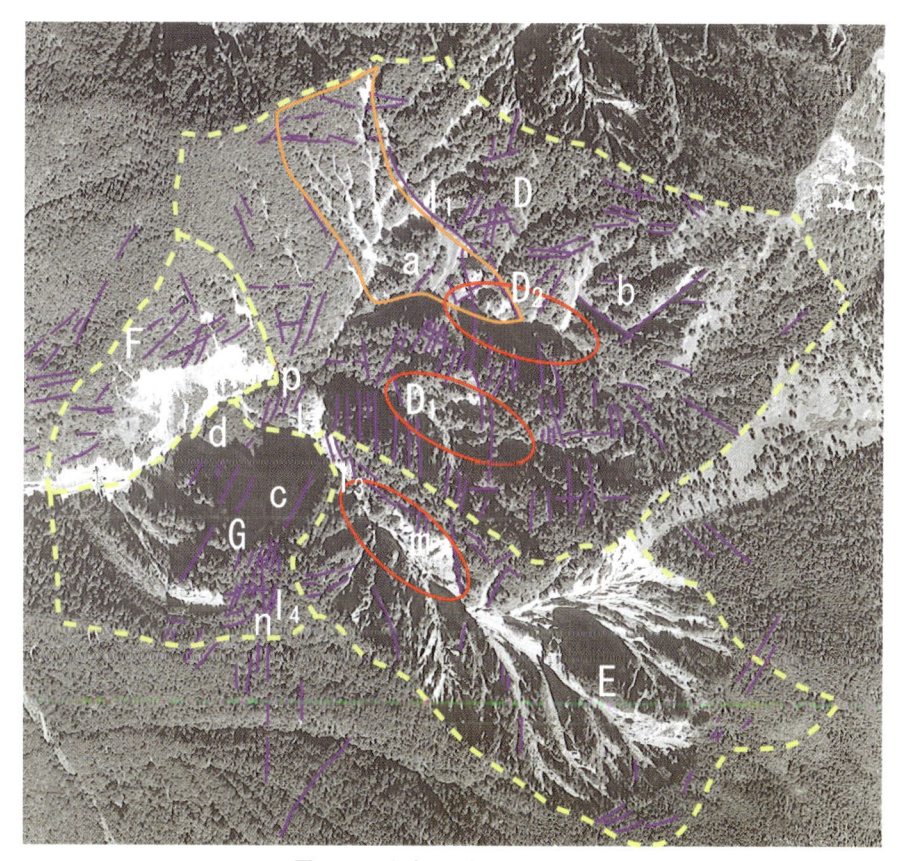

図 5-19 流域区分とリニアメント
位置　　　岐阜県高山市奥飛騨温泉郷一重ヶ根
写真番号　林野庁 88-35（第 5 黒部穂高）C32A-5
撮影年月日　1988（昭和 63）年 10 月 14 日

白谷全域を通じていえることは、リニアメント（写真上紫線、以下同）が全域に顕著に見られることである。特に明瞭なものがD流域内、崩壊跡斜面Gとその周辺、細くて密に分布する箇所がEの崩壊頭部の背後の斜面、F崩壊の左右斜面などである（図5-19参照）。

　これらのリニアメントの方向は、主なものは北北東-南南西方向、北西-南東方向であるが、そのほか東西方向にも短小なリニアメントが走っており、流域内に断裂系が発達していることを示している。これが流域の荒廃を招いているものと思われる。

① **D谷**：図5-19で見られるように、D流域の中にS字を引き伸ばした形で南北に縦断する明瞭なリニアメントl_1が見られる。このリニアメントが支谷D_1、D_2を切るあたりの谷斜面は、**写真5-53**および**写真5-54**で見るように1988(昭和63)年と2008(平成20)年の2時期間に大きく変動し、両谷の谷壁斜面が極めてルーズであることを示唆している。また、このリニアメントの西側、aでくくった範囲では、断裂系によって稜線が横断方向に刻まれ乱れている。l_1の東側、bで示した箇所も谷が直角に折れていて、そのパターンが断裂系の方向性を示している。これからD流域全体が物理的、化学的に風化した節理系によってかなり揉まれていることがうかがえる。さらに小規模の崩壊も密に見られるが、今後も降雨ごとに中・小規

写真5-53　1988(昭和63)年当時の白谷の荒廃状況
(参考のため北側餌掛谷上流域を含んでいる)

模の土砂移動が間断なく続くことが予想される。

　さらに a 内の細分されたブロックは、どの一つをとっても相当の規模であり、これが一つでも動くと $10^3 \sim 10^4\,\mathrm{m}^3$ オーダーの土砂移動現象となる。留意すべきである。

　なお、リニアメント l_1 の左右で地形が西側に段落ちしているようにみえることから、恐らく l_1 は断層ではなかろうか。

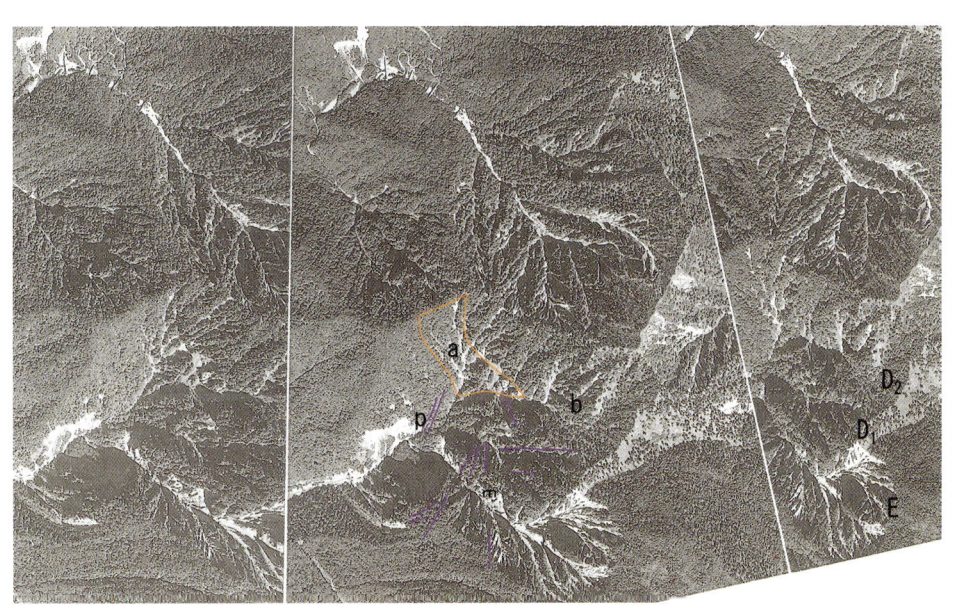

写真 5-54　2008(平成 20)年当時の白谷の状況（餌掛谷上流域を含む）

② E 谷：2 時期の写真から判断すると E 谷は谷筋に植生は見られず、新鮮な裸岩斜面である。谷全体が極めて活動的で、過去からかなりの規模の土砂移動が継続してきたことがうかがえる。

　今後も土砂生産、土砂移動が活発に継続するであろうと推測される。下流に近く右岸側に土柱の頭のように見える複数の岩塊 m は 20 年の間にかなり削られているし、今後の崩壊のポテンシャルが高い。一つひとつのブロックは D 谷 a 内のブロック同様規模が大きいので、これらの崩壊の可能性について詳細な観察、監視が必要である。**写真 5-55** に E 谷、D_1 谷、D_2 谷の乱れた斜面の状況を示した。

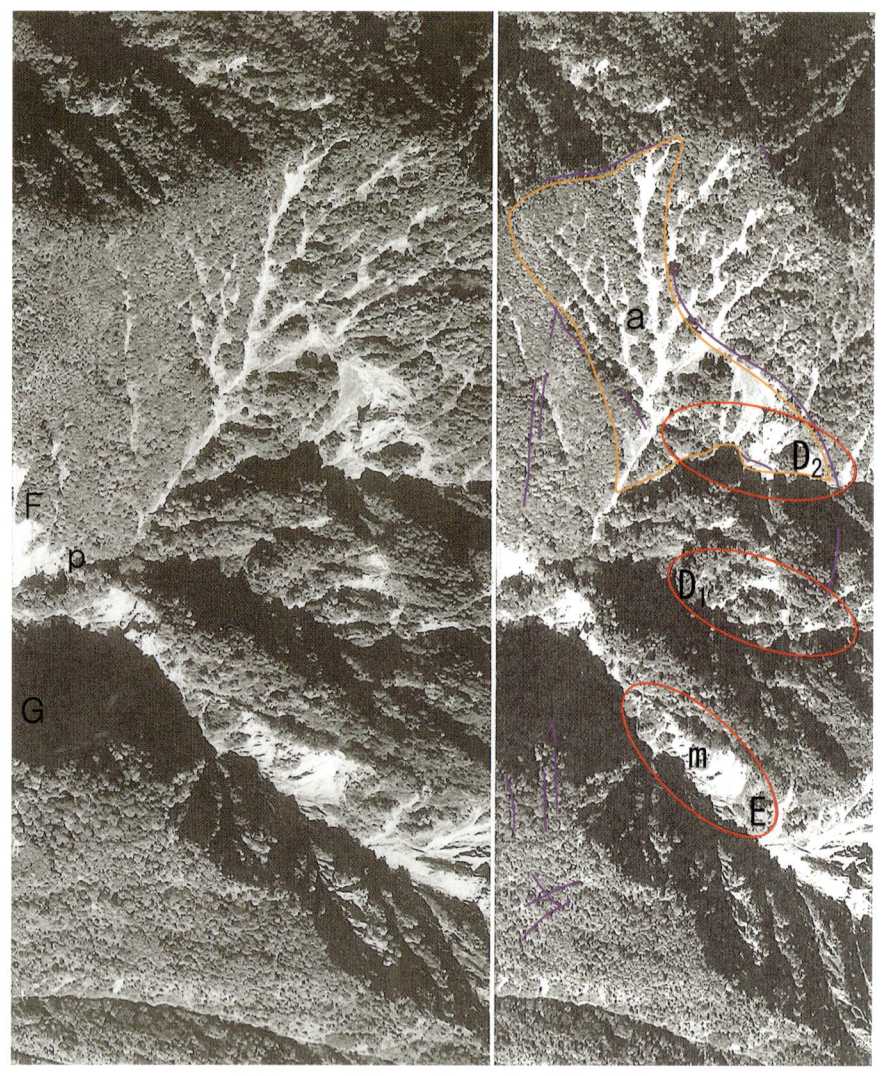

写真 5-55 E 谷、D_1 谷、D_2 谷の谷壁の状況
（図 5-19 中の赤楕円部分を入れている）

③ D 谷、E 谷合流点：D 谷には、E 谷との合流点直上部に滝状の遷急点 p が見られる。E 谷はこの点の南側を下刻して本川に合流している。D 谷は、この遷急点が堅硬な岩となっているのであろうか。この滝位置の南側 E 谷（下流部の右岸側渓岸）には北北西−南南東方向の明瞭な 2 ～ 3 本の

リニアメント l_2、l_3 など（これらは恐らく節理系と思われる）が見られる。この滝は写真からはわからないが、このうちどれかの節理系の一部になるのかもしれない。

　この滝が後退するようなことがあれば、白谷の侵食は大規模に進行するであろう。滝の後退を抑制するような方策が早急に必要である。

④　白谷右岸側の F 斜面内の崩壊：右岸側の崩壊は、2 時期の写真で見る限り平面的な広がりに大きな変化は見られない。しかし、崩壊脚下の渓床の侵食は 20 年の間にかなり進行している。渓床の下刻は崩壊の拡大、対岸 G 中の崩積土堆 d の侵食を促進するであろうから、渓床の侵食抑制が早急に望まれる。渓岸の崩壊が起こるとすれば、その規模は大きなものとなろう。また、崩壊の左右斜面にリニアメントが見られる。崩壊は、このリニアメントの帯の中で発生したと考えられる。

⑤　崩壊跡斜面 G：図中 G で囲った斜面には、比較的新しい崩壊跡地形 c とこの崩壊の崩積土堆 d が見られる。さらに、その崩壊頭部上流稜線近くには南西方向に断層と思われる明瞭なリニアメント l_4 が見られ、さらに崩壊頭部外縁の緩斜面に現在の崩壊地を取り巻くように馬蹄型のリニアメントも見られる。このことから、G 斜面も危険度の高い斜面である。またこの崩壊跡地形の西側の斜面も、北東－南西方向の断裂系に沿うと思われる 2～3 段の段落ち地形が見られ、地質的に脆弱であることを示している。

⑥　その他：残流域（F、G 域より下流）も決して安心できない。しかし、①～⑤の活動的な要素からみれば、経過観察というところか。

以上見てくると、流域全体が潜在的にも顕在的にも荒廃性が著しいことがわかる。特に不安定な状態にあるのが E 谷右岸側谷壁と D_1 谷、D_2 谷の谷壁で、いずれも崩壊危険度からは超 A 級といえる。**写真 5-55** において赤楕円で囲った箇所である。崩壊規模は、それらのどこが崩れても恐らく 10^4 m^3 となろう。空中写真を判読して崩壊の危険性の高い地点とその地点での規模を予測し、土砂輸送の営力を想定してシミュレーション解析を試みておくことが望まれる。過去に経験したアクシデントについてそのときの土砂移動の実態とその時点での営力をつかむことができれば、現象の解析は予測のために有効である。さしあたり、早急に本川の滝の後退とそこから下流部（F の脚部）の下刻防止抑制のための階段式堰堤工が集中的に継続施工されることが望ましい。

本章では主に大規模な土砂移動現象の事例を紹介したが、土砂移動現象には

ここで紹介した山地すべりのように、ある短い期間内に極めて急速に変化する例や、数十年といわず数年の期間をおいて活発に活動するいわゆる活動性河川、さらに散発的小規模崩壊、単発型小規模崩壊等の現象もみられ、土砂移動現象を、ある物差しで単純に分類することは難しい。しかし多くの崩壊事例を空中写真で眺めると、形のほかに地下水の挙動に注目した地質構造が大きな土砂移動要因となっているようで、この点からの検討が望まれる。

第6章　計画立案過程での計画規模・危険度の予測

6.1　予測ということ

　砂防計画が対象とする現象の中味は極めて複雑で、得られる情報もつねに不確実であいまいである。しかし、われわれはそうした状況のもとで、数年という制限された極めて短い時間内に対象地域の将来の土砂移動現象、社会条件などを予測して具体的に行動を起こさなければならない。現実には、こうした実態のもとで対策に対する意思決定が行われる。

　予測には二つの予測思考がある［合田（1976）］。一つは対象現象の持つあいまいさ、不確実性を物理的現象の枠組みに制限して、数理科学的に処理しうる環境に持っていくもの、いま一つは対象現象の持つあいまいさ、不確実性そのものを対象に予測を考え、「数式モデルによらないで実践に堪えうる手法」によって戦略を立てるものである。

　前者の数理科学的な予測手法には、

① 確率論、統計論的手法：現象の起きる確からしさを数量的に表現し、あるいは数量的に比較することを基礎として、多くの現象を統計的に観察し、処理しようとするもの。

② シミュレーション手法：複雑なシステムをモデル化し、そのうち若干の変数を入力、他を出力とし、若干の変数の将来値を代入することによって、システム全体の将来値を算出するもの。

③ 解析手法：現象の時間的変動に関する基礎方程式を作り、初期条件、境界条件を与えて、次々に将来値を算出していくやり方で微分方程式などが用いられる。

等の方法がある。

　しかし、われわれ砂防の現場技術者が土砂移動といった複雑な現象を対象として計画を立案しようとするとき、現在のところ、このような数理科学的な手

法のみに依存することはできない。

　このような背景から、われわれ現場技術者は数理科学的な予測方法だけに頼らず、これを補う他の方法も開拓すべきである。その中で私は、**第 7 章**で述べるようないきさつから、微地形から出発する砂防計画の立案方式を検討してきた。これは、個々の流域の荒廃特性、それを反映する土砂移動特性をベースとし、ここからハード・ソフト両面の対策を検討するものである。

　計画の立案は、最終的には立案者あるいは立案グループの技術的判断に依存する。技術的判断には入手した客観的情報に経験的に培われた技術者の感性や勘が大きな役割を果たす。またこういった主観的判断プロセスを数値的に表現する手法の一つとして AHP 法、ファジィ法などがある。砂防の領域では流域の荒廃度のランク分け、地すべり地形の危険度評価等に適用された例がある〔八木ほか（2009）、尾崎ほか（2011）〕。しかし、その検討の過程で評価基準としてどのような微地形要素を選ぶか、またそれぞれの評価基準の重み付けの妥当性など微地形解析手法と併せ検討するなど、これからの研究テーマの一つである。

　数理科学的な方法によらない計画立案手法とはいえ、対象とする現象は物理・科学的現象である。砂防技術者（微地形判読者）は対象とする土砂移動現象のメカニズム、プロセス、システム等についての知見を得ることによって、より高次の判断に進むことができるのである。本章では、筆者が関わった作業の中から、土砂移動規模の検討事例、土砂移動危険度の予測事例を紹介する。

6.2　土砂移動規模の予測

6.2.1　土砂移動履歴の検討

　現地調査、微地形分類図作成の過程で、流域それぞれが持つ潜在的な荒廃特性、それを反映した土砂移動履歴の輪郭を知ることができる。

　次の課題は、一歩進んで対策に向けて将来土砂移動の起こりそうな箇所、タイプ、規模、危険度を予測することである。

　微地形分類図作成のための空中写真判読の過程で、対象地域が過去に大規模崩壊などの痕跡を持ち、今後もそうした現象の発生を予想しなければならない場合と、そうした心配はなく、小規模な群発型あるいは単発的な土砂移動を考えればよい場合と、おおまかにこの二つのケースに分けられる。

　後者の場合には、通常行われているように撮影時期を異にする空中写真の判

読によって、地すべり地や崩壊地、渓岸・渓床の侵食等の遷移状況とその量的変化を解析し、当該流域の土砂移動履歴を把握して、対象流域が持つ土砂移動の特性や傾向、規模などを把握する。特に集中的に小規模群発型崩壊が発生した場合には、災害前後の空中写真が判読でき、現地調査を実施すれば、この流域についての荒廃特性を知る絶好の機会となる。

次に前者の場合、つまり大規模崩壊の痕跡があり、今後もその可能性が否定できない場合には、過去の大規模崩壊の実態を調査する必要がある。そのためには大規模崩壊跡とその周縁の微地形を大縮尺、小縮尺の空中写真から判読し、そこから大規模崩壊の素因と考えられる微地形要素を探すこととなる。また、その規模を知るためには、河道を中心とする堆積地形を押さえることである。一般に、河道内の顕著な堆積地はその流域の土砂移動履歴を色濃く残していて、流域の土砂移動特性を示唆しているからである。

そこでまず、撮影時期を異にする空中写真の判読、堆積地の現地調査、測量、植生（樹齢）調査などによって、堆積構造、堆積年代、堆積土量などを調査する。これによって、対象流域の過去の土砂移動規模をある程度量的に把握することができる。特に、次に示す日光大谷川の例のように大規模崩壊が知られている場合や、詳細な土砂移動履歴を知る必要があると判断される場合（市街地に接した堆積地、グリーンベルト*に接する区域など）には、テストピット・観測井の掘削、ボーリングなどによって堆積地の堆積構造、さらに堆積中に挟まっている腐食土の^{14}C年代測定や降灰年次の知れている火山灰などを手がかりとして堆積履歴、堆積土量を調査する。日光大谷川で実施した事例を 6.2.2 項で示す。

1991（平成3）年雲仙岳が噴火し、大量の火砕流、土石流が東斜面から北斜面に流下した。火砕流の発生は噴火活動の最大の特徴で、現象の長期化が予想され、その終焉に至る時間と規模の推定が問題となった。そこで、雲仙岳東斜面で比較的近い過去に発生した同類の現象の履歴を知るため、雲仙事務所が掘削した水無川導流堤基礎の試錐コア等から採取した埋没腐植土の^{14}C分析を行い、水無川筋の最近の噴火履歴を追っている。この内容を 6.2.3 項で紹介する。

また、基礎岩に達する大規模崩壊、深層崩壊の可能性に関わって、空中物理探査による地下構造調査や弾性波による地質構造調査なども行われている。

---

* グリーンベルト：土砂災害に対する安全性を高めるため、景観創出のための樹林帯。

そのほか、ダムの堆砂量についても経時的変化量を把握する。渓流沿いの斜面などに堆積痕跡の認められる場合には、堆積状況を復元して堆積量、侵食土量などを推算する。

山腹の崩壊土量や山麓部の堆積土量、侵食土量なども、空中写真解析やレーザープロファイラー測図、地形の復元調査などから推算する。レーザープロファイラー測図は量的な検討に有用であるばかりではなく、微地形判読に大いに助けとなる。

こうして、可能な限り過去の土砂移動現象についての土砂移動履歴と量的情報を入手する。そして次節に述べる危険度の予測と合わせ、次に起こるであろう土砂移動の様態、規模を予測する。

6.2.2　日光大谷川流域の堆積地形解析

図 6-1 は、鬼怒川右支大谷川流域の地形図、図 6-2 は、大谷川の微地形分類図である。大谷川左岸流域は日光火山群で、その南側斜面を上流から荒沢、田母沢、稲荷川等の荒廃河川が南東流して大谷川に合流する。このうち荒廃が特に著しいのは、女峰・赤薙火山のカルデラから発する稲荷川である。

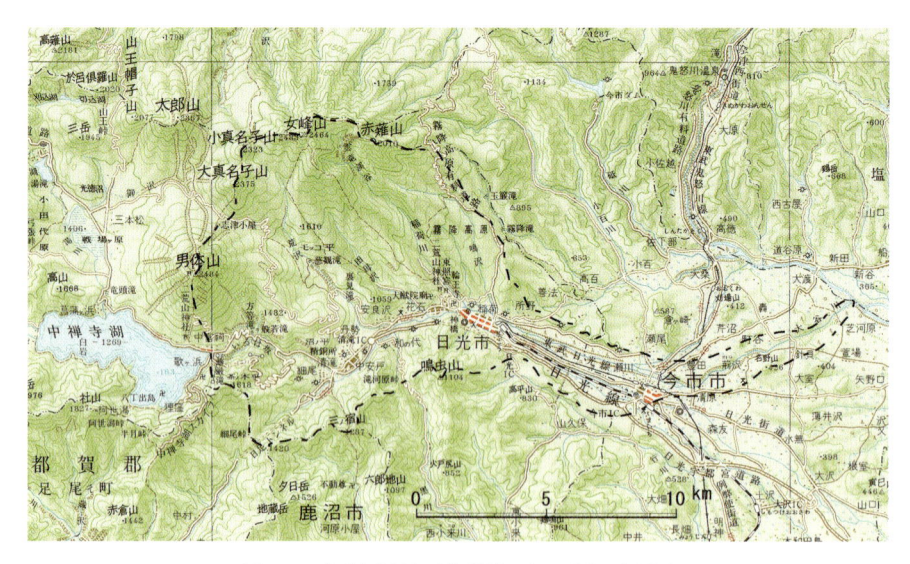

図 6-1　大谷川流域（華厳滝より下流）地形図
[国土地理院、縮尺 1/200,000「日光」1997(平成 9)年 9 月 1 日発行]

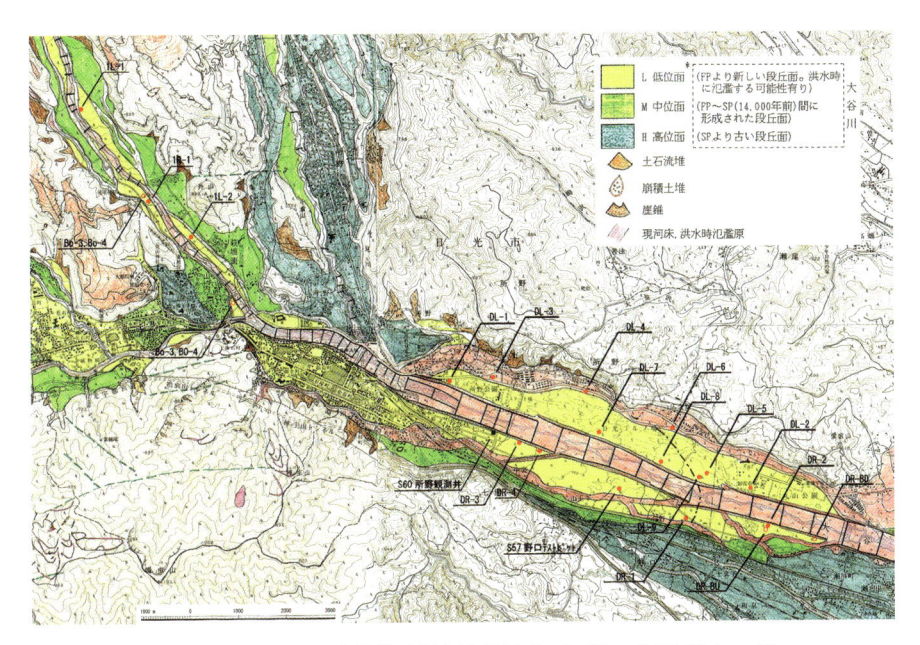

図 6-2 大谷川流域堆積構造調査箇所図［日光砂防工事事務所（1996）］
（基図は大谷川、稲荷川微地形分類図）

　日光市から今市市にかけての大谷川は幅最大 1.1km、長さ約 7km の紡錘形の扇状地を形成し、この紡錘形扇状地の中央を幅約 190m、両岸の有効築堤高約 3m で流路工が貫通している。この流路工は、稲荷川と大谷川との合流点では 100 年超過確率雨量に見合う流量および流砂量に対応して計画されており、この流量に見合う稲荷川からの計画流出土砂量は約 260m^3 とされている。

　大谷川の稲荷川合流点では、1662（寛文 2）年に大きな災害を経験した。図 6-3、図 6-4 の古絵図は、災害前後の稲荷川合流点付近の状況を示している。両者を比較すると、災害前にみられた「いなり川うら町通り」と、「いなり川 1 丁目から 4 丁目」にかけての道路が災害後は不自然に消されている。古文書によれば、このときここで 300 余戸が押し流され、140 余人が亡くなっている。このときの稲荷川に残された土砂量は約 500 万 m^3、これとほぼ等量が大谷川本川に流出したといわれており、現行の計画流出土砂量 260 万 m^3 に比べてはるかに大量の土砂が流出したことになる。また、1902（明治 35）年の出水では、この紡錘形扇状地全面に洪水流が氾濫し、各所で洗掘や堆積が発生したことが知られている［建設省日光砂防工事事務所（1981）］。

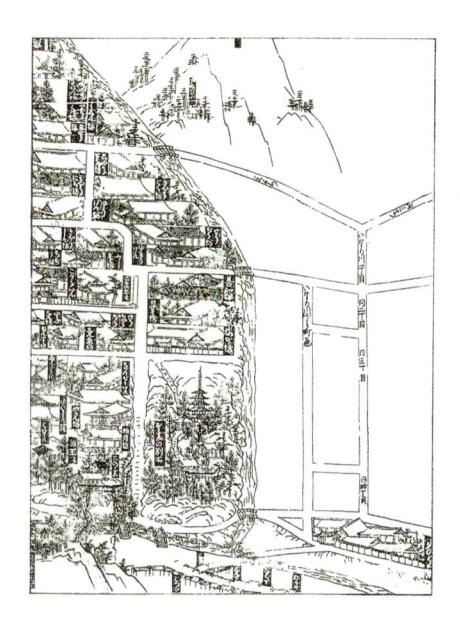

図6-3 1653年刊「下野日光山之図」の稲荷川東岸部分［日光砂防工事事務所（1988）］

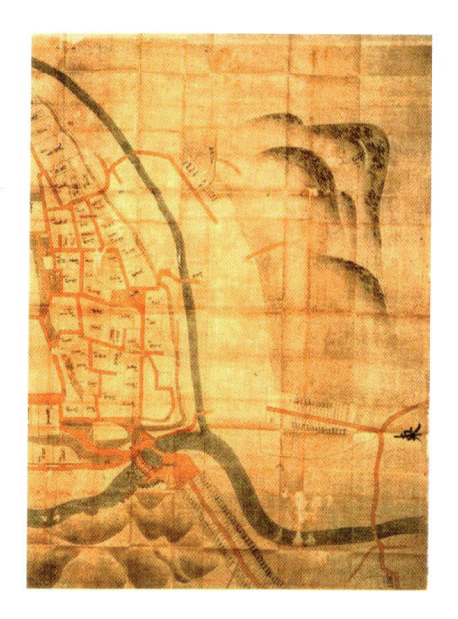

図6-4 1663年刊「日光山絵図の稲荷川東岸部分［日光砂防工事事務所（1988）］

　このような土砂移動履歴を持つ稲荷川は、日光市街地を直撃する形で大谷川に合流している。日光市は国際観光都市で、1999（平成11）年には東照宮一帯が世界文化遺産に登録されていて、災害という点でも通常以上に関心が持たれている。このような点からも今後、寛文2年災害のような大きな事変が起こる可能性について検討する必要がある。

　そこで建設省日光砂防工事事務所（現国土交通省日光砂防事務所）では、寛文2年時の土砂流出、堆積の実態を把握するため、大谷川本川と稲荷川で、1983（昭和58）年から1999（平成11）年まで断続的に1カ所の観測井と16カ所のテストピット、4本のボーリングが掘削され、掘削露頭、コアから採取された資料によって放射性炭素年代が測定された。図6-2に掘削箇所を示している。図6-5は観測井の掘削断面図、図6-6は稲荷川左岸テストピットIL-2の掘削断面図、表6-1に同掘削断面図中赤で示した箇所から採取したサンプルの年代測定結果を示した。

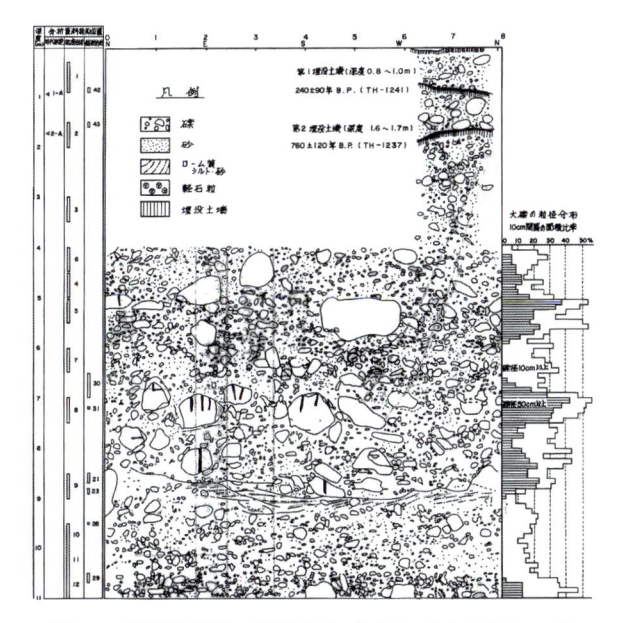

第6章 計画立案過程での計画規模・危険度の予測 191

図 6-5 観測井露頭の展開図［日光砂防工事事務所（1984）］

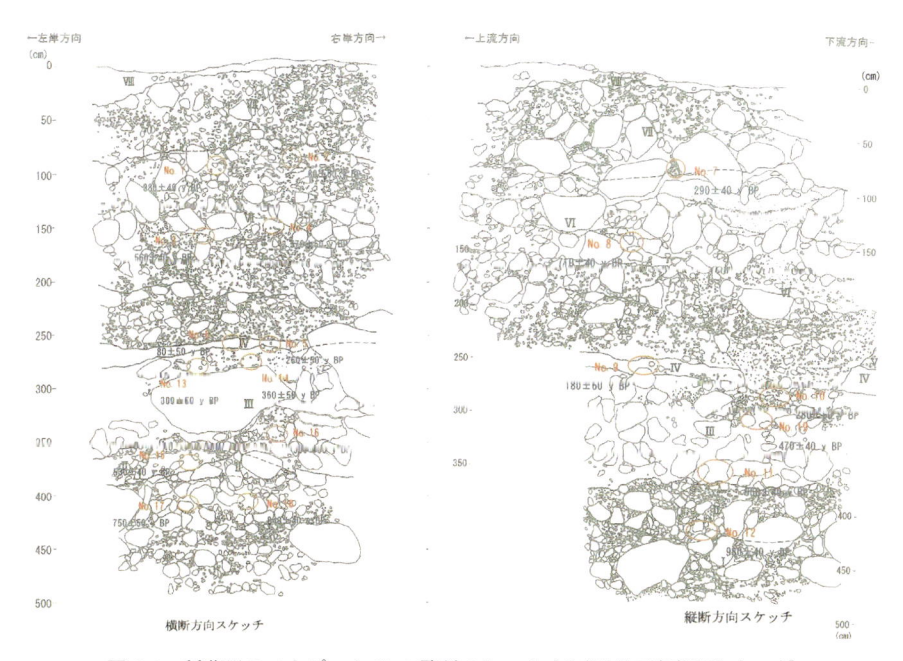

図 6-6 稲荷川テストピット II-2 露頭スケッチ［日光砂防工事事務所（2004）］

表6-1 稲荷川左岸ILテストピット資料の^{14}C年代［日光砂防工事事務所（2004）］

地点番号	採取深度(cm)	試料No. (( )内は測定用試料番号)	測定された^{14}C年代[*1,2](yBP)	地表標高(m)	試料の特徴	採取位置	備考
IL-2	100 – 110	No.1 (INAL 201)	380 ± 40	665		VI層の上部	稲荷川第7床固の上流左岸側で、護岸より約30m山側の地点。横断方向の断面。
	100 – 110	No.2 (INAL 202)	80 ± 60			VI層の上部	
	170 – 180	No.3 (INAL 203)	560 ± 40			VI層の中部	
	170 – 180	No.4 (INAL 204)	570 ± 50			VI層の中部	
	250 – 260	No.5 (INAL 205)	260 ± 50		腐植質の多いと思われる黒色土壌	IV層	
	250 – 260	No.6 (INAL 206)	80 ± 50		腐植質の多いと思われる黒色土壌	IV層	
IL-2	80 – 90	No.7 (INAL 207)	290 ± 40	665		VI層とVII層の境界	稲荷川第7床固の上流左岸側で、護岸より約30m山側の地点。縦断方向の断面。
	150 – 160	No.8 (INAL 208)	710 ± 40			VI層の中部	
	260 – 270	No.9 (INAL 209)	180 ± 60		腐植質の多いと思われる黒色土壌	IV層	
IL-2	290 – 300	No.10 (INAL 210)	280 ± 60	665		III層の上部	稲荷川第7床固の上流左岸側で、護岸より約30m山側の地点。縦断方向の断面。
	360 – 370	No.11 (INAL 211)	660 ± 40			III層の下部	
	420 – 430	No.12 (INAL 212)	980 ± 40			II層の下部	
IL-2	280 – 290	No.13 (INAL 213)	300 ± 50	665		III層の上部	稲荷川第7床固の上流左岸側で、護岸より約30m山側の地点。横断方向の断面。
	280 – 290	No.14 (INAL 214)	360 ± 50			III層の上部	
	360 – 370	No.15 (INAL 215)	530 ± 40			III層の下部	
	350 – 360	No.16 (INAL 216)	560 ± 50			III層の下部	
	430 – 440	No.17 (INAL 217)	750 ± 50			I層の上部	
	430 – 440	No.18 (INAL 218)	840 ± 40			I層の上部	
	310 – 320	No.19 (INAL 219)	470 ± 40			III層の中部	
—	250 – 260	TENGU01	340 ± 40	718			稲荷川工事用道路が天狗沢を横過する付近の渓流保全工工事床掘り露頭から採取。

[*1] 1950年ADから何年前の暦年かを表す。
[*2] スタンダードの^{14}C濃度を100%とした場合に、試料の^{14}C濃度が100%以上の場合は、スタンダードの^{14}C濃度に対する試料の^{14}C濃度を%で表示する（pMC；percent Modern Carbon）。
^{14}C/^{12}C (sx) ／ ^{14}C/^{12}C (Oxa-std)
※ 試料の採取位置は断面スケッチ図（図6-6）を参照

表中横断方向の No.5、No.6、No.13、No.14 は、それらを含む層の上下の層と値が逆転している。同様の現象が縦断方向の No.9、No.10、No.19 にも見られる。この原因としては、地層の乱れは考えにくく、また地表からの汚染も考えにくい。図 6-6 の断面図を見ると、これらの逆転が見られる地層はその上下の地層と層相が著しく異なる。このことから、この部分は寛文 2 年災害時とこれに続く出水時に掘り込まれ、洗われた箇所ではなかろうか、あるいはサンプリング時に何らかの汚染があったのか、と推測してみる。いずれにしてもかなり無理がある。

現在までの調査結果からは紡錘形扇状地内では、

① 観測井で現地表下約 8 〜 9m に男体起源のパミスの二次堆積物（13,000 年前）が見られること。
② 約 700 〜 800 年前にも寛文 2 年と同程度あるいはそれより多少大規模の土砂流出があったこと（土砂供給源は稲荷川と思われる）。
③ 寛文 2 年の堆積は図 6-2 で DL8、DR1 を結ぶ線よりやや下流あたりまでで、それより下流では寛文 2 年時の堆積土砂の二次移動が浅く堆積しているらしいこと、堆積の時期は明治 35 年出水時と考えられること。

などである。

稲荷川では、

① 稲荷川のテストピット IR-1（図 6-2）では、現河床より上位に、寛文 2 年災害時より古い 700 〜 800 年前の堆積面がみられ、この箇所では稲荷川は了数百年前の堆積面を下刻している。図 6-2 の天狗沢流路工付近の稲荷川第 26 床固右岸（Bo-1、Bo-2）では、現河床付近の地盤高（地表下 380 〜 390cm）は約 1,400 年前となっている。
② 稲荷川第 26 床固工よりやや上流天狗沢砂防ダム付近では、左岸堆積物中から 360 ± 40 年前と 740 ± 40 年前の 2 層の腐植土が確認され、大谷川本川と調和的であると同時に地上から 260 〜 270cm 深までが寛文 2 年時の堆積物と推察された。

以上のような資料を既往の調査データと併せ考察すると、寛文 2 年災害時の流出土砂量がかなり絞られてくる。しかし大谷川本川沿いのテストピットの中にも、IL-2 の場合と同じく、地層が逆転しているデータがある。何かの理由で地表が乱されたか、あるいはサンプリング時の汚染などいろいろ考えられるが、全体を見て総合的にもう少し検討する必要がある。

次に、寛文2年時に稲荷川に残された500万m³とほぼ同じ巨量の流下土砂が大谷川に流出したといわれているが、稲荷川合流点でどのような様態で流下したかが問題となる。これについては次のような調査結果が得られている。

図6-7は、図6-4を現在の地形図に重ねたものである。この図は、輪王寺の載る面から稲荷川河床に降りる2本の道路を手がかりとして作成されている。

図6-8は、日光市街地に見られる崖地形と自然堤防状の微高地を示している。図6-7、図6-8から、寛文2年災害時の土砂移動状況について次のようなことがいえる。

① 図6-8の崖Aの背後には自然堤防状の高まりDが見られる。
② Dに続くように東方の市営運動場方向に舌状に比高の小さい狭長な微高

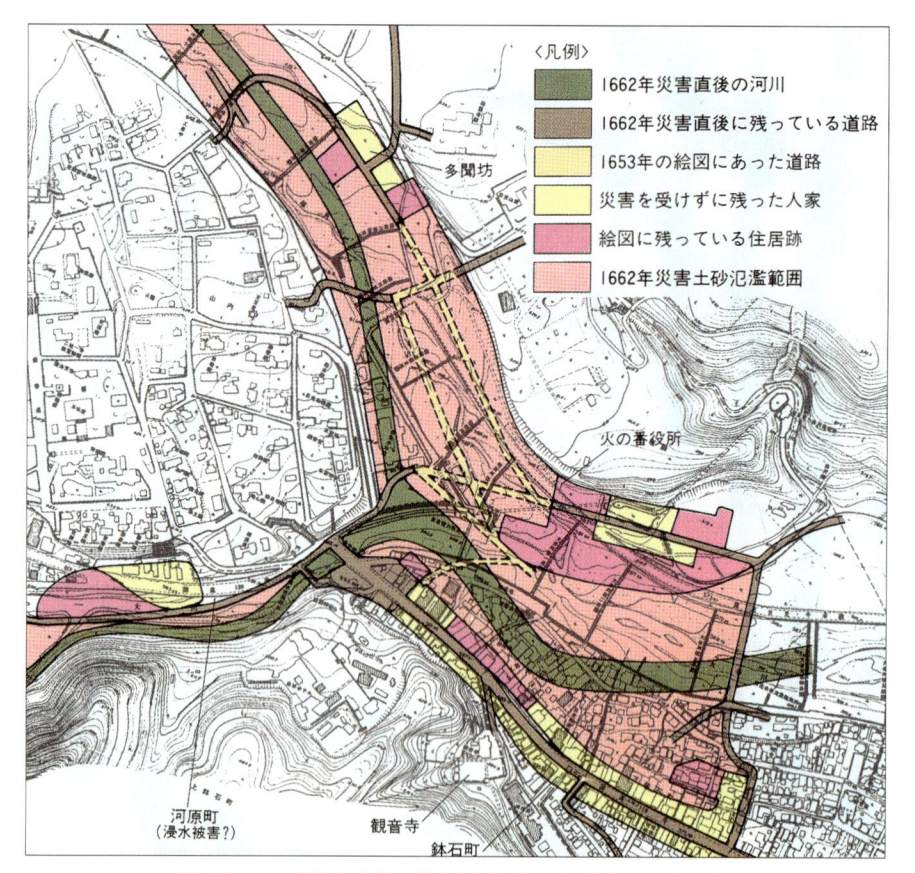

図6-7　1662（寛文2）年の災害図［日光砂防工事事務所（1988）］

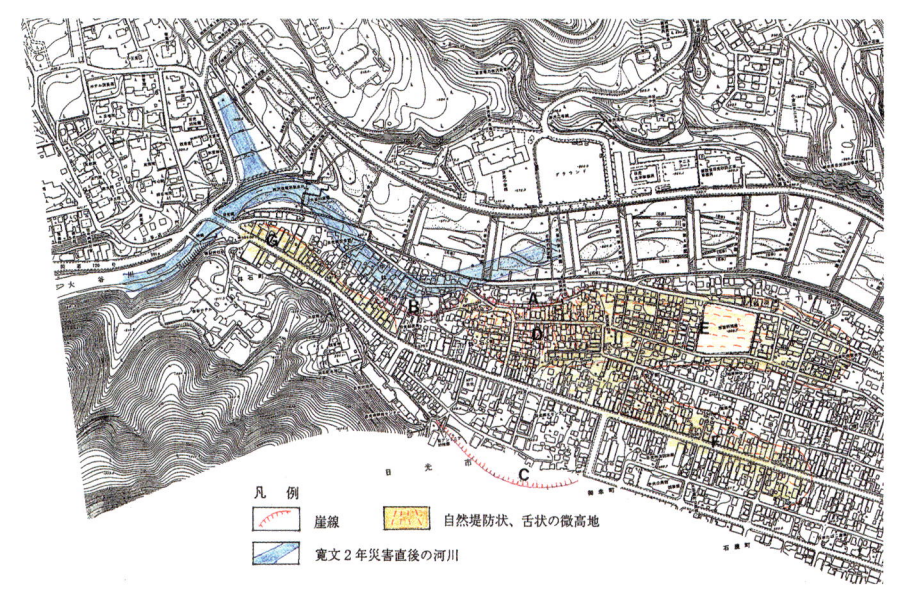

図 6-8　日光市街地の微地形［日光砂防工事事務所（2002）］

地が見られる。
③　Dの自然堤防状の高まりは土砂流がA部分から溢れ、この部分から市営運動場あたりまで砂礫を残したことを示している。
④　Bの崖高は小さく、崖部分も均されて不明瞭であるが、この崖線は寛文2年災害時の河川流路と馴染んでいる。
⑤　合流点右岸側の旧日光小学校の載る面Eは、対岸の上鉢石町の面と同程度の高さである。寛文2年災害時にはこの面を稲荷川が流れ、本川と合流後は上鉢石町の北の部分を流れていたと思われる。前述のBの崖線はこれと関連しているのではなかろうか。
⑥　日光市街地の上鉢石町から中鉢石町にかけての市街地の南半には変化がみられない。寛文2年時の流水は、市街地の載る面に大きく乗り上げることはなかったことがわかる。

以上の事実から、寛文2年稲荷川合流点を通過した流下土砂は、寛文2年に続く短期間に繰り返し小規模で大谷川本川に流入し、日光・今市間の紡錘形扇状地の西寄りに堆積したものと考えられる。

現在、稲荷川では約260万m^3の計画流出土砂量に対する対策が日向ダムを中心に充実しているが、稲荷川上流部では山体の亀裂が著しいことなどもあ

り、寛文2年程度の大規模な土砂流出の可能性を否定することはできない。しかし日向ダムをはじめ多くの施設が完成していること、異常土砂流出時の堆積勾配が現河床より一般に急勾配であることなどを考慮すれば、稲荷川の調節機能は寛文2年時より大きいことが予想され、このような要素も考慮して最後の詰めが必要である。

6.2.3 雲仙水無川筋の堆積構造

(1) 雲仙普賢岳の1990～1995(平成2～7)年の活動状況

　1990(平成2)年11月17日雲仙普賢岳で200年ぶりに噴火活動が始まった。翌1991(平成3)年2月マグマ水蒸気爆発が発生し、爆発は4月まで断続的に継続した。この間有感地震も頻発した。5月20日溶岩ドームが出現し、24日にはこのドームの崩壊に由来する火砕流が給源から水無川方面に流下し、これ以降は連日のように流下するようになった。そして5月26日、29日には給源から2.5kmほど流下したので、島原市北上木場町等に避難勧告が出された。6月3日に熱風を伴った大火砕流が水無川沿いを3.2km流下し、谷の出口にあった集落を襲った。このとき定点（普賢岳と火砕流を正面から望める北上木場地区のマスコミの撮影地点）で観測していたジャーナリスト、消防団、火山学者3名など43名が死亡した。さらに6月8日、第1ドーム崩落跡に生長した第2ドームが崩落して大火砕流が発生し、水無川に5.5km流下した。

　このような経過を受けて、6月7日島原市の国道57号より山側の区域が警戒区域に指定され、8日から9日にかけて区域は海岸まで拡大された。続いて6月11日発生したブルカノ式噴火で、噴石が島原市に降下し、6月30日には土石流が人家に及び始めた。8月に入ると第3ドームが出現し、おしが谷方向に火砕流が流れ始め、9月に第4ドーム、11月に第5ドーム、12月に第6ドームと続き、第6ドーム出現後赤松谷方向にも火砕流が流れ始めた。翌年3月には第7ドーム、8月第8ドーム、12月第9ドーム、翌々年の2月に第10ドーム、3月～4月に第11ドームと次々に発生、生長した。これら溶岩ドームの生長とその崩壊による火砕流の発生は、今回の普賢岳の噴火活動の大きな特徴であった。

　また、1991(平成3)年5月には雨による土石流が発生し、その後も降雨ごとに断続し、1993(平成5)年4月28日には約300mm/日の降雨により最大規模の土石流が島原市と深江町を襲い、5月2日にも大規模な土石流が広い範囲に破壊的な被害をもたらした。こうして約5年間続いた噴火活動も、1995(平成7)年5月頃に停止した。

さて、上述したような現象が断続する中、ここに居住する人々や管轄する行政官は、事変が時々刻々変化する只中にあって、次の一瞬がみえないことに対する不安と驚怖と苛立ちの一刻一刻に耐えなければならなかった。そうした情況を考えると、現象の変化のおおよその成り行きを想定できる素地が事前に手に入っておれば、受け取り方も変わるのではなかろうか。その方法の一つとして、次のような事前調査が多少とも有効に働くものと考える。

(2) 水無川筋ボーリング資料による堆積構造の検討

本書の冒頭に述べているように、現在の地表地形は過去の土砂移動現象の履歴を示している。雲仙岳周縁を取り巻く扇状地は、火山噴出物とこれを給源としあるいは侵食した土砂礫からなる堆積地である。この堆積地形は、噴火現象に伴う一連の現象が長期にわたって繰り返された結果としての地形である。したがって、この堆積過程を1枚1枚剥がしていくことによって、1枚の土砂移動現象の輪郭を知ることができるはずであり、この1枚1枚の概要をつかむことができれば、現在進行中の現象の終末の姿の輪郭をある程度うかがうことができそうである。

一方、火山発達史的研究の立場から、主として地質的な手法によって火山噴出物の堆積構造を研究した事例は数多い［中村（1993）ほか］。これらの研究で取り扱われるタイムスケールは主として10^4年で、防災的な立場からはやや大きいが、山麓地形成の過程を知る上では極めて有効である。しかし、1991年噴火のような、あるいは2000（平成12）年の有珠岳、三宅島の噴火時のような単発、中小規模の場合にも、このような過去の噴火と火山噴出物に由来する堆積地のより肌理の細かい地形変化を解析しておくことは防災上必要であり、雲仙岳の爆発の上述したような場合の経過を予測するための有効な判断素材となる。このような立場から、ここでは国土交通省雲仙復興事務所が実施した「施設の基礎性状調査」報告書にある試錐データから検討した結果の概要を紹介する。

扇状地の堆積構造を知る一つの有力な手がかりは、必要な深度のボーリングを必要本数掘削してコアを観察し、さらにコアに挟在する腐植土の^{14}C年代あるいは降灰年代のわかっているテフラを知って、堆積構造と堆積年代の三次元実態を解析することである。ここでは新規に試錐はせず、当工事事務所が実施した水無川導流堤調査その1、その2、および長崎県島原振興局が実施した水無川災害復旧助成工事その1、その2で採取したボーリングのコアから^{14}C分析のための資料20点を採取し、学習院大学年代測定室に依頼して分析を実施

している。この資料の分析結果から測定不可と記された2点、不確実と記された5点を除いて13点のデータを表6-2に示した。これを堆積年代別に分けると、表6-3のように五つのグループに分けられる。図6-9で●印はボーリング箇所、数値はサンプルの1950年をさかのぼる堆積年代、（　）内はその地表からの深度（m）を表している。

表6-2　^{14}C分析結果一覧表

No.	地表からの深度 (m)	堆積年代 (1950年からの年数)	業務名	所管	コア番号
1	3.90 ～ 4.10	3,100 ± 260	水無川導流堤調査 その1　No.1	雲仙復興工事事務所	L - 1
2	4.40 ～ 4.50	3,060 ± 90	〃　　　〃	〃	L - 1
3	8.50 ～ 8.70	6,580 ± 200	〃　　No.2	〃	R - 1
4	9.50 ～ 9.70	6,220 ± 170	〃　　No.4	〃	R - 2
5	7.00 ～ 7.10	7,410 ± 270	その2　No.3	〃	R - 7
6	5.70 ～ 5.90	8,890 ± 170	〃　　No.4	〃	L - 7
7	8.00 ～ 8.10	7,990 ± 220	〃　　No.6	〃	R - 9
8	8.45 ～ 8.50	8,200 ± 220	〃　　〃	〃	R - 9
9	7.50 ～ 8.00	910 ± 60	水無川災害復旧助成工事 その1 No.1	長崎県島原振興局	No.1 (浜大橋)
10	16.00 ～ 16.10	6,430 ± 110	〃　　No.2	〃	No.2 (浜大橋)
11	2.00 ～ 2.80	1,900 ± 90	〃 その2 No.1	〃	No.1
12	6.10 ～ 6.50	3,230 ± 90	〃　　No.2	〃	No.2
13	4.80 ～ 5.70	1,930 ± 80	〃　　No.6	〃	No.6

表6-3　堆積年代別グループ

グループ	資料番号と^{14}C年代	想定火砕流噴出年代
グループ1	No.9（910 ± 60年）	約900年前
グループ2	No.11（1,900 ± 90年）、No.13（1,930 ± 80年）	約1,900年前
グループ3	No.2（3,060 ± 90年）、No.1（3,100 ± 260年）、No.12（3,230 ± 90年）	約3,100年前
グループ4	No.4（6,220 ± 170年）、No.10（6,430 ± 110年）、No.3（6,580 ± 200年）	約6,400年前
	No.5（7,410 ± 270年）	約7,400年前
グループ5	No.7（7,990 ± 220年）、No.8（8,200 ± 220年）	約8,000年前
	No.6（8,890 ± 170年）	約9,000年前

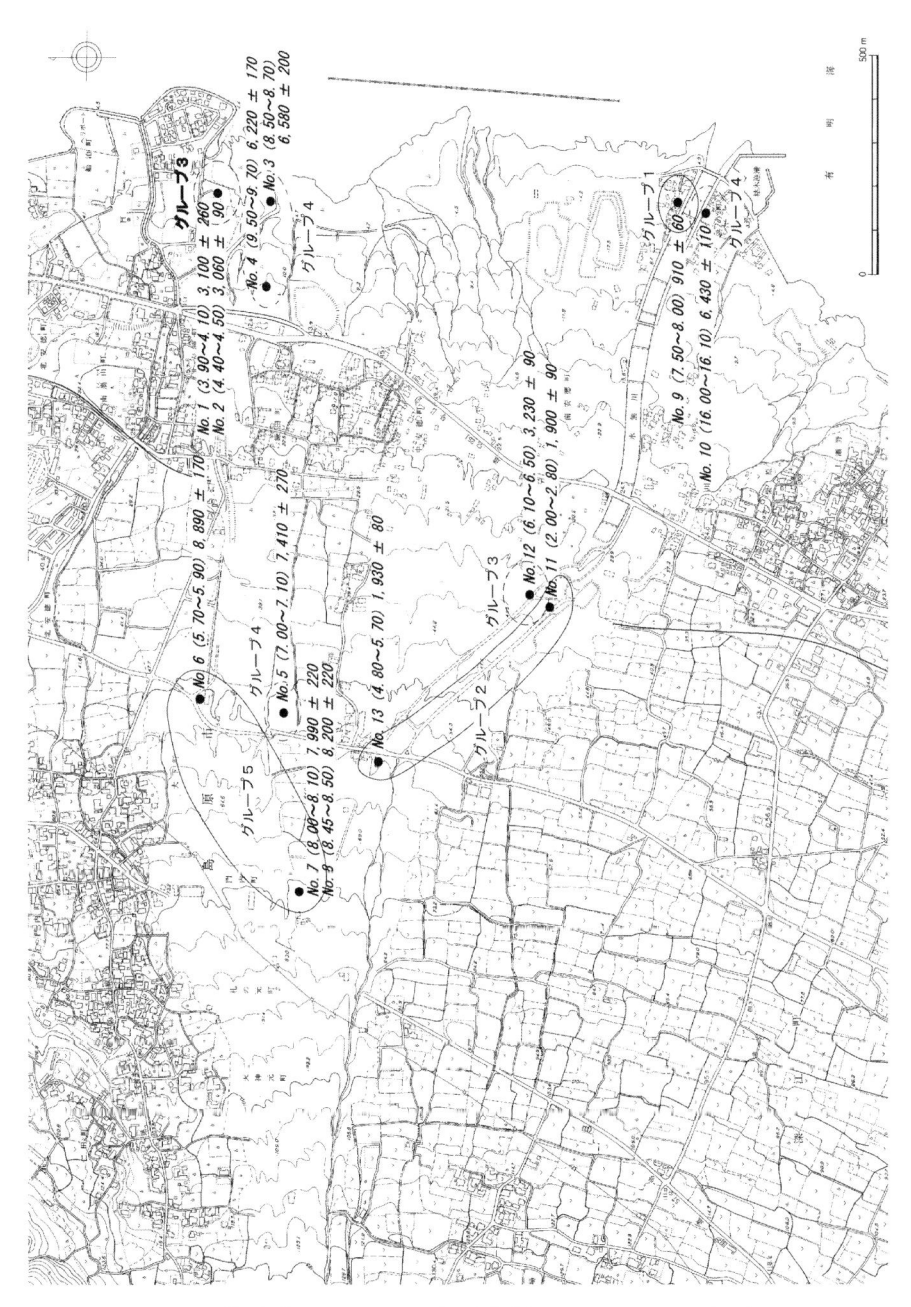

図 6-9 ¹⁴C 年代 1〜5 グループの分布状況［雲仙復興事務所（1995）］

得られた五つのグループの堆積年代は、以下のごとくである。
① グループ1：水無川最下流No.9地点では、950年前の腐植土の存在から、この時期に地表下7.5～8.0mの地表（河床）を覆うような土砂流下がみられたことがわかる。この場合、水無川本川筋は深い谷地形をしており、それが1,000年近くの間に上流からの土砂流出が継続して、現在のような地表地形を形成したことになるが、さらに近傍の状況を調査し確かめる必要がある。
② グループ2：約1,900年前の腐植土は、水無川本川筋の2カ所No.11、No.13地点で認められ、その深度は下流側No.11で2～3m、上流側No.13で5.0～5.5mである。この2本のボーリングのほか、二者の間の3本のボーリング柱状図にも地表下4.5mあたりに、旧表土と記載された箇所が見られるので、恐らくこれらも1,900年前のものと推定され、1,900年前から今日までに少なくとも水無川本川筋のこの区間には下流側で約2～3m、上流側で4～5mも土砂堆積が見られたことがうかがえる。もっとも、現在の地表面までが1回の堆積物であるとはいえない。コアの観察が必要である。
③ グループ3：約3,100年前の腐植土は水無川本川中流部の国道251号と広域農道の中間点No.12地点の地表下6.0～6.5mと、後述の水無川導流堤最下流部地表下4.0～4.5mのNo.1、No.2の2地点で得られている。扇状地形成の過程で2方向に分かれたものが前者と後者は離れていて、100年ほどの間隔をおいた2時期別々のものである可能性もある。厚さは、No.12地点についてはその位置では上部に1900年代の2～3mの堆積が載るので、3.5mと読み取れる。
④ グループ4：約6,400年前と推定される堆積は、水無川本川と水無川導流堤最下流部に認められる。堆積物の下底は、水無川本川下流では地表下16mであるのに対し、導流堤部では地表下8.5mであることは、一つの考え方として、この時の土砂流下時点で、水無川下流部は北から南にかけて傾斜していたのかもしれない。また、堆積物は現在の海岸線沿い一帯に堆積したものと推定される。その堆積厚はわからないが、導流堤部では約3,200年前の腐植土が地表下4.0～4.5mに確認されているので、8.5mとの差4mそこそこが一応その堆積厚と考えてもよいのではなかろうか。水無川本川下流部では、地表下7.5～8.0mに910年前の腐植土が認めら

ているので、6,400年前から950年前までの約5,400年くらいの間に8.0〜8.5mの堆積が見られたことになる。
⑤　グループ5：グループ4より年代の古い約7,400年前、8,000年前、9,000年前の三つを一つのグループにまとめた。この部分には約1,000年間隔で土砂堆積がみられたという推定も成り立つ。

　以上のボーリング結果から全体を概括すれば、扇形の水無川土石流堆積地域では、約1万年からおおよそ1,000年おきくらいにかなり大規模な土砂移動があり、扇頂部に相当するNo.7、No.8地点付近から堆積が始まり、下流部に拡散し扇状地を発達させてきた。それから時間の経過につれ、土砂移動の主体は次第に南の扇側部に移動し、3,000年前から2,000年前、1,000年前と1,000年程度のインターバルで、ほぼ同じような土砂移動規模で現在の水無川方向に流向を変えてきたと思われる。しかし、ここで得られた資料だけでははっきりしたことはいえない。水無川緊急対策では水無川1号砂防堰堤から下流暫定導流堤で土砂移動を直線的に東方へ規制しているが、水無川筋の今後の挙動を知るためには、過去の各時期の堆積の広がりやその深度についての実態を三次元的に把握するとともに、水無川の自然的な動きを見ながら対策を絞り込むことも必要となるのではなかろうか。

6.3　土砂移動箇所の移動危険度の予測

6.3.1　土砂移動危険度の予測

　土砂移動の規模と同時に予測しなければならないのが、予想される土砂移動の箇所とその危険度の予測である。詳細微地形分類図からもう一歩踏み込んで検討し、土砂移動のポテンシャル図を作成する。詳細微地形分類図が過去からの土砂移動履歴としての地形の現況を示しているのに対し、土砂移動のポテンシャル図は、今後降雨を引き金として発生する土砂移動現象の箇所とその危険度を予測した図である。土砂移動のポテンシャル図作成作業は、砂防技術者がどうしても踏み越えなければならない最高の峠である。これを乗り越える方法は、現在のところ事例研究を重ねるところから始める以外ない。すなわち、過去の土砂移動の事例について大崩壊の発生地点とか、小規模群発型崩壊の発生地域とか、そういった地点あるいは地域の現象発生前後の空中写真から、なぜそこでそうした現象が起こったのかを微地形との関係から検討する。その際、

地質情報、水理地質情報は欠かせない。このような検討事例を重ね、そこから帰納的に集約することによって、少しずつ現象の内容、斜面の危険性が明らかになっていくものと考える。

　このような手法はまだ開発途上であるが、さし迫って対策計画をまとめなければならない立場からは、空中写真を判読するほか、工学的な知見を援用するなどわれわれが取りうるあらゆる手段を駆使して検討し、将来起こりそうな土砂移動の場所、様態と起こりやすさの度合い、おおよその規模を判断し、決定しなければならない。起こりやすさの度合いは、さしあたり"感覚的"に次のようにA、B、Cの3ランクに分類する。

　A：流域内に崩壊が発生するような降雨があればまずここから崩れるであろうと思われる最も不安定な箇所。

　　　このような箇所であっても、その箇所の地形や地質的な条件から崩壊（土砂移動）が大規模になると予想される場合には、それに見合う相当量の降雨あるいは地下水が伴わなければならないので、Aランクは二つのケースに分けられる。一つは山腹に残された崩壊残土（S状地のような）や地質構造的、物理的、化学的条件によって乱された攪乱斜面の場合のような中・小規模の場合と、第5章で紹介したような大規模な崩壊の場合とである。

　B：Aほど崩壊のポテンシャルは高くないが、不安定で崩れやすい箇所。広がり（範囲）として捉える場合が多い。崩壊がこの斜面内で発生しやすいと判断している。

　C：地表が多少ルーズではないかと疑われる斜面、あるいは斜面に浅く、広く残された崩土など二次的堆積物で乱れた斜面など。この斜面では小規模な表層崩壊やクリープなどの発生が懸念される。

　"感覚的に"という言葉の内容は説明しにくい。要するに、ある地点をAあるいはB、Cと囲う場合に、写真上に現れた地表の形、細かい起伏、凹凸、乱れ、このような微細な地形、それに表3-5で示した微地形要素の有無やその様態、さらに構成物質の物性、地質構造、降雨時の地下水の挙動等をイメージして、微地形変化の因果関係についてのストーリーをつくり、土砂移動の危険箇所とその度合いを決め込む、そんな判断過程を表現しているとでもいえようか。ここでは、私が崩壊危険度を判断した宮崎県別府田野川ほか3渓流の2005（平成17）年台風14号による崩壊、および2008（平成20）年岩手・宮城内

陸地震の崩壊について、崩壊前の空中写真を判読して土砂移動箇所を予測した事例を紹介する。この場合、いずれも微地形分類図は作成していないが、ポテンシャル図は上述したような判読過程の結果を表している。

6.3.2 別府田野川ほか3渓流の崩壊予測

2005（平成17）年9月、宮崎県別府田野川ほか3渓流で崩壊、土石流が発生した。私はたまたま2年前に撮影された空中写真が社内にあることを知り、空中写真からどこまで崩壊危険箇所を抽出できるかを確かめる絶好の機会と興奮し、早速判読にとりかかった。ドキドキしながらの極めて短時間の作業であったが、写真をながめ、感覚的に崩れそうな斜面A、B、Cを拾い出し、これを縮尺1/25,000の地形図を倍伸しした図に書き込んだ。これが図6-10の崩壊ポテンシャル図である。判読範囲は別府田野川、片井野川、境川、七瀬谷川の4流域である。図6-11は、その後入手した崩壊直後の写真から作成した崩壊箇所図である。小規模の崩壊は比較的少なく、規模の大きい崩壊が7～8カ所に見られた。

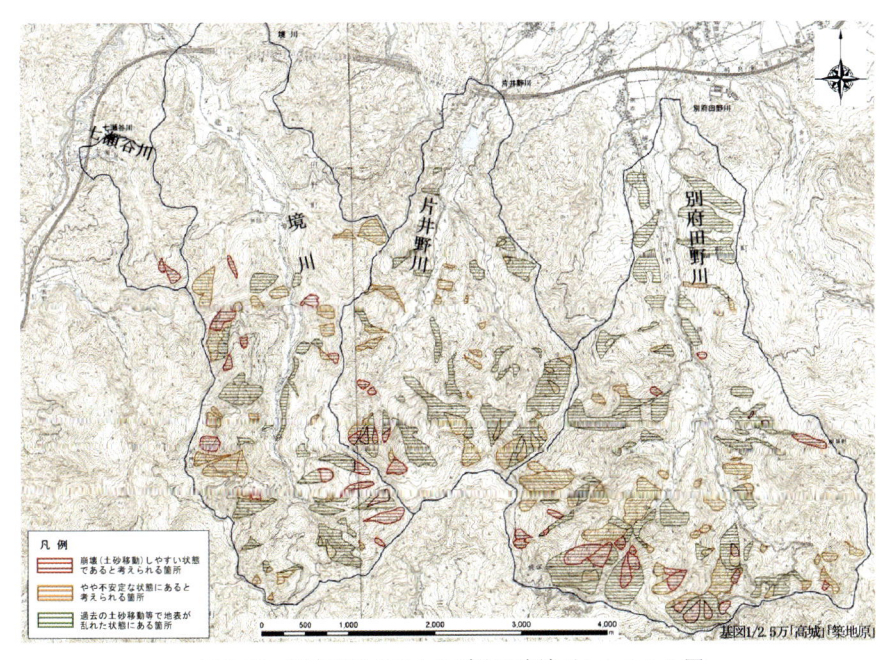

図6-10　別府田野川ほか3渓流の崩壊ポテンシャル図
［国土地理院、縮尺1/25,000「高城」、1993（平成5）年11月30日発行、
「築地原」、1989（平成元）年5月1日発行］

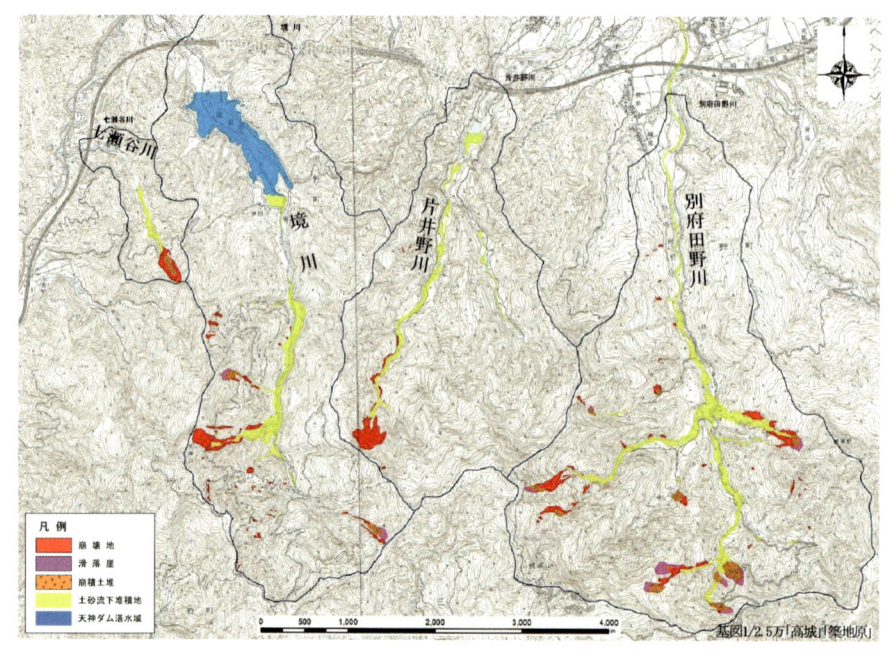

図 6-11　別府田野川ほか 3 渓流の崩壊分布図
［国土地理院、縮尺 1/25,000「高城」、1993（平成 5）年 11 月 30 日発行、
「築地原」、1989（平成元）年 5 月 1 日発行］

　崩壊箇所を崩壊ポテンシャル図に重ねた結果、図 6-12 のように、ほとんどの崩壊が崩壊危険箇所として抽出した箇所で発生していた。ここでは前述した「詳細微地形判読から一歩踏み込んで」という流れは表面に出ていないが、とにかく丁寧に判読すればかなりの線まで判断（到達）できることがわかった。過去にも 1953（昭和 28）年の有田川、1978（昭和 53）年 5 月の白田切川や、1996（平成 8）年 12 月の蒲原沢の土砂災害等について同じような作業をしたことがあったが、要するに、崩壊に限らず土砂移動現象はやはり、それなりの理由（要素）があって起こっていること、この理由を探ることがわれわれの基本的な仕事であることをあらためて知らされた。

　なお、ここに紹介した図は、上記の背景からあわただしく作成したものなので、現地調査はできないにしても、もう少し時間をかけて大縮尺の空中写真で判読し、検討したい。以下に判読結果の概要を紹介する。各崩壊箇所について、上方の写真は崩壊 2 年前の 2003（平成 15）年 9 月 30 日林野庁撮影の空中写真 03-41（第 9 日南）、下方は崩壊直後の 2005（平成 17）年 9 月 19・20 日国

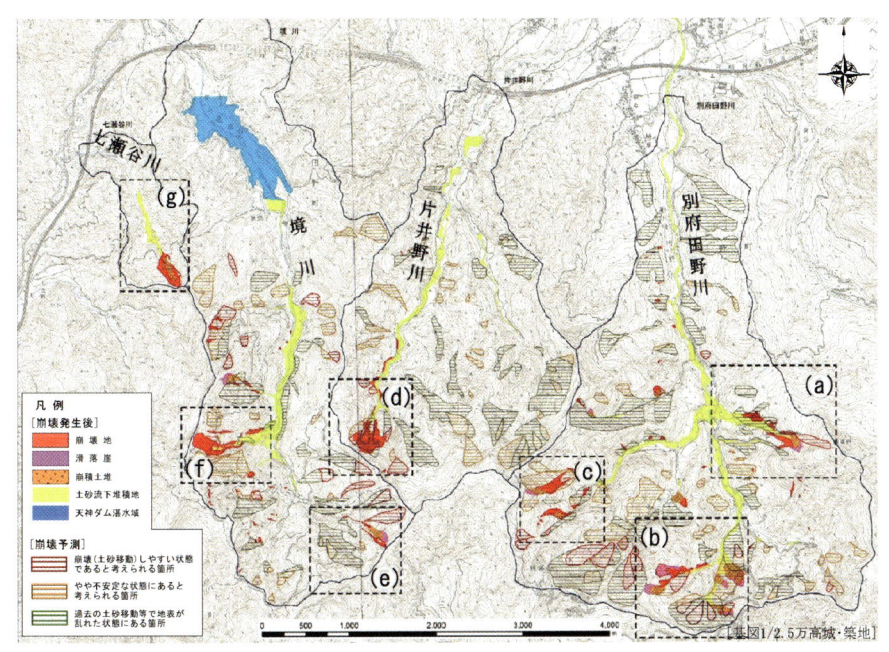

図 6-12　別府田野川ほか3渓流の崩壊ポテンシャル図に崩壊箇所を重ねた図
[国土地理院、縮尺 1/25,000「高城」、1993(平成5)年11月30日発行、
「築地原」、1989(平成元)年5月1日発行]

際航業株式会社撮影の写真（宮崎県所有）である。検討箇所、判読に使用した空中写真を**表 6-4** に表示した。

表 6-4　検討箇所・使用した空中写真一覧

	写真番号	検討箇所	崩壊前　林野庁　03-41（第9日南）　縮尺 約1:20,000　平成15(2003)年9月30日	崩壊後　宮崎県　（国際航業撮影）　縮尺 約1:10,000　平成17(2005)年9月19・20日
(a)	写真 6-1	別府田野川本川右支	C3 - 6・7	6462・6461
(b)	写真 6-2	別府田野川本川上流	C4 - 5〜7	6485〜6487
(c)	写真 6-3	別府田野川本川左支	C3 - 4・5	6165・6164
(d)	写真 6-4	片井野川本川上流	C3 - 3・4	6469・6468
(e)	写真 6-5	境川本川上流	C4 - 2・3	6480・6481
(f)	写真 6-6	境川本川左支	C3 - 1・2	6471・6470
(g)	写真 6-7	七瀬谷川本川上流	C2 - 1・2	6404・6405

(a) 別府田野川本川右支

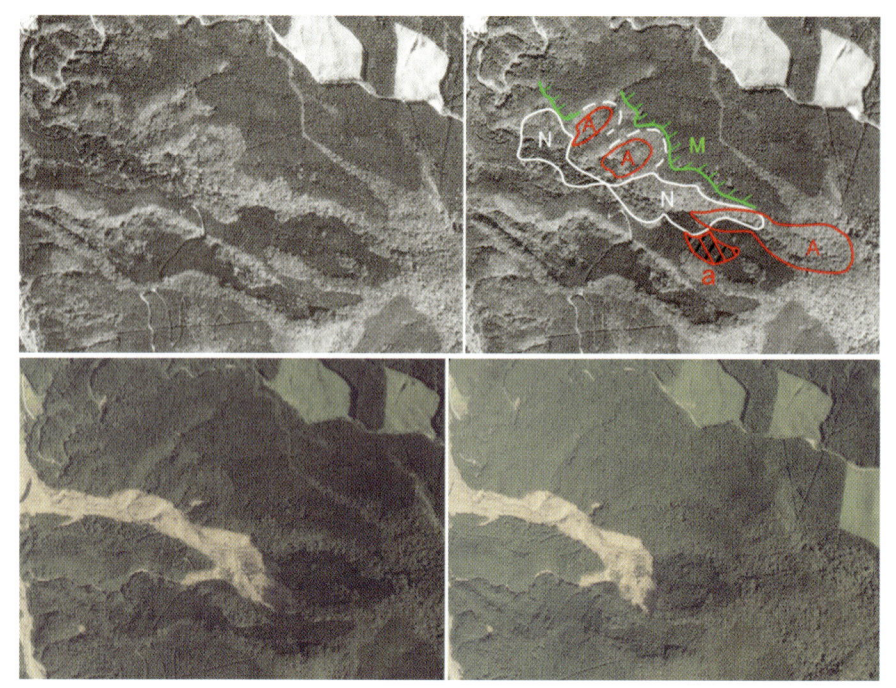

写真 6-1　別府田野川本川右支

　別府田野川右支流域の崩壊前写真（上方）、中央部分の山体（記号 M の部分）は平頂な山稜とこれに馴染むなだらかな山体で、規模の比較的大きな崩壊の発生という点からは安定してみえる。M 部分の南西向き斜面にやや不明瞭な侵食前線が見えるが、この侵食前線より下位に旧崩壊の残積土堆が 2 カ所に見られる。この部分は崩壊しやすく、A ランクである。また、この稜線部に広く東北東-西南西方向のリニアメントが見られる。この沢沿いの斜面 N は地質的にかなり乱された脆弱な状態と想像される。

　最上流のスプーン形の A ランク斜面は浅い盆状の谷地形で、ここに大量の降雨が浸透すれば、岩盤谷床（推測）の地下水位が上昇し、谷筋が不安定となり、谷の中心線沿いに崩壊が発生するのではないかと想像した。このような推定から、今回の調査範囲内でこの類の谷を A としたものは多い。しかし、今回はその中で七瀬谷本川上流の崩壊が、あるいはこの事例に該当するかと思われるほかは崩壊していない。

崩壊前の写真においてaで示した斜線箇所は、崩壊跡地形で残積土が見られる。今回の崩壊の頭部である。a部分も丁寧に見ておれば、要注意斜面として少なくともBランクくらいで取り上げていただろう。

(b) 別府田野川本川上流

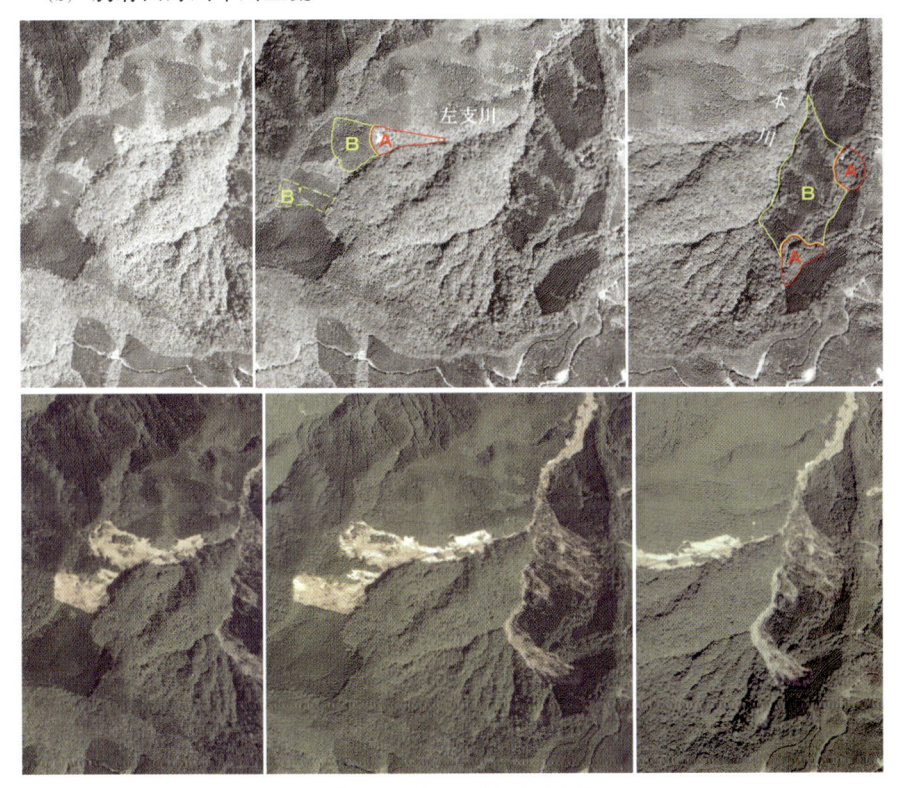

写真 6-2　別府田野川本川上流

本川右岸側斜面に小平坦面が2カ所認められる（**写真 6-2**、上の崩壊前写真右端の記号A箇所の2カ所）。このような小平坦面あるいは緩斜面は、一般によく見られる地形（S状地）で古い崩積土堆であることが多く、しばしば崩壊の発生源となる。Aランクと評価した。この2カ所から崩壊が発生している。このうち北側（上方）の記号A部分はその全体が崩れ、崩土の一部は下位の斜面に残っている。南側の記号A部分は2段となっていて、上段の部分は、稜線からの扇状の平滑な斜面から落ちた土砂が堆積している箇所で、ここに降水が集中して崩壊したものと思われる。二つの記号Aの中間の記号Bで示し

た斜面にはもともと表層に浅い乱れがあり、これが筋状に崩壊した。

　左支川のA、Bランクに位置づけた箇所は、過去の崩積土堆の末端が侵食されて不安定になっていた記号A箇所がその背部の残積土堆記号B箇所を取り込んで崩壊したものである。この2点の隣の点線で囲んだB′箇所は、鮮明さには欠けるもののやはりB記号地点と同類の崩積土堆の示す地形で、この点もBとして拾うべきであった。

（c）別府田野川本川左支

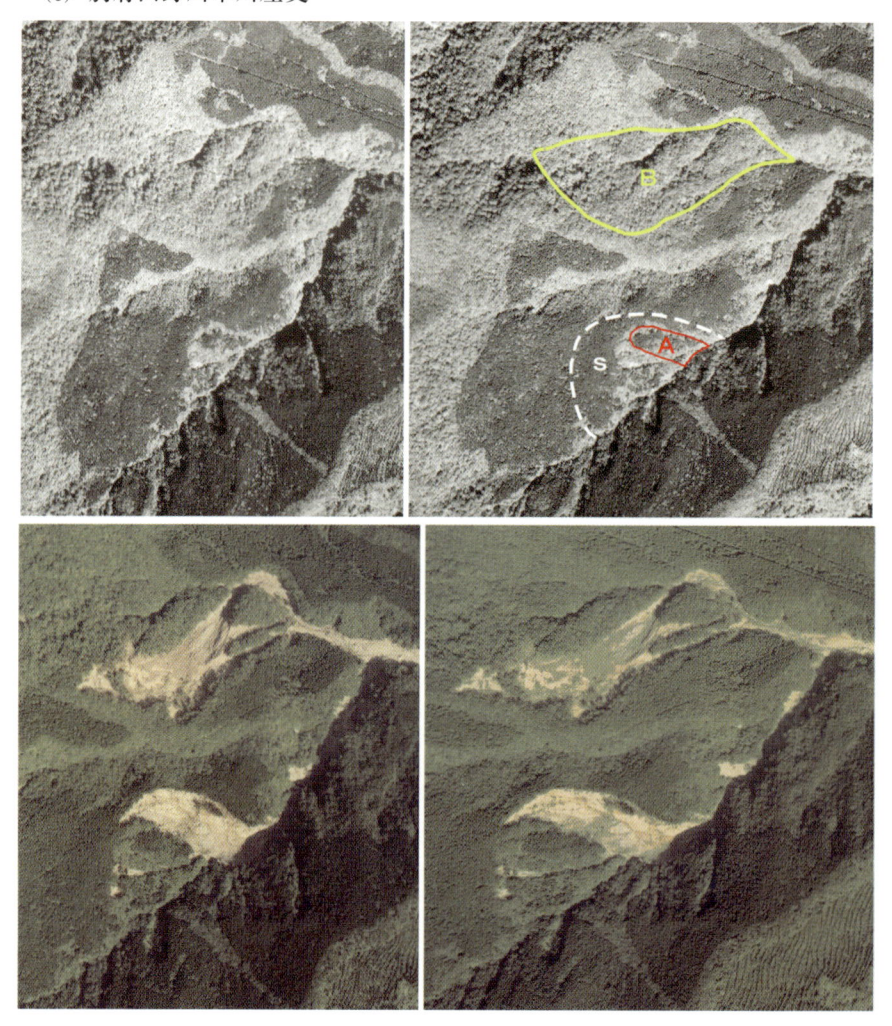

写真6-3　別府田野川本川左支

ここでは、Aランク、Bランクそれぞれ1カ所を予測している。

渓岸沿いに不安定な斜面が見られるが、写真の範囲内では、A箇所では大きく崩れた。その他Bでも大きな崩れが見られる。A箇所の頭部の記号sの部分は古い崩積土堆で不安定である。崩壊前後の写真から、かつてA箇所を包むように円形の大規模な地すべり性の山体移動があったことが推定される（上の写真中s）。A部分を包み込む崩壊の上部から左方にかけての円弧状の輪郭（下の崩壊後の写真の方がわかりやすいが、Aの崩壊を包んで左の方に回り込む円弧状の傾斜変換線）や、その下方南側の2個の小崩壊の頭の位置がそれを示している。A部分の大きな崩壊は、小さく予想したA箇所が引き金となったのかもしれない。

記号B箇所は全体として、表層の乱れたいわゆる擾乱斜面で、崩壊前写真で南側の稜線沿いに落差のある円弧状の筋状模様が見られる。これは、クラックとも想像され弱線と判断した。ここが崩壊すれば、それにつれて斜面にかなりの崩壊が予想されるが、稜線沿いの弱線の不安定さの度合いの判断に迷いがあり、Bランクのブロックと判断した。Aランクと判断すべきであった。

(d) 片井野川本川上流

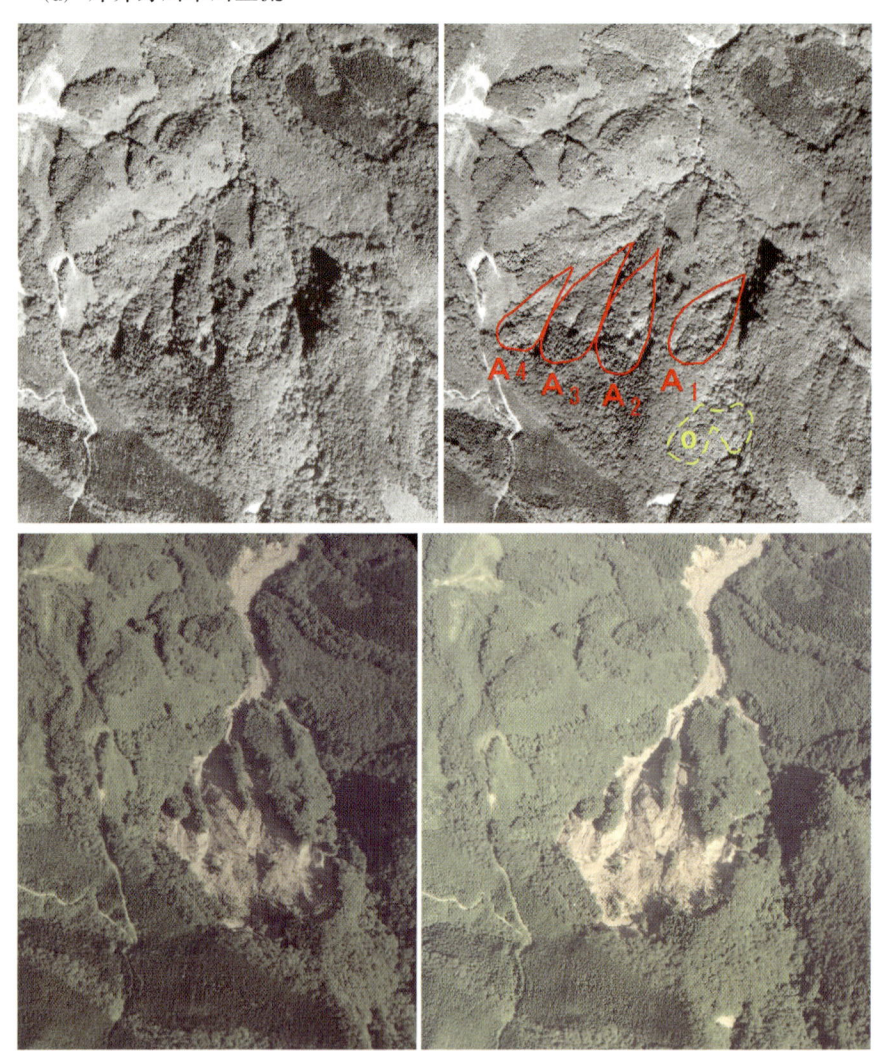

写真 6-4　片井野川本川上流

　最上流の二つの支川に4個のAランク斜面を拾っている。右からA_1、A_2、A_3、A_4である。A_2、A_3の背後、稜線直下の斜面に稜線から、いくつかのリニアメントが北東−南西方向に斜面を縦断している。また、これと交わるように西北西−東南東方向に2〜3本のリニアメントが見られる。A_2、A_3で囲った頭

の部分は、このようなリニアメントによって乱された斜面で、崖錐性の堆積物がルーズな地盤となっていることがわかる。A_2、A_3の頭は崩積土堆の先端部で、写真範囲内で最も不安定な箇所である。崩壊は、この箇所が背後の線状模様の部分を引きずる形で起こっている。A_1はA_2、A_3とは多少異なるが、谷頭部が不安定な崩積土堆であることは共通している。崩れなかったA_4はA_1、A_2、A_3のような不安定土堆を背後に持っていない。崩積土堆が崩れ、細分された形で残されている。

　写真右端の記号Oで示した箇所も、4個のAと同類の斜面であるが、勾配が他のAより緩く、危険箇所として取り上げなかった。少なくともBランクあたりで取り上げておくべき箇所である。

(e) 境川本川上流

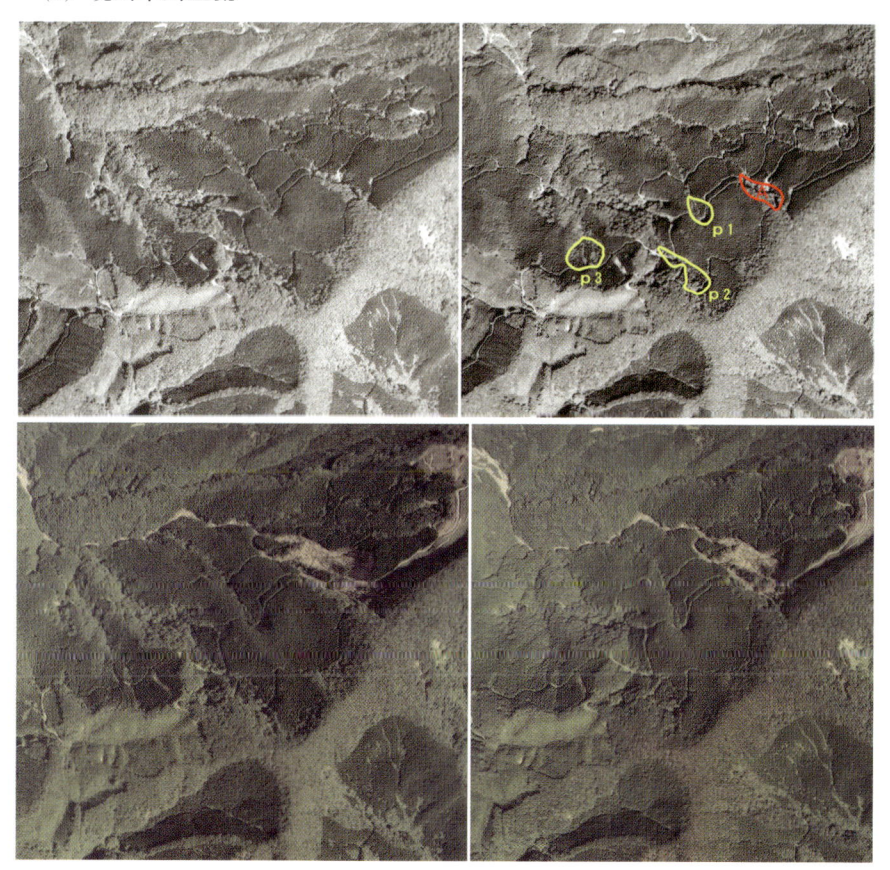

写真6-5　境川本川上流

記号Aで示した箇所では、道路が谷地形を深く食い込んで急勾配の不安定斜面をつくっている。不安定な斜面は上位の道路から下位の道路にまで及んでいる。類似した箇所は、他にも p_1、p_2、p_3 等が見られ、特に p_2 の斜面はA地点同様上位の道路位置から下位の道路にまたがっている。しかし、形の不安定さという点と斜面の乱れの度合いはAほどではない。Aでは、斜面のどこかで、たとえ小さな崩れでも発生すれば、それが引き金となって崩壊が拡大するおそれが感じられる。

　しかし、今回の崩壊の主体は、このA部分の北東側斜面であった。この斜面は崩壊前の写真からは平滑で安定して見え、崩壊前に危険斜面として拾っていない。あらためて細かく判読すると、この部分は過去の崩積土堆のつくる小規模な平坦面で少なくとも2段見られる。この不安定斜面の崩れであった。より大縮尺の写真で見直す必要がある。

　この種の作業では、判読用の写真は少なくとも縮尺 1/10,000 程度より大縮尺のものが必要である。

(f) 境川本川左支

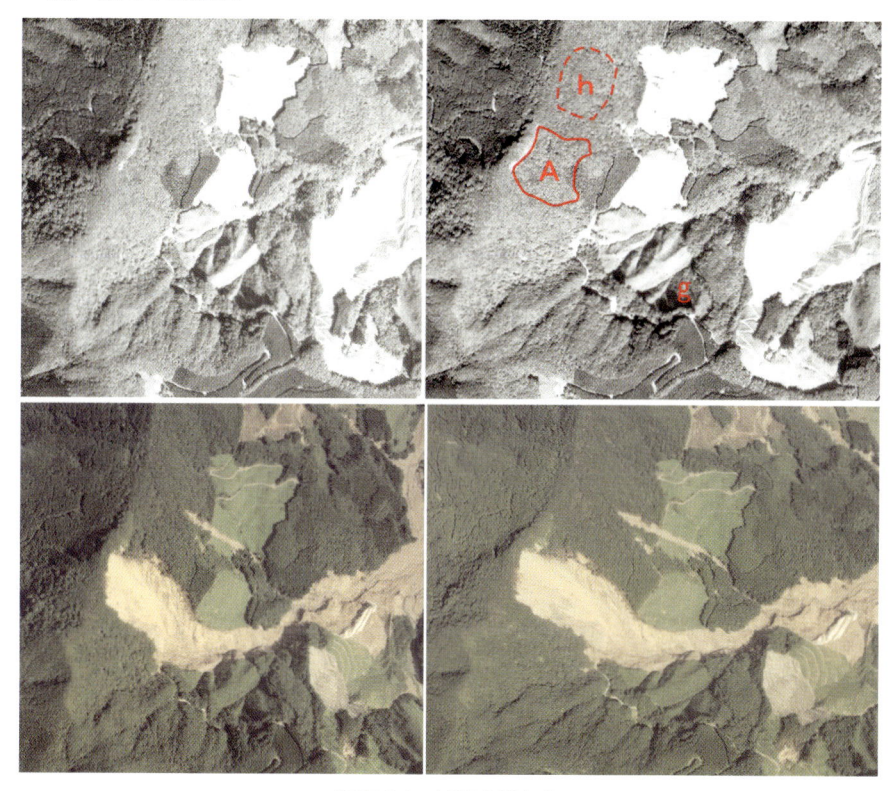

写真 6-6 境川本川左支

　稜線沿いの崩落崖の崖下Ａとその近傍箇所は、崩落した土塊が不規則に堆積し、でこぼこした斜面となっている。このうち、最も不安定にみえる斜面をＡランクの危険斜面とした。この北側のこれと類似したｈ斜面は、さしあたっては安定していて、不安定さの度合いは強いてランク付けすればＣであろうか。
　このほかにも、崩積土堆と思われるｇなどＡクラスの危険斜面が点々とみられる。
　実際に崩壊したのは、Ａとランク付けした斜面の南半とその南側の部分である。崩れなかったＡの北半は、固い岩質に由来するのかもしれない突部にはばまれて、不安定な崩積土堆であるにもかかわらず動かなかったと判断される。あらためて崩壊前写真を見ると、崩壊した部分はＡで囲った範囲の南半分とこれの南側に隣接する地表がはらんだ部分で、ここもひっくるめてＡラ

ンクとすべきであった。
 (g) 七瀬谷川本川上流

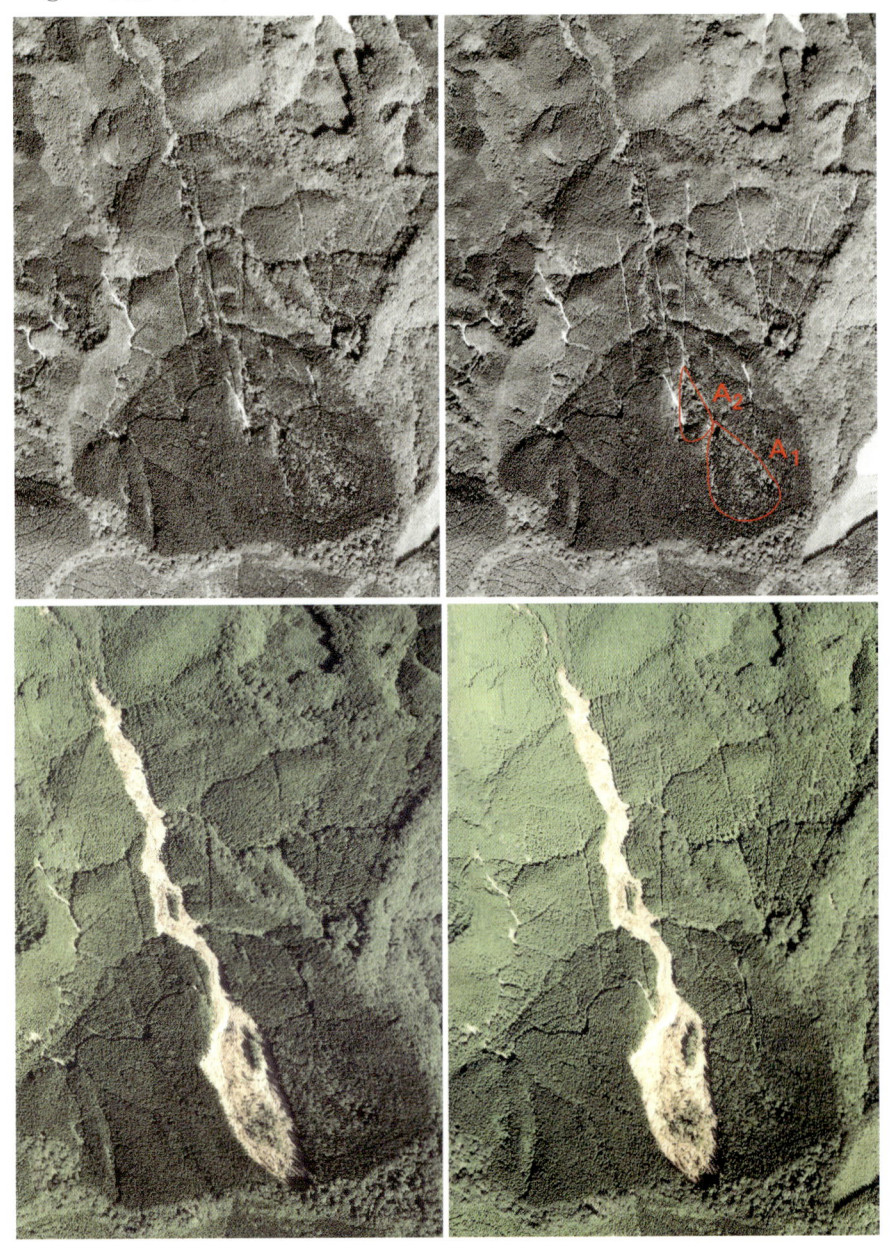

写真 6-7　七瀬谷川本川上流

崩壊前の写真の A_1 箇所は、古い崩壊跡の頭部の後退としての崩壊を予想し、A_2 は盆状の斜面形の中の崩壊を予想している。実際に崩壊したのは A_1 と A_2 の左半分と、その東側に接する部分であった。

今回の対象流域内で、盆状の斜面形の中に A ランクの危険箇所を数多く採っている。しかし、現実には、この七瀬谷のほかに盆状斜面内で崩壊は起こっていない。盆状斜面で崩壊が発生するかしないかは連続降雨量、連続降雨後半の雨量強度、斜面や表土の物性、地下の集水地形（基盤地形の谷形や勾配）等に左右されるのであろう。ちなみに、今回の調査範囲内で A ランクに採った盆状斜面の谷勾配は 12°～17°とすべて緩勾配であった。

A_2 箇所の崩壊も、予想した崩壊のタイプとは違っている。A_2 箇所では予想した部分の左（西側）半分が崩れた。この A_2 の頭の部分にはリニアメントがあり、この A_2 の左側の崩壊部分の背後にも同様リニアメントが見られる。今回の A_2 崩壊は、頭部のリニアメント（恐らくクラック）と地下水とが優位に働いたのではなかったか。

以上が別府田野川ほか3渓流での判読概要である。その結果、主な崩壊は概ね崩壊危険箇所内で発生していることがわかった。なお筆者は、現地を車で半日足らず見ただけで現地の調査はしておらず、境川上流の崩壊を遠望したにすぎない。本来なら現地調査を併せ実施すべきであるが、これを欠き、無責任な記述となっていることをお詫びしなければならない。

6.3.3 宮城県荒砥沢ダム周辺の地すべり性崩壊

2008（平成 20）年 6 月 14 日の岩手・宮城内陸地震によって、両県県境の栗駒山周辺に大規模な土砂移動現象が発生した。特に現象の激しかった宮城県側の二迫川、三迫川上流部とその西方一迫川上流部の 2 地域について、6.3.2 項の別府田野川の場合と同じく、崩壊前の 1976（昭和 51）年に撮影された空中写真を判読して予測した崩壊発生危険箇所とその危険度のランク分けが、実際に発生した土砂移動現象とどの程度の整合性があるのか、またどのような微地形要素が現象に関わっているかを検討した。その事例を以下に紹介する。

(1) 広域地形図による対象地域の概観

図 6-13 は、前記 2 地域を含む広域の地形図である。図中栗駒山の宮城県側の山腹に虚空蔵山、大地森、秣森等の小噴火跡が見られる。また栗駒山東側斜面に稀大ヶ原の典型的な緩斜面が広がり、ここから西方にかけてゆるやかな斜面が続き、全体としてなだらかな山腹斜面が広がっている。この一連の緩斜面

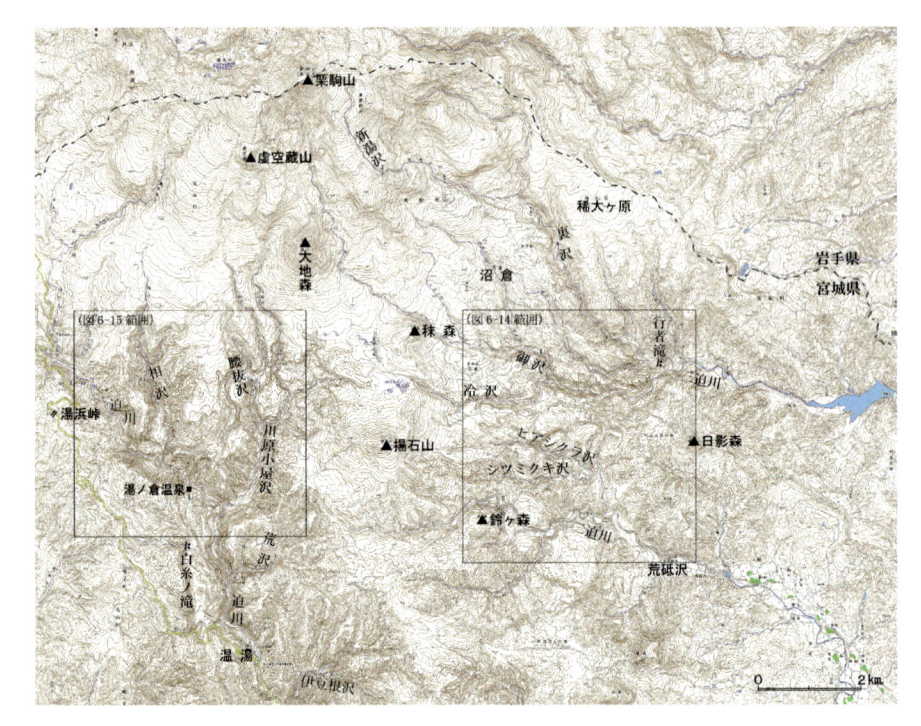

図 6-13　栗駒山南部地域地形図
［国土地理院、数値地図 25,000（地図画像）「新庄」CD-ROM 版、1998（平成 10）年 12 月 1 日発行］

の南の揚石山が大地森とつながって一迫川と二迫川・三迫川との分水界をつくっている。これらの緩斜面は、栗駒山火山噴出物の堆積面である。この緩斜面を南西側から一迫川の最上流部の肢節が切り、また東方から二迫川、三迫川が蛸足状に侵食している。このあたりの地質は中新世後期から鮮新世にかけての火山噴出物で、その上位に第四紀更新世中期から完新世にかけての栗駒火山噴出物が載っている。こうしたことから、今回崩壊の発生した地域は前記 3 渓流が火山山麓緩斜面を切る侵食の活発な不安定地域である。

　表 6-5、表 6-6 に、検討した箇所と写真判読に使用した空中写真名を表示した。箇所ごとに示した空中写真は、上部が崩壊前の、下部が崩壊後の写真である。なお、写真中の赤・橙・緑の線は危険斜面の範囲、その斜面の危険度のランク（赤は A、橙は B、緑は C）を表している。また、A、B、C の記号は危険度のランクと同時に、説明のための位置を示す記号としても用いている。紫色の線はリニアメントを表している。

表 6-5 二迫川・三迫川上流部検討箇所・使用空中写真

	写真番号	検討箇所	崩壊前 国土地理院 CTO-76-13 (栗駒山地区) 縮尺 約 1:15,000 昭和51(1976)年9月26日	崩壊後 国土地理院 CTO-2008-3 (岩手・宮城内陸地震) 縮尺 約 1:10,000 平成20(2008)年6月15・16・18日
(a)	写真 6-8	二迫川荒砥沢ダム上流	C 15B - 19〜21	C 6 - 13〜15
	写真 6-9	荒砥沢ダム上流 大崩壊頭部箇所のリニアメント	C 15B - 20・21	—
(b)	写真 6-10	二迫川上流 シツミクキ沢左岸下流側	C 15B - 19・20	C 6 - 12・13
(c)	写真 6-11	二迫川上流 ヒアシクラ沢左岸、シツミクキ沢左岸2カ所	C 15B - 19・20	C 6 - 11・12
(d)	写真 6-12	三迫川上流 御沢右岸、御沢右支、冷沢上流部冷沢左支3カ所	C 14C - 1・2	C 5 - 11・12
(e)	写真 6-13	三迫川本川 右岸、左岸（行者滝）2カ所	C 14C - 3・4	C 5 - 14・15

表 6-6 一迫川上流部検討箇所・使用空中写真

	写真番号	検討箇所	崩壊前 国土地理院 CTO-76-13 (栗駒山地区) 縮尺 約 1:15,000 昭和51(1976)年9月26日	崩壊後 国土地理院 CTO-2008-3 (岩手・宮城内陸地震) 縮尺 約 1:10,000 平成20(2008)年6月15・16・18日
(a)	写真 6-14	一迫川本川左岸	C 15B - 13・14	C 6 - 2・3
(b)	写真 6-15	一迫川 左支相沢その左支川との合流点	C 14B - 24・25	C 5 - 2・3
(c)	写真 6-16	一迫川左支相沢左岸	C 15B - 14・15	C 6 - 3・4
(d)	写真 6-17	一迫川左岸	C 15B - 14・15	C 6 - 4・5
(e)	写真 6-18	一迫川 左支川原小屋沢右小支腰抜沢右岸	C 15B - 15・16	C 6 - 5・6
(f)	写真 6-19	一迫川 左支川原小屋沢右小支腰抜沢左右岸(5)の上流	C 14B - 25・26	C 5 - 4・5

(2) 崩壊前の空中写真から読み取れる荒廃地形概要

前述した不安定地域は、図 6-13 の地形図、1976(昭和 51)年撮影の崩壊前の空中写真から次の 3 点が指摘できる。

① 谷系のパターンは、東側の二迫川・三迫川では著しく乱れていて、過去に大小規模の地すべりや崩壊が頻繁に繰り返されてきたことを示している。これに対し、西側一迫川の谷系のパターンは二又のやすの形で合流する箇所が多く、また河道がジグザグ形の箇所もあって、谷系が地質構造を反映した傾向が強いように思われる。

② 谷の下刻は、一迫川が二迫川・三迫川より著しい。

③ 全域にリニアメント(写真上紫線、以下同)が発達するが、東側の二迫川・三迫川上流域と西側の一迫川上流域とで形の上でも質の上でも相違する。

次に非常に特徴的なのは、東側の二迫川・三迫川上流域に凹型の短い樋状の地形が断続的に見られる。写真 6-8、写真 6-10 の崩壊前写真で、円で囲った a、b、c、d、e の箇所である。このような地形は西の一迫川上流域ではみられない。また、この二迫川・三迫川上流域では、図 6-14 に見られるように円弧状に顕著なリニアメント l_1、その他短小な直線状、円弧状の明瞭なリニアメントが多く見られる。

凹状地形 b、c、d は、この円弧状のリニアメントと調和的である。b、c は南東方向、d は東南東方向、e は東方向への地すべり性崩壊跡地である。a の凹地は、前述のリニアメントと交わる方向の東南東-西北西のリニアメントに調和的で、地すべり性崩壊の土砂移動方向は南南西方向であったことを示している。このような地すべり性崩壊跡地形は一迫川上流ではみられない。また、e は前述の l_1 リニアメントの西側の南北に直線状のリニアメントの南端部に当たり、ここでの動きは東向きとなっている。これら a から e の凹型地形は、山腹の一角が垂直に切られ、切られた部分が地盤の緩い傾斜に従って下方に移動し、その過程で開口したものと推定される。a、b、c、d、e のうち c はその形が最も鮮明で、a、b、d、e はシャープさが消えつつある。シャープさの差異は、基盤岩のもろさと移動後の侵食時間の長短によって侵食による従順化に差ができたからであろう。

この凹型地形とリニアメントの分布状況は、この二迫川・三迫川上流域東半部に円弧状に地質構造上の弱線があり、この部分で進行した物理的・化学的風

化が今日まで断続的に繰り返された地すべり性崩壊の素因と考えられる。ここで見られる地すべり性崩壊のタイプは、古谷先生の"D4 並進すべり(f)突発伸展破壊"[古谷 (1996)] に当たるのであろうか。この東側地域に見られるリニアメントは、その明瞭さの度合いから恐らくクラックで、崩壊の兆候を示しており、今後、降雨によっても崩壊の可能性が高い。西側の一迫川上流域では、東側の二迫川・三迫川上流域のように明瞭なリニアメントはみられない。ここでは、広く分布する北西−南東方向の細密な帯状の熊手で掃いたようなリニアメント群と、これと交わる北北東−南南西から北北西−南南東方向のやはり細密で、帯状に分布するリニアメントが特徴的である。

リニアメントは、図 6-15 では太い線分で示しているが、これは、このあたりに熊手で掃いたようにリニアメントが密集している（これを熊手型リニアメントとする）ことを示したもので、決してこの線上に特に顕著なリニアメントがみられるわけではない。また、この図には記載していないが、この範囲の南側の温湯から湯浜峠にかけての道路を挟む幅約 2km、長さ約 8km の範囲にも同様の熊手型リニアメントがみられ、さらにその南東方向への延長線の北寄り、荒沢、伊豆根沢の上流部に同方向の熊手型リニアメントがみられる。さらに、これらと約 40°の角度でほぼ南北に走る熊手型リニアメントが 2 〜 3 カ所に認められる。白糸の滝と湯ノ倉温泉を結ぶ線の東側、伊豆根沢の上流部のものが顕著である。この細密なリニアメントの成因はわからない。こうしたリニアメントの交差するあたりに、一迫川の肢節が細分化していることから、熊手型リニアメントに現れるような地質構造上の脆弱性が存在するのではなかろうか。

以上、事前の検討から対象地域の地すべり、崩壊には、地質構造上の特性が大きく関わっていると推定される。この面からの検討が必要である。

(3) 崩壊箇所の予測

まず、崩壊前の 1976 (昭和 51) 年撮影の空中写真を判読して一迫川、二迫川、三迫川上流部の崩壊危険箇所を抽出し、崩壊の危険度を評価して A、B、C にランク分けし、図 6-14、図 6-15 の崩壊ポテンシャル図を作成した。この図は、災害発生直後に急いで作業した少々大雑把なものである。次に崩壊直後の 2008 年 6 月に撮影した空中写真から比較的大規模な地すべり、崩壊箇所を拾い出し、ポテンシャル図に重ね、両者の整合性と土砂移動に関わったと考えられる微地形要素を検討した。検討した箇所は、表 6-5、表 6-6 のように二迫川、三

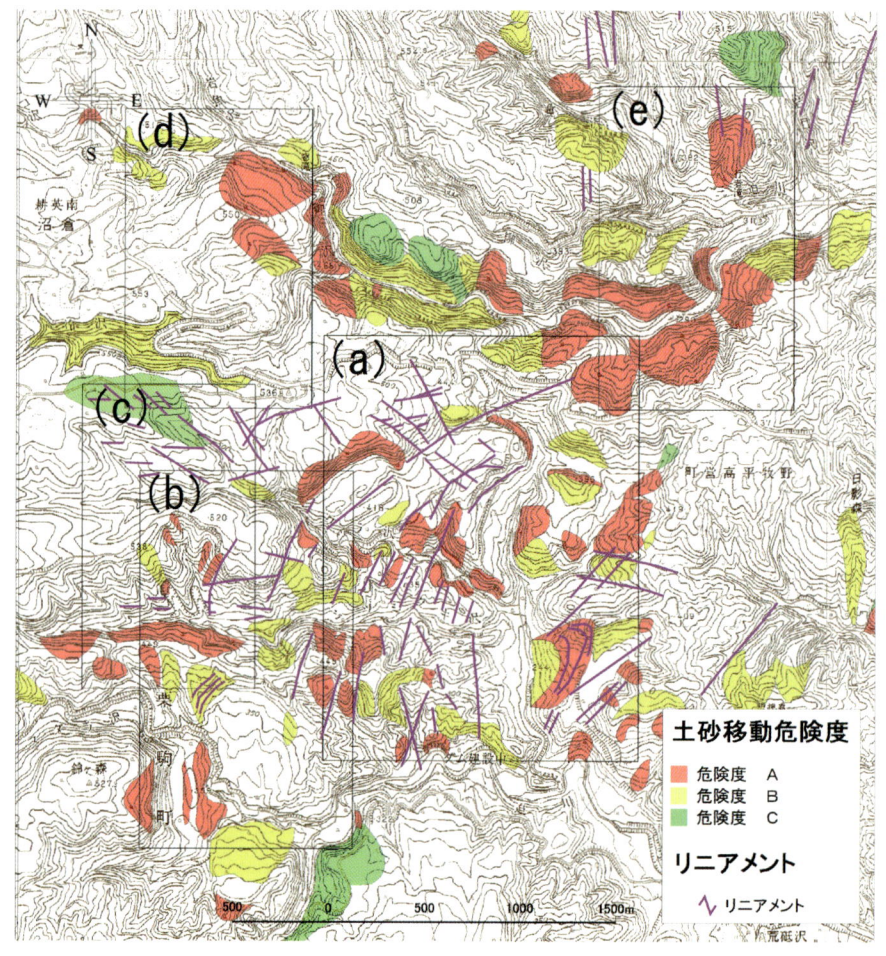

図 6-14　二迫川、三迫川上流部の崩壊ポテンシャル図
（枠(a)〜(e)は、検討箇所の位置を示す）
［国土地理院、数値地図 25,000（地図画像）「新庄」CD-ROM 版、1998（平成 10）年 12 月 1 日発行］

迫川上流部で 9 カ所、一迫川上流部 6 カ所である。図 6-14 および図 6-15 中の枠は検討箇所を示している。

　崩壊ポテンシャル図に崩壊箇所を重ね合わせる際、最初に抽出した危険箇所を再度見直し、見直した写真の上に崩壊箇所を重ね検討している。見終えた印象として、まず、二迫川の荒砥沢ダム上流でこれほど大きな土砂移動現象が起こるとは全く予測できなかった。しかし、その他の崩壊の多くはある程度予測

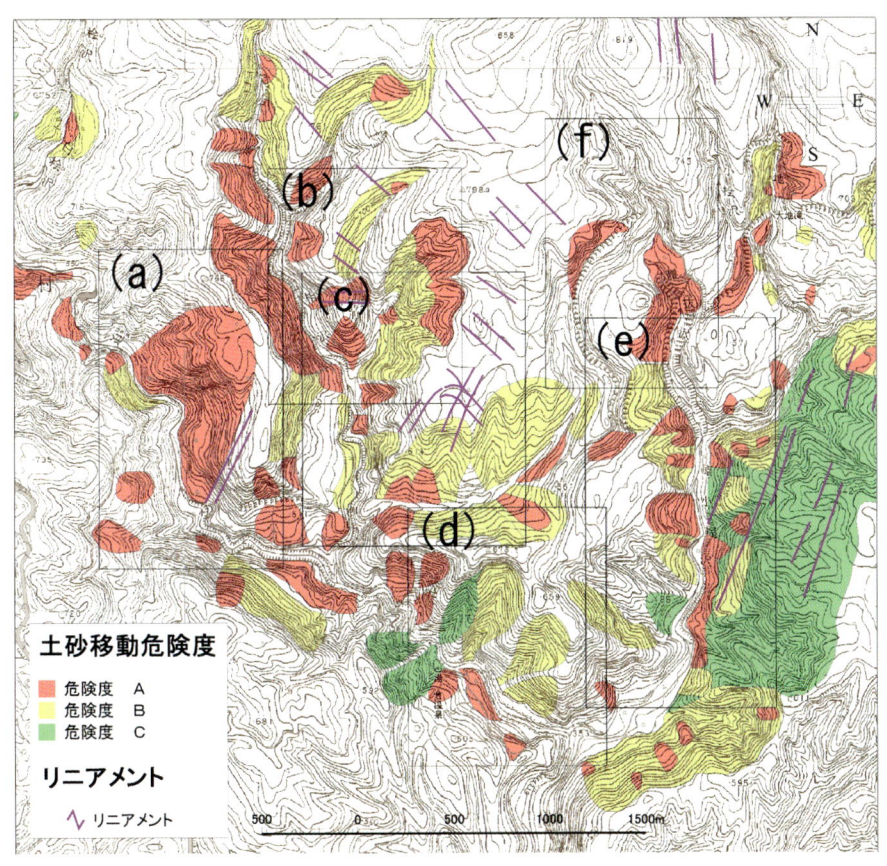

図 6-15　一迫川上流部の崩壊ポテンシャル図
(枠(a)〜(f)は、検討箇所の位置を示す)
［国土地理院、数値地図 25,000（地図画像）「新庄」CD-ROM 版、1998(平成 10)年 12 月 1 日発行］

した箇所、あるいはこれと関わりを持つ箇所で発生していた。同時に、当然崩れてよいと思われる箇所（例えば土石流段丘痕跡）が崩れずに残されているケースもあり、また、シャープな稜線でなくても山頂部分全体が崩壊している例もみられた。降雨による崩壊を対象としてきた目では、地震波加速度を意識していてもなお見落とした箇所が多い。地震時の崩壊についての経験の浅さを思い知らされた。

【東部：二迫川、三迫川上流部】

(a) 二迫川荒砥沢ダム上流部（写真 6-8）

荒砥沢ダム上流部の大規模地すべり性崩壊（図中黄破線）は、二迫川上流で

1) 崩壊前

二迫川、三迫川上流域の微地形の特徴は、既に述べたように、

① 中流部全域が過去から地すべりや崩壊を繰り返してきたことを示す擾乱地形である。
② 3～4本の円弧型のリニアメントが顕著である。
③ このリニアメントと馴染むように地すべり性崩壊 b、c、d が見られる。これらは共通して滑落崖下に凹型の平坦部とこれを隔てて滑落崖と平行にリッジを残している。また、これらのリニアメントと交わる方向（西北西

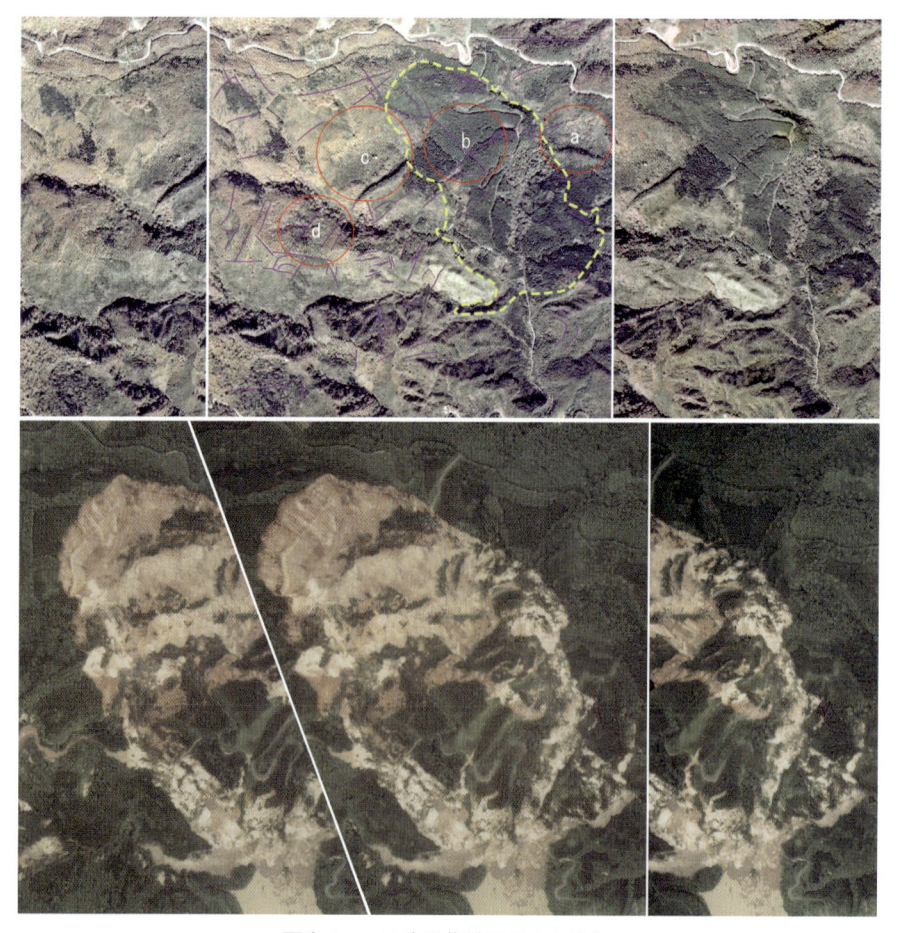

写真 6-8　二迫川荒砥沢ダム上流部

－東南東方向）で同じく地すべり性崩壊 a が見られる。ここでも、b で見たような凹地とリッジが見られる。
④　b のつくる凹型平地の標高はほぼ 380m、c は 410m、d では b、c のそれよりやや高く 420m である。a は、これらより一段低く 350m である。この標高の違いは崩壊のすべり面（崩壊面）と二迫川、三迫川の下刻の度合いに何らかの関連があるのではないか。また、崩壊直後はシャープであるはずの崩壊の肩部とリッジの侵食による形の従順化が、地質の脆弱さと崩壊の発生時期の古さを表す物差しとなるのではないか。

　　この地域には二つの地質構造上の特徴が見える。一つは明瞭な円弧状のリニアメントに現れるような断裂系の存在と、古い地すべり性崩壊 a、b、c、d の凹地形底面の標高から、地層がほとんど水平に近い角度で東ないし東南方向に傾斜しているのではないかと思われることの 2 点である。
⑤　円弧状のほかに写真の範囲内には、北北西-南南東方向と北北東-南南西方向に短小ではあるが顕著なリニアメントが見られる。また写真右端下部には、馬蹄形のリニアメントが段落ち地形として見られる。漸進的な地すべりクラックであろう。

　　このような状況を背景に、崩壊危険箇所を図 6-14 のように危険度 A、B、C に判定し分類した。別府田野川の場合と同じ手法である。

2)　崩壊後

写真 6-8 の下は、崩壊後の写真である。荒砥沢上流の大規模崩壊は、その様態と規模において、降雨を誘因とする場合に想定されるものとかけ離れていて、事前に全く予想できなかった。しかし、実際に起こった現象を踏まえて写真を見直すと、以下のことが考えられる。
①　崩壊のタイプが弧状のリニアメントに馴染む形で発生し、地すべり性崩壊の内部に新しい 2 段のリッジが残されている。これは崩壊前写真の b、c、d のリッジ地形と同類である。事前にこのような地形の成り立ちに深く関心を持って考えておれば、このあたりで崩壊が起こるとすればこのようなタイプのものになるのではないかと、事前に予想されたかもしれない。
②　大崩壊の頭部（図中黄破線）付近には、写真 6-9 で見られるように東西方向のリニアメントが密に分布し、また北西-南東方向の明瞭なリニアメント 2〜3 本が見られる。このことからこの部分、崩壊の滑落崖の背後は

写真 6-9　荒砥沢ダム上流大崩壊頭部箇所のリニアメント

　岩質的にかなり脆弱であったことが想像される。
　崩壊時の様子を観察したある地元住民の話では、最初の崩壊後崩壊がその奥に断続したということであるから、この頭部の崩壊は下流側の崩壊の応力解放により脆弱な地質を反映して崩れたものと思われる。先に b、c で見た凹地形に相当する部分の標高が二迫川の河床の標高に追随するとすれば、新しい地すべり性崩壊ほど凹形地形面の標高が低くなり、a 崩壊は a 〜 d 中最も新しく、今回のすべり面は a 崩壊の凹地平面よりさらに低いとも考えられる。このような仮定は 6.2 節で紹介したような試錐孔の掘削などから腐食土を採取し、これの ^{14}C 分析によって確かめられないか。北松地帯の地すべりでみられた谷の下刻とすべり面となる地層との相対的な位置関係〔羽田野（1970）〕が、ここでも地すべりの発生と関わっているかもしれない。

(b) 二迫川上流シツミクキ沢左岸下流側（写真 6-10）
1) 崩壊前
　崩壊前写真の中央を西から東に流れるのがシツミクキ沢である。二迫川、三迫川の微地形の特徴の一つである凹型地形を、崩壊前の写真上で c から d、さらにその延長をその幅で南に追うと、写真の崩壊地を通過する。崩壊前の写真中に示した p 点はこの延長上にあり、過去に崩落した残土が形づくった小平坦面と判断される。さらにその南への延長上にある右岸側斜面の q 点も、恐らく崩積土が円弧状に斜面に残ったもので、これらはいずれも不安定である。さらに、この斜面の南の稜線を越えた斜面 r も地すべり跡地である。また、この r

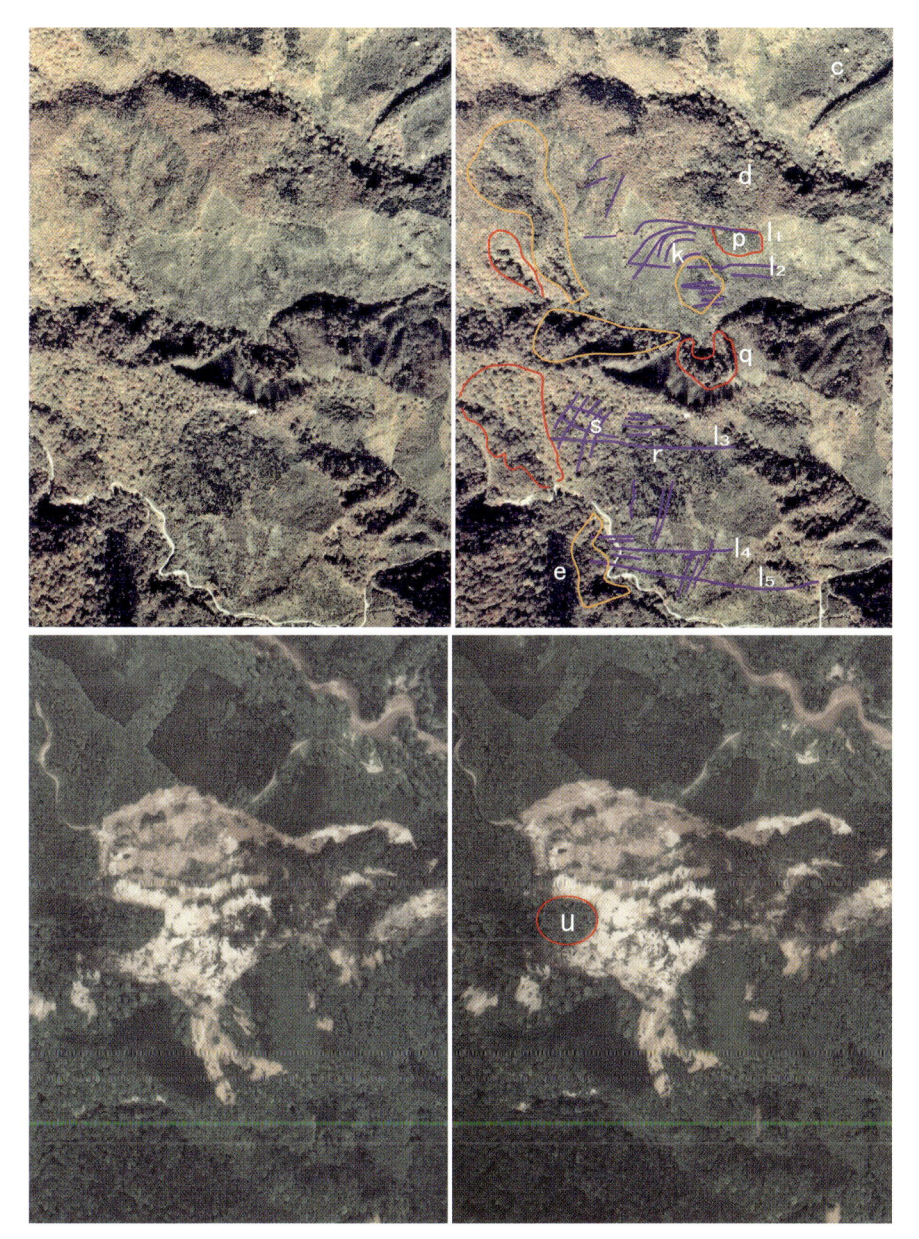

第6章　計画立案過程での計画規模・危険度の予測　　225

写真 6-10　二迫川上流シツミクキ沢左岸下流側

地すべりの滑落崖直下の斜面の頭部にも、東西方向に3〜4本のリニアメントが認められ、この部分も不安定斜面であることが想像される。このほか、r 地すべりの西側 s には、弧状のリニアメントが4〜5本見られる。

リニアメントは、このほかにも東西方向にいくつか認められる。これらの中で比較的明瞭なものは、先述の p 点の北側を東西に走る l_1、p の南側にかなり西方から続く l_2、先述の s 斜面内の l_3、その南方の l_4、l_5 などである。l_2 が写真中央部の尾根を切る箇所の l_1 側の k では、稜線を跨ぐように馬蹄型のリニアメントが見られる。この部分は事前に危険斜面としてマークしていなかったが、大縮尺の空中写真を判読しておれば、地震による加速度を考慮したりして、少なくとも危険度 B くらいには注目していたであろう。

写真の左下端に、**写真 6-8** の a、b、c、d と同類の凹型地形 e が見られるが、これは b、c、d の流れとは別の、より西側の南北方向のリニアメントに沿って崩れたものと思われる。

 2）崩壊後

写真 6-10 の下の写真で見るように、崩壊は稜線部分から大きく崩れている。先述した k 部分、凹型地形 d の南端稜線部、崩積残土 p 部、この3点が崩壊の頭となっている。東西方向のリニアメントと馬蹄型のリニアメントの重なる k 部は、やはり脆弱であったのだろう。

この稜線部のリニアメント l_1 沿いの東側延長部も、かなりの落差で落ちていて、斜面全体が階段状に動いている。東西方向のリニアメントが卓越していることから、この斜面も地質構造的に、この方向に弱線があったものと推定する。

この崩壊の崩壊土堆の移動状態は、先端はヒアシクラ沢に沿って東側に谷を埋めながら移動したと思われるが、動きの全体を追うのはこの写真だけからは難しい。崩壊後の写真中 u で示した高まりは、崩壊前のどの場所に相当するのか見当がつかない。とにかく、かなり大きく移動したことがうかがえる。

 (c) 二迫川上流ヒアシクラ沢左岸、シツミクキ沢左岸（**写真 6-11**）
 1）崩壊前

写真 6-11 の上部を、東西にヒアシクラ沢が、下部を同じくシツミクキ沢が東流している。ヒアシクラ沢左岸の谷 a では、谷頭部にいくつかのリニアメントが収斂しているが、これが何らかの断裂を反映しているとすれば、地下水が集まりやすい箇所となって侵食が進み、ここを谷頭として切れ込んだ谷型となっていると推定できる。このように考えると、谷頭部は今後も後退が進行す

る傾向は強く、Aにランク付けた。谷壁斜面にはルーズで不安定な部分が残されていて、この範囲を図のようにAランクに位置づけた。aの西側の支谷bは斜面勾配、谷勾配とも緩く稜線部分、谷頭に近いところに短小なリニアメントは見られるものの比較的安定している。ただ、谷の埋積は進んでいて、豪雨の場合には土石流の発生が懸念される。

シツミクキ沢左岸側には、ヒアシクラ沢と侵食パターンが類似した支渓が見られる。谷cはヒアシクラ沢のa谷に、谷d、eは同じくb谷に類似している。しかし、開析状況からみるとシツミクキ沢がヒアシクラ沢より河床が下がっていて、支谷c谷もその谷頭が稜線に達しているのに対し、ヒアシクラ沢a谷ではまだ稜線部に緩斜面を残していて、侵食のステージという点ではシツミクキ沢のc谷より若い。このヒアシクラ沢の谷頭部はAにランク付けた。しかし、シツミクキ沢では斜面や谷中に崩積土堆（合流点近く左岸側、段丘化している）もみられ、これらの点をAにランク付けた。d、e谷もc谷と同じく下流からの下刻が遡上して渓床に遷急点をつくっている。この点の遡上の影響範囲をAランクに評価した。

2） 崩壊後

実際に発生した崩壊は予想を上回った。

ヒアシクラ沢a谷の場合には、谷頭部の崩壊は予想通りであった。b谷の崩壊は崩積土堆のつくる緩斜面で発生したが、事前にAランクの危険箇所としては取り上げていない。再度詳細に写真を見直すと、この崩壊を中心として左右に広がる斜面は厚い崩積土で、その脚部が削られていることからルーズな斜面であることは推定される。

シツミクキ沢の場合、c谷の崩壊前の谷型地形は、ヒアシクラ沢のa谷に似ていたが、a谷で大きく崩れたのに対してc谷ではほとんど崩壊は見られなかった。a谷の侵食は、谷の遡上状態からみてc谷ほど進んでいなかったことが背景の一つであろう。

ヒツミクキ沢のd、e谷ではかなり大きく崩れた。侵食のステージからすれば、確かにこれから活動的になる若い谷であるが、d、e谷の崩壊がこれほど大きくなるとは予想できなかった。

このような推定・分析が妥当なのかどうか、他の事例も踏まえてもう少し詳細に検討しなければならない。より広い目で、地質構造などもからめて調査・検討する必要がある。現地調査が欠かせない。

崩壊後の写真では、写真上で見られるようにc谷の頭に、d谷では崩壊の西側の崩落崖の背後にクラックと思われる短小なリニアメントが認められる。今

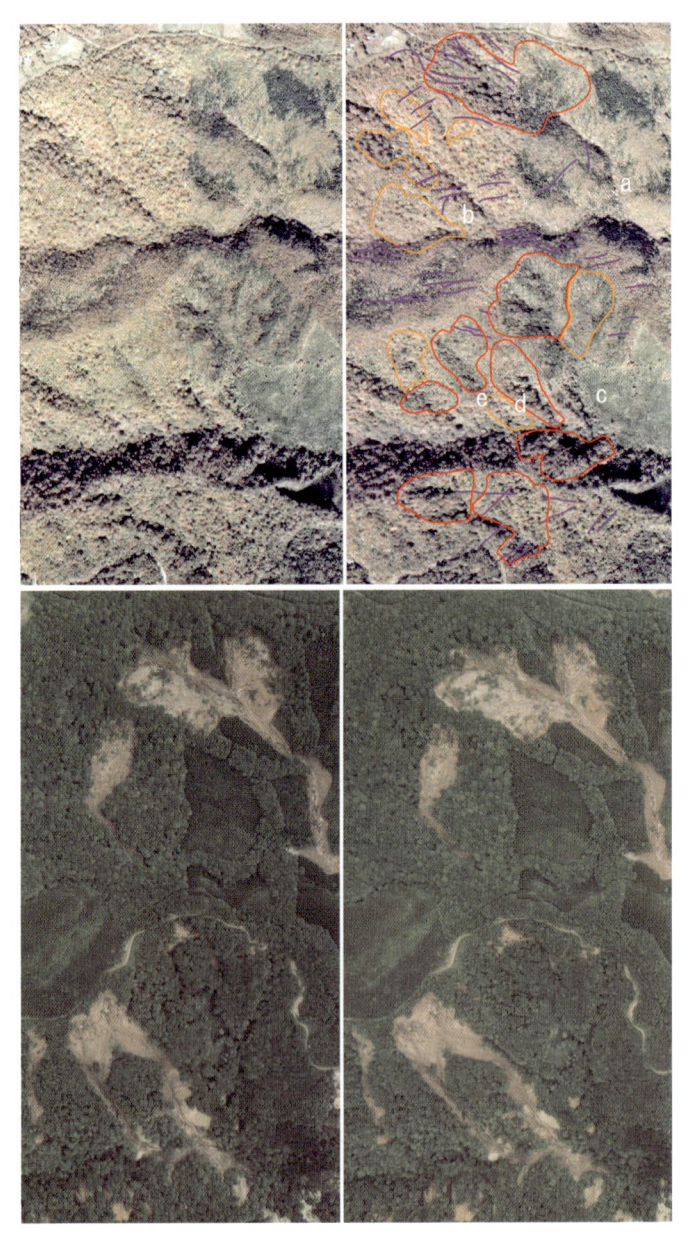

写真 6-11　二迫川上流ヒアシクラ沢左岸、シツミクキ沢左岸

回の崩壊時に開いたのであろうか、いずれも次回の崩壊の予備軍である。

(d) 三迫川上流部御沢、冷沢（写真 6-12）
1) 崩壊前

この範囲は、前記(c)項の北側に当たる部分で、上方の渓流は御沢、下方の渓流は冷沢である。崩壊前の写真から注目すべき地域は 3 カ所と気づく。御沢右岸の斜面 a、冷沢左支の b、冷沢 c である。

a はかなり古い地すべり性崩壊跡地で、渓岸に接する部分は急傾斜で不安定斜面である。滑落崖は比較的勾配が緩く、斜面の侵食土砂が崖の中位より脚部にかけて堆積し、さらにガリによって削られている。a 部の西側の平頂面に東西方向のリニアメント 3 ～ 4 本が認められることから、崩壊の素因の一つとして、ここが地質的に脆弱であることが想定される。この滑落崖は A に位置づけた。

b は明瞭な（新鮮な）侵食前線に囲まれた谷頭部で、さらに b_1、b_2、b_3 に分けられる。侵食前線の崖斜面は急勾配で特に b_1 で急で、ここでは崖斜面の早急な後退が懸念される。b_2 も同類である。また崖下には b_1、b_2 とも崩積土が残されている。b_3 のうち道路沿いの北向き斜面は崩積土で乱れていて、これも不安定斜面で、B ランクに評価した。

c は古い崩壊跡地で、谷壁斜面全体に二次堆積物が残されている。この斜面にガリが平行に入っている。部分的に A ランクの不安定箇所があるが全体として B ランクに位置づけた。

2) 崩壊後

崩壊後の状況を見ると、まず a 部分では西側の東向き滑落崖の部分が落ち、その西寄りの斜面が崩壊し、崩土が御沢を堰き止めた。また、この崩壊の西側稜線越えの渓岸斜面も斜面の中腹の残積土が崩れ、ここでも御沢を堰き止めた。

東端の北東向き短冊状の崩壊 d は、ここでこのような形で崩壊するとは予測できず、危険箇所として挙げていなかった。密着空中写真のスケールでは見直してもきっかけになる微地形要素は見いだせない。大縮尺の写真で検討しなければならない。

b 部分は b_1、b_2、b_3 とも概ね予測どおりに崩壊した。しかし、b_1 西端部分でこのように垂直に深く落ち込むとは予測していなかった。地質の点から調査する必要がある。

c 部分は、事前に図 6-14 のように A、B ランクに位置づけたが、斜面のほとんどが広く崩壊している。c の北側の平頂面にほぼ東西方向にリニアメントが見ら

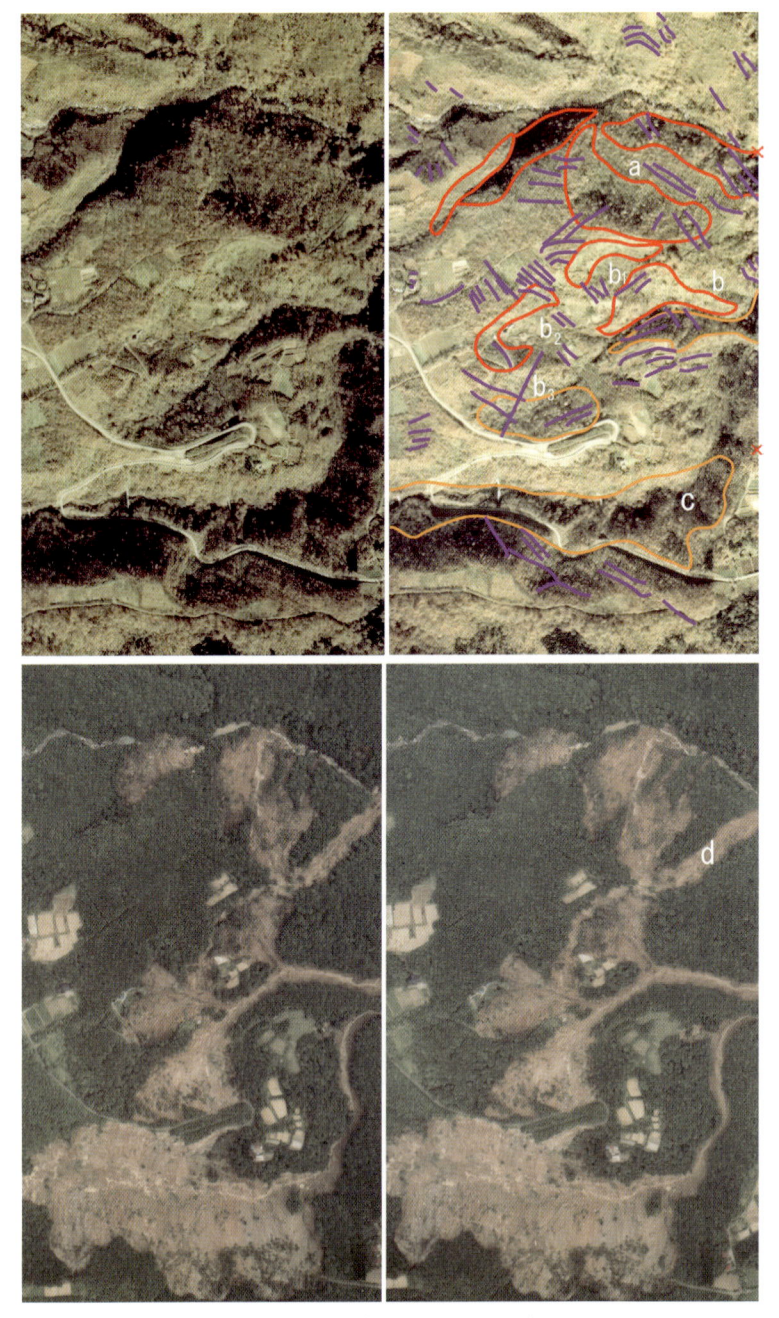

写真 6-12　三迫川上流部御沢、冷沢

れる。ここでも、リニアメントは地質構造と強く関連しているのではなかろうか。

冷沢本川とその北側の冷沢左支の河道に遷急点が見られる。写真上で赤の×で印している。遷急点の標高は概ね 410～420m である。また前記の a 崩壊は地上を緩勾配で浅く削ったような形で崩れており、台状地形の末端の標高 450m 付近で遷急して御沢に落ちている。このことは、このあたりでは標高 460～500m 付近に硬軟 2 種の岩層が不整合に重なっていて、上部の恐らく軟岩と思われる部分は風化して崩壊しやすいことを示唆している。冷沢本川上流 c の広濶な崩壊部分は予想した道路の下位だけでなく、もっと大きく稜線近くの遷急帯から谷底まで広く落ちている。崩れるべきところが大きく崩れたという感じである。

(e) 三迫川本川右岸、左岸（行者滝）（写真 6-13）
1) 崩壊前

写真の範囲には、上（北側の行者滝部分）と下南側の本川右岸部分とに二つの大きな崩壊が見られる。崩壊前の写真からランク分けした図 6-14 では、上の崩壊部分も下の崩壊部分も A にランク付けている。上の A ランクの谷は左岸側では西向きに古い崩壊残土が階段状に残っており、上流部では南向きに、右岸側では南南東向きにここではやや不鮮明ではあるが崩積土がずり落ちている。この西側の谷にも中・下流部にかなり大きな残積土が谷を埋めていて、これは B にランク付けた。この西側の谷は 2 方向のリニアメントが交差していて、今後も土砂移動は活発であると思われる。

下方の A ランク斜面、これはその頭部に当たる部分とその脚部の台状の部分とに分けられる。前記した三迫川上流部の御沢、冷沢の地質が硬軟 2 層からなっていて、上部の恐らく軟岩部分が崩壊して台状地形をつくったと考えられたと同様に、ここでの崩壊も上位層である軟岩層が崩壊したものと判断した。この頭部斜面全体は不安定な状態にあると判断される。

この写真の範囲は、全体として大なり小なり地表の変動を経験していて、上の 2 カ所のほかにも明らかに不安定な箇所が多数指摘できる。

2) 崩壊後

崩壊後の写真では、大きな崩壊は A にランク付けた箇所で発生している。北側の崩壊部分は崩壊前写真で残っていた崩積土堆の範囲そのままが崩れている。また南側の崩壊も、円弧クラック形の不安定箇所がそのまま崩れている。

上、下部分の中間、渓流左岸の崩壊も、崩壊前写真で A ランクの不安定斜

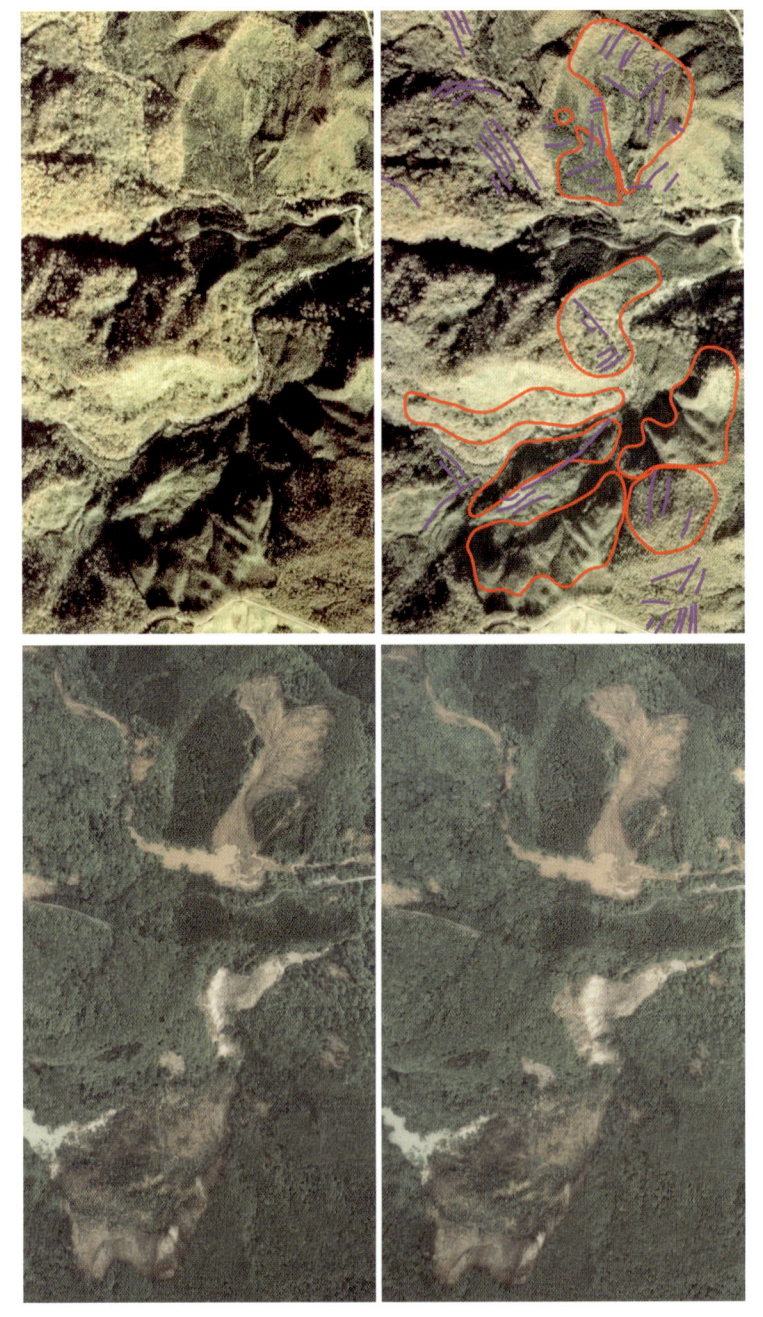

写真6-13　三迫川本川右岸、左岸（行者滝）

面とした箇所で崩れている。しかし、崩壊の頭部はもっと深くえぐれると予想したが、斜面中間の不整合面と思われるレベルで中断し、その下位斜面渓岸沿いに大きく崩壊している。この点は予測と違った。

　下の大崩壊の対岸斜面脚部に渓流沿いに段丘状の（高位の）地形がみられ、これを一応 A ランクに格付けしたが、ここは変化はなかった。古い段丘で今回の地震時には安定していた。

　崩壊前写真では、北側崩壊箇所に南北方向のリニアメントが見られる。これが上部崩壊の頭部に、地質（風化）と地下水の両面から何がしか影響しているのではなかろうか。

【西部：一迫川上流部】
(a) 一迫川本川左岸（写真 6-14）
1) 崩壊前

　大崩壊箇所周辺の微地形の特徴を、崩壊前の**写真 6-14** から見てみる。この写真でも見られるように、一迫川本川の流路のパターンは、鋭角あるいは直角に近い角度で折れた部分やさらに円弧状に湾曲した部分などが不自然につながり、通常見られる河道パターンとはかなり異なっている。

　また、この周辺には 3 種類のリニアメントが見られる。一つは北東-南西方向のリニアメント、これは写真の範囲からさらに東側にかけて密に分布する。次に、これと共役な北西-南東方向のもので、両者が交差する様子は写真の右上部に見られる。またこの部分に、これらとは別の円弧状の明瞭なリニアメントも見られる。

　写真中 a で示した斜面は、過去の大規模崩壊跡斜面で、そのとき崩れた土堆の大部分が現位置に残されている。その大規模崩壊跡斜面の頭部の 2～3 本の円弧状の明瞭なリニアメントは恐らくクラックで、その一部は a 斜面の東側のリニアメントに続いている。この頭の部分には、クラックがかなり存在するものと思われる。この 2 方向のリニアメントのほか、右岸側の中腹にもやや西側に傾いたほぼ南北方向に 1 本の顕著なリニアメント l が見られる。右岸側斜面の乱れた状態は、基盤が破砕されていることを示しているのであろうか。

　右岸側から突出した b 部分は、恐らく崩落土堆で一時河道を堰き止めたと思われるが、どの部分が崩れ落ちたのかわからない。かなり古い時期の崩れであろう。

　渓岸斜面基部には、崩積土が c 点ほか 1、2 点残されていて、左右岸とも渓

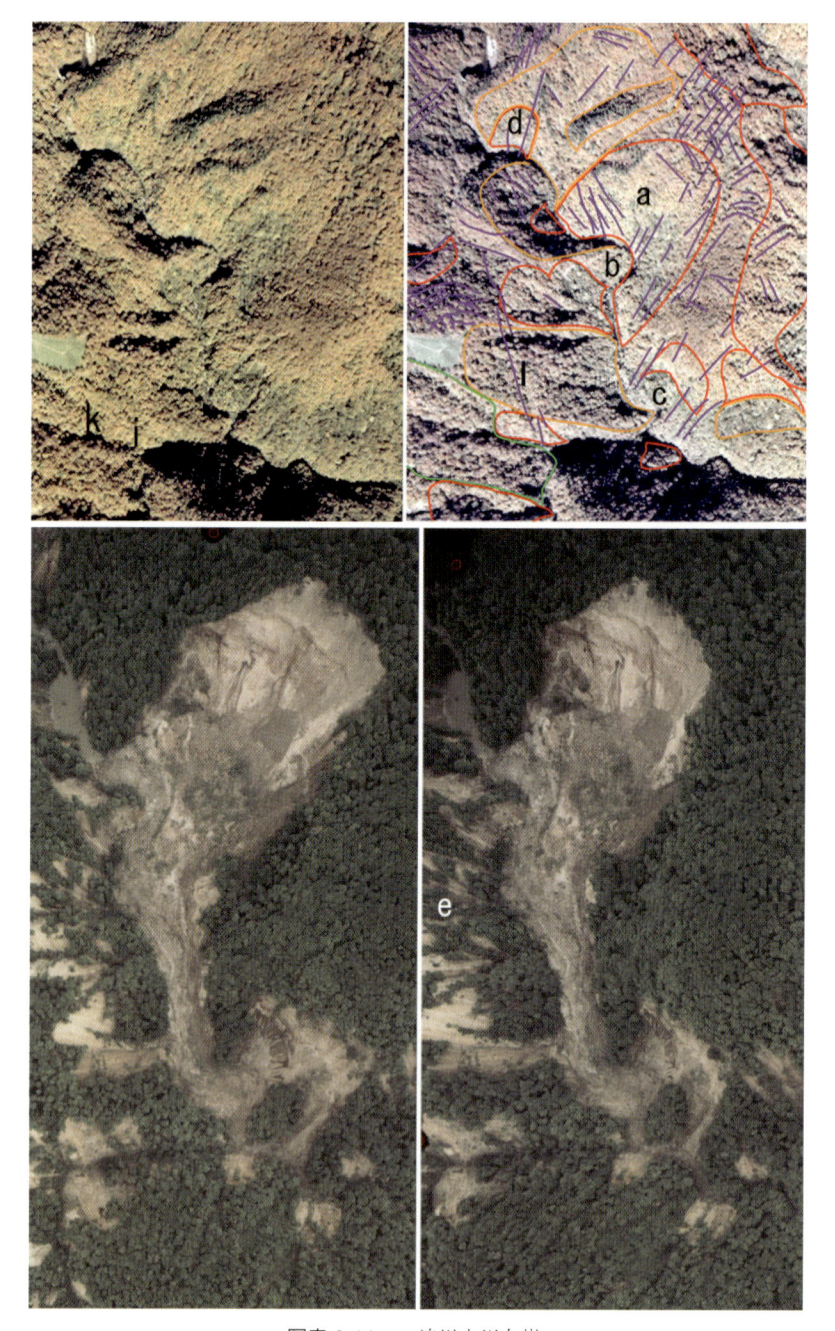

写真 6-14 一迫川本川左岸

岸斜面は多かれ少なかれ絶えず崩壊が続いてきたことを示している。d は、b が谷を堰き止めたときの堆積痕跡であろうか。以上のような観察から、推定土砂移動箇所とその危険度を図示した（図 6-15 参照）。

2) 崩壊後

発生した主崩壊は、危険度 A と評価した崩壊跡地 a の頭部の円弧状のリニアメントを頭とし、崩積土堆を載せたまま基岩を深くえぐった深層崩壊である。崩壊前の写真に見られる崩壊跡地 a は、かつての崩壊の誘因が降雨であったか地震であったかはわからないが、土砂移動の規模はかなり大きかった。しかし移動土堆の大部分は、ほとんど現位置にとどまっていた。ところが今回の崩壊土は河道を堰き止め、さらに下流まで河道を埋めている。瞬間にこれほどの土砂移動現象を起こせるのは、やはり地震のエネルギーだからであろうか。

なお、そのほか小規模の崩壊が多発している。e 斜面の崩壊は l リニアメントと関係があるのかもしれない。写真下方を東流する渓流では、i と記した遷急点が崩壊のポテンシャルが高く、遷急点が後退するとそれにつれて上流の k の崩壊が考えられるが、ここでは i から下流の左右岸がより大きく崩壊した。降雨による場合と地震による場合の相違であろうか。

そのほかの崩壊箇所は、山腹の残積土の最も不安定な箇所で、降雨の場合と同様、ここも崩壊した。

(b) 一迫川左支相沢左小支との合流点（写真 6-15）

1) 崩壊前

崩壊前の写真では、○印箇所 a は尾根がつぶれ、この部分の山体が東側にずり落ちて谷を埋めている。写真範囲の谷型斜面は全体として乱れていて、断裂系が発達し、基岩は脆くルーズで崩壊しやすい状態にあることがうかがえる。

a の南の b 独峰には南側、西側の山腹斜面に小さく段状に崩積土堆 c、d が残されている。この部分の崩壊危険度は A ランクである。このほか、相沢右岸側斜面は崩壊跡地形で斜面全体に縦状のガリがみられ、A、B ランクの斜面が連続している。

2) 崩壊後

崩壊後の写真では、独峰の南西部分、山体の 1/4 の範囲（3 象限）が崩れている。降雨による崩壊の場合には独峰の南側、西側の段状の崩積残土がまず崩れ、これより山頂側の斜面も、引張られる形で崩壊すると推測するが、降雨による場合を考えれば、これほどの規模は事前には想定しにくい。この 3 象限の

写真 6-15　一迫川左支相沢左小支との合流点

部分は他の三つの象限と比べて下刻が著しく、このことも規模が大きくなったことと関係があるかもしれない。

合流点上流右岸側に縦状に並列する渓岸崩壊は、前述のA、Bランクの渓岸斜面で発生している。

(c) 一迫川左支相沢左岸下流側（写真 6-16）

下の写真左上の崩壊は、前述(b)「一迫川左支相沢左小支との合流点」の崩壊である。

1) 崩壊前

崩壊前の写真から、稜線南端部本川左岸側にAランクの斜面を拾っている。この斜面は古い崩壊跡地で、その頭部にはリニアメントが密に分布していて、古い崩壊頭部の拡大が懸念され、ここをAランクの危険箇所として拾っている。

Aランク斜面頭部の右上部には、北東–南西方向のリニアメントとこれに交わる北西–南東方向のリニアメントが密にみられ、この平頂な稜線部分はかなり揉まれていることがわかる。また写真範囲内の流路のパターンは、**写真6-16**で見るようにa、b、c、dで示した4カ所ではシャープに北東–南西方向をとり、eの部分は東西方向で、b部分の南端と鋭角につながっている。この

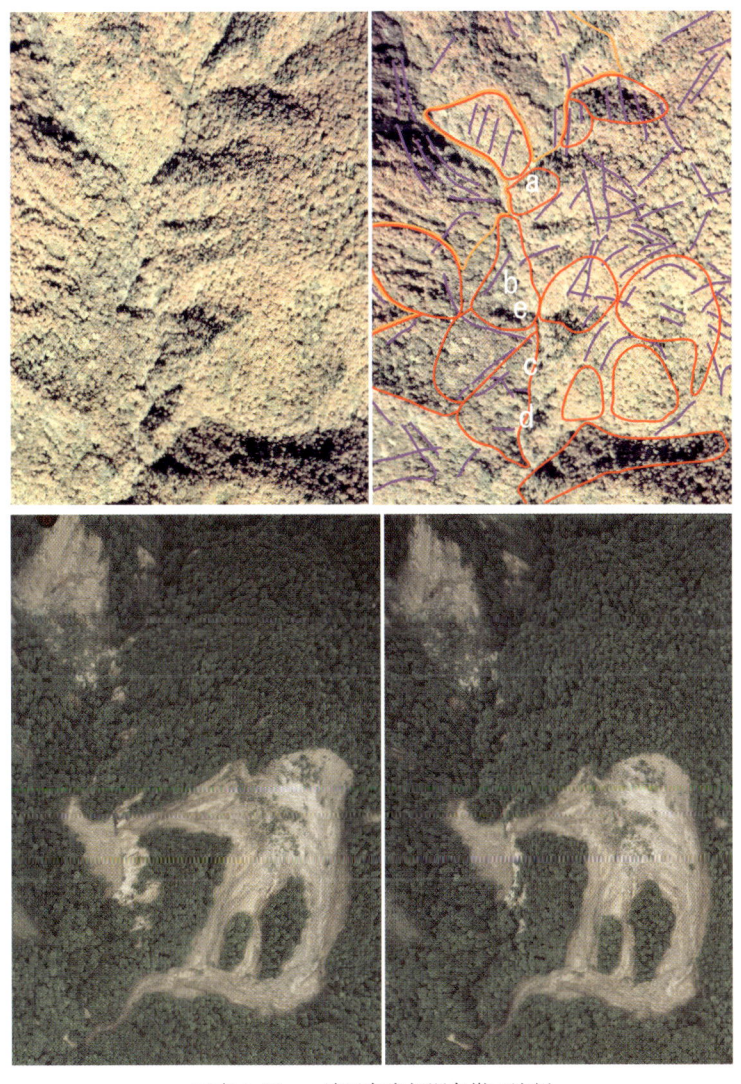

写真6-16　一迫川左支相沢左岸下流側

e部分の東方への延長方向に尾根を横断するリニアメントが見られる。この水系のパターンやリニアメントから、この一帯が地質構造的にかなり乱れた箇所であることが推定される。

2) 崩壊後

崩壊は平頂尾根（山麓緩斜面）南端部で東西と南に大きく崩れ、大部分は南向きの谷型斜面を削って南流し、稜線西側の崩壊は前述のe谷沿いに西流した。傾斜の緩い尾根部では、浅い崩壊ではあったが立木はほとんど流下し、倒木が幾分残された。東側の崩壊の頭は稜線の円弧型のリニアメント（クラック）に忠実に馴染んでいる。構造上の弱線を証している稜線部分が両側に跨いでこのように大きく崩壊するのは、前述(a)の「一迫川本川左岸の大崩壊」と同じく、地震を誘因とする場合の特徴の一つであろうか。

(d) 一迫川左岸湯ノ倉温泉対岸（写真6-17）

1) 崩壊前

崩壊前の写真による判読で、a、b、c谷では多量の一次的、二次的崩積土堆が中腹より上流の斜面に認められ、これをBランクに評価し、その中で特にブロック状、テーブル状に崩積土がひっかかるところをAと評価した。右岸側谷斜面も古い崩壊跡地形が連続している。これらをAあるいはBと評価した。

2) 崩壊後

しかし、崩壊はa谷とb谷を分ける稜線部分で発生した。この崩壊はa谷頭部寄り稜線の基岩をえぐる深層崩壊とみられる。崩壊前写真をあらためて見ると、この頭には稜線を跨ぐクラックが見られる。

a谷の左岸側上流部の不安定な崩積土堆gは残され、逆に安定してみえた稜線部分が大きく崩れたのは、この部分の基盤岩の脆弱さに加えて地震の振動によるのであろうか。

崩壊の位置も形も規模も、降雨を誘因として想定されるものとは大きく異なっていた。西側のb谷にも崩積土堆が卓状に見られる。一個一個の規模はかなり大きい。その過半はやはり崩れたが、こちらは降雨によってもこのような形の崩壊が予想される。しかし、その規模は降雨で想定されるよりも大きい。写真範囲とその近傍には、リニアメントが密に分布する。a谷では北西-南東方向に、b、c谷では上流部では東西に、中下流部では北西-南東方向に細密に認められる。谷を越えて南側でも、谷壁部は北西-南東方向から東西方向に、

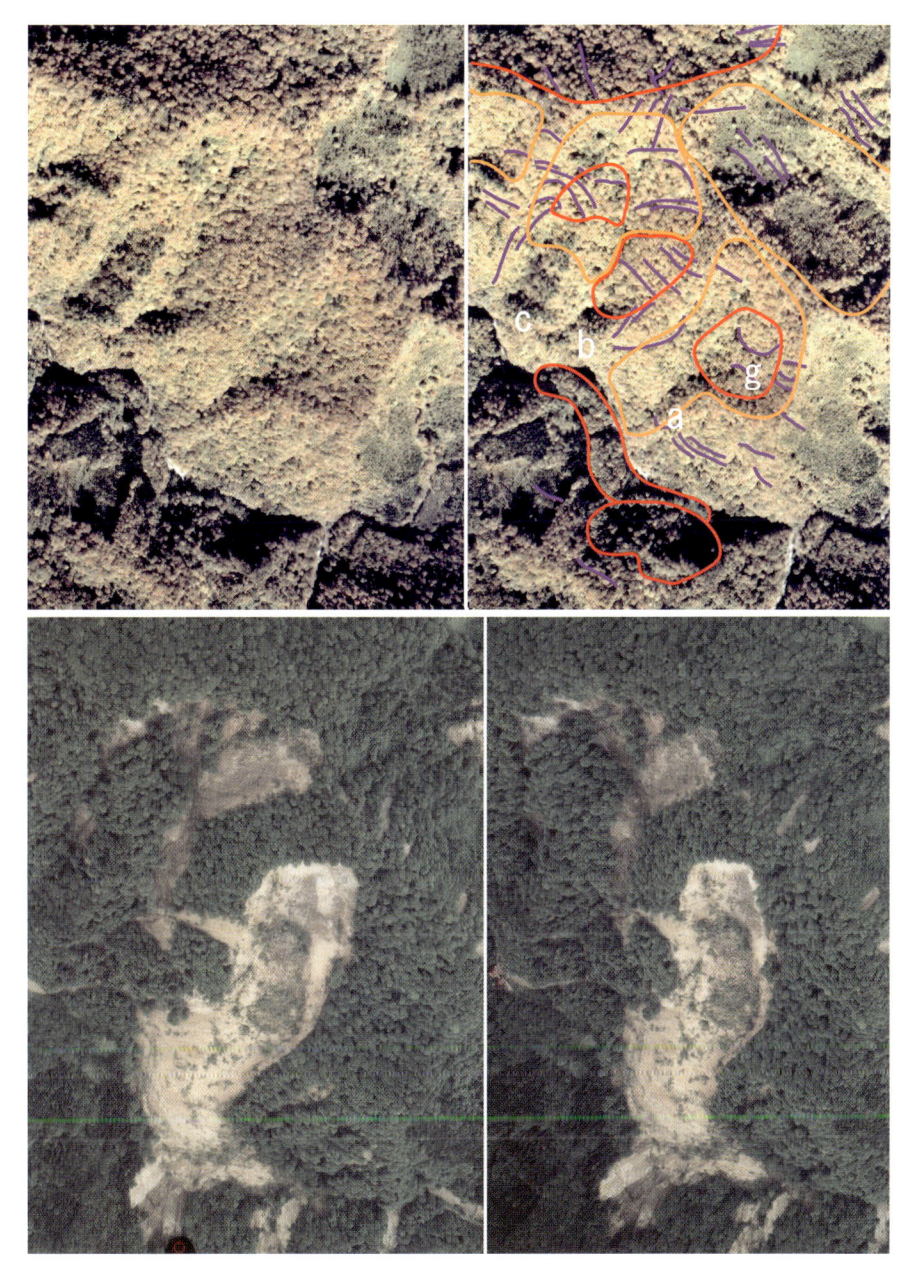

第6章 計画立案過程での計画規模・危険度の予測　*239*

写真 6-17　一迫川左岸湯ノ倉温泉対岸

さらに南に下ると南東方向に下向する稜線を切るように東北東-西南西方向に、さらに北東-南西方向へと向きを変えて流れるように分布する。リニアメントの分布が一迫川流域全体に顕著であることは一つの大きな特徴であって、リニアメントが交差するあたりで崩壊が多く発生していることも、今回の崩壊の特徴の一つである。

(e) 一迫川支川原小屋沢右小支腰抜沢右岸（写真 6-18）

1) 崩壊前

写真の範囲およびこの右外側（東側）には、北北東-南南西方向のリニアメントが密に認められる。写真範囲下端の腰抜沢本川の直線部分 a、b は、これらのリニアメントと調和的である。地質構造上この方向の弱線が考えられる。左岸側渓流沿いの三つの斜面 s_1、s_2、s_3 は三角末端面様であることも、この地質構造を反映したのかもしれない。

右岸側の山腹斜面には、古い大規模な土砂移動の履歴を残す平坦面 h_1、h_2、h_3 が残されている。同じような地貌は、さらに上流（次の(f)の事例）に続いている。この部分では前記のリニアメントはみえないが、恐らく地すべり等の地表変動のため消されたものと思われる。

写真の中ほど左岸側に見えるリニアメントの中に、稜線を跨いで円弧状と見えるものが k_1、k_2（k_1 の東、写真の枠外）の2カ所に見られる。この部分は大崩壊の予備軍ではなかろうか。この左岸側斜面は全体的に乱れていて、かなり揉まれていると思われ、Bランクに位置づけた。また、この付近から本川に注ぐ支谷は遷急点（g_1、g_2、g_3）を持っているが、地層構成を反映しているのであろうか。

2) 崩壊後

今回の地震による主な崩壊は、古い地すべり末端のAランクの不安定斜面の崩壊 p、その対岸北寄りのAランクの渓岸斜面の崩壊 q、さらに上流右岸側、左岸側の古い崩壊の渓岸斜面の崩壊 r、r′、r″、そのほか古い滑落崖の線状の表層崩壊や渓岸沿いの不安定斜面の崩壊などが見られる。p の崩壊には震動に伴う地下水の関与も考えられるが、崩壊発生の主因は、崩壊箇所の斜面形態から地震加速度が大きかったのではないかと思われる。

この区域の地盤は、もともと顕著なリニアメントの分布から推定されるように非常に乱されているうえに、今回の地震によりさらに脆弱になっているので、降雨による今後の土砂移動にも注意しなければならない。

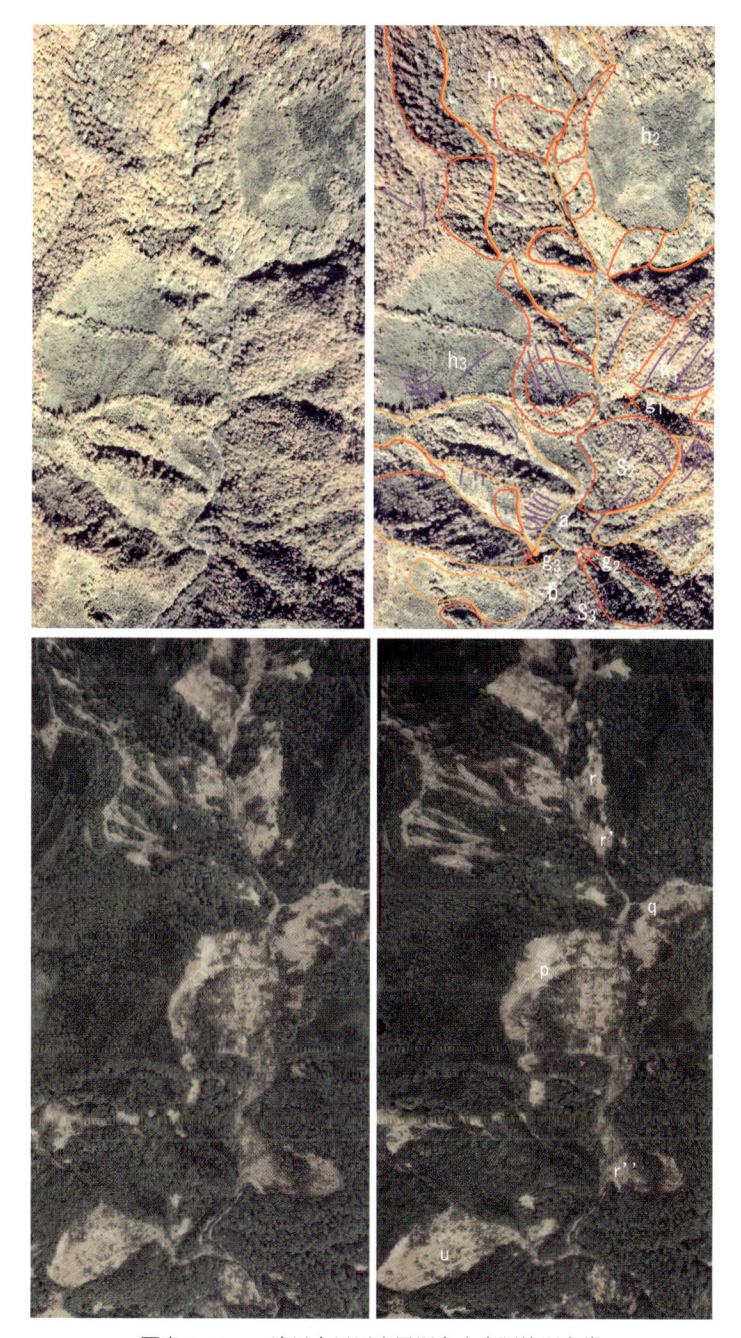

写真6-18　一迫川支川原小屋沢右小支腰抜沢右岸

(f) 一迫川左支川原小屋沢右小支腰抜沢右岸：(e)の上流部（写真 6-19）
1) 崩壊前

火山噴出物堆積面末端を切る一迫川の最上流地点で、大規模な地すべり跡地形を一迫川が下刻し、p 点で滝（遷急点）をつくっている。この部分を中心にその周囲 m_1 は腰抜沢で最も崩壊のポテンシャルが高い。

崩壊前の写真では、北西－南東方向のリニアメント、これと交差するほぼ南北方向のリニアメント、写真範囲の西側にもやはり明瞭な北北西－南南東ないし南北方向のリニアメントが広範に分布している。また、前記(e)の腰抜沢本川の流路パターンで見たと同様の流路の折れ曲がりも認められ、この地域が地質構造上脆弱であることを示唆している。写真中央の崩積土堆上にも、東北東－西南西方向のリニアメントが見られる。

p 点部分（m_1 部分）が崩壊すると、それにつれて上流側の m_2、さらに n_1 に崩壊が波及するであろう。この一連の崩壊とは別の流れとして先ほどの B_1、これに続く n_2 肩部の崩壊も懸念される。さらに m_2 の背後（北側）の稜線越えの渓岸も古い崩積土堆が残されているので、この斜面を B クラスの危険斜面に位置づけた。

2) 崩壊後

今回発生した土砂移動現象は、まず m_1 箇所、その上流に当たる m_2、n_1 箇所が大きく崩壊し、また崩壊跡地形中の崖斜面の n_1 と一体となって n_2 の肩部も崩れた。

主たる崩壊は、この m_1、m_2、n_1、n_2 でほぼ予想したとおりである。あらためて写真を見ると、前述した北西－南東方向のリニアメント群、これに交わるほぼ南北方向のリニアメント群が前述の p 点あたりでも交わっていたことが想像される。流路パターンがこれらのリニアメントに馴染むことから、流路パターンに現れるほど脆弱な地質構造が崩壊の要因となったと考えられる。また河床の遷急点 p から地震動によって残存していた地下水が噴出し、これがきっかけで遷急点が後退し、後背斜面の崩壊に一役買ったのではないかと推測する。

本章では、前半で日光大谷川流域を対象として大規模土砂移動現象の地形発達史的調査の一例を紹介し、後半で土砂移動危険度を判断した 2 件の事例を紹介した。

前者は過去に経験した大規模土砂移動現象の実態を追跡し、今後の対策を検討するための有力な調査手法である。後者は宮崎県別府田野川ほか 3 渓流およ

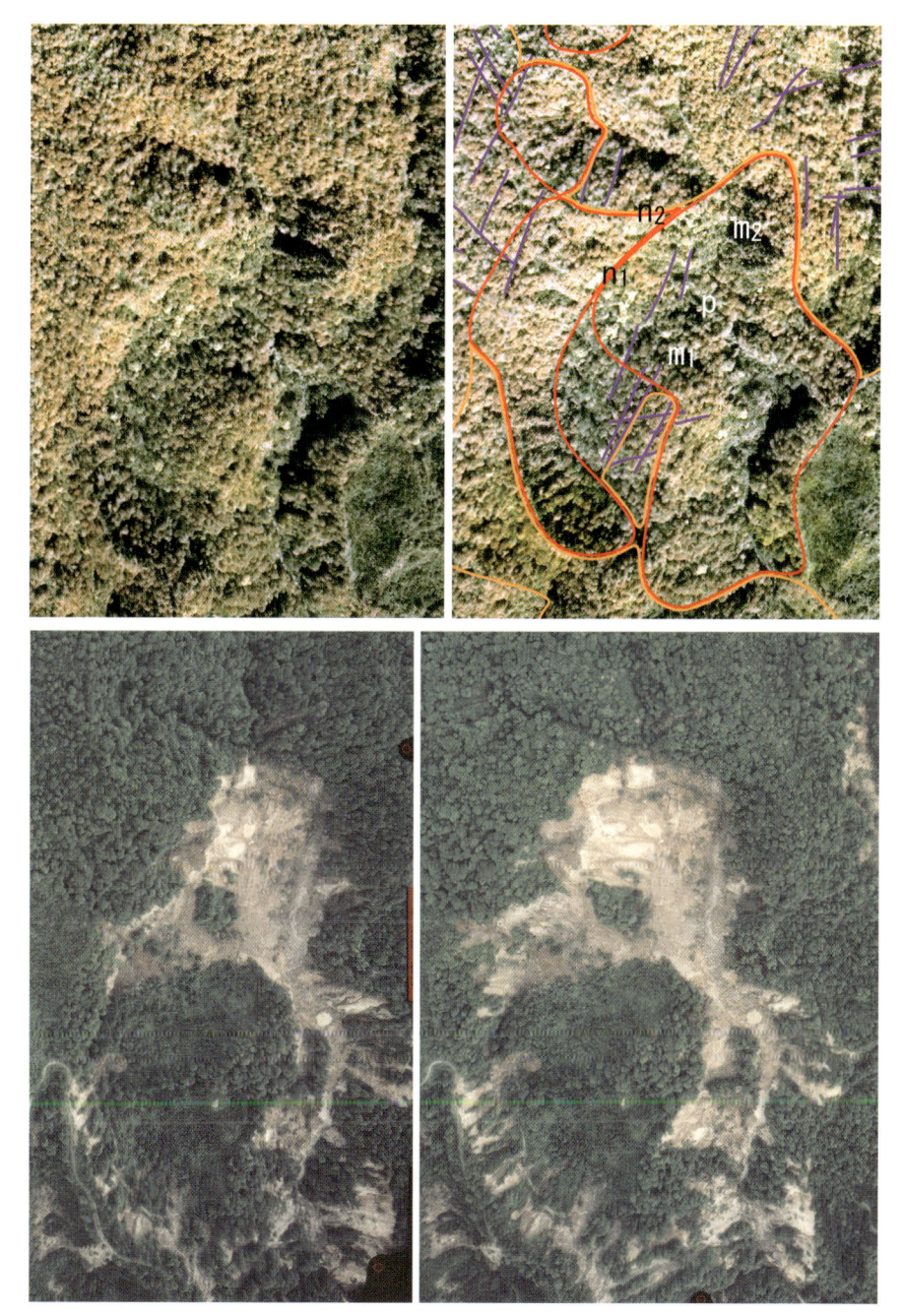

写真 6-19　一迫川左支川原小屋沢右小支腰抜沢左右岸：(e)の上流部

び宮城県荒砥沢流域の巨大土砂移動現象について、事前、事後の空中写真を判読して、どれだけ土砂移動の危険度を予測できるかを確かめたもので、個々の崩壊についてその判断過程を紹介した。問題はいろいろ残されてはいるが、山地とその周縁部の災害防除のための有力な技術となりうることが見えてきた。今後の発展が期待される。

第7章 砂防は微地形からという考えが次第に身についてきた過程

7.1 はじめに

　私は、京都大学農学部で3年間砂防工学を専攻し、1952（昭和27）年3月卒業した。中学、高校、大学を通して地形学を学ぶことはなかったといっていい。ただ、三高時代に江原真伍教授から四国造山運動の講義を受けたことを思い出す。恐らく先生の熱のこもった講義に引き込まれたのであろう。また、大学では応用地質学の講義があったが単位はとらなかった。とにかく、学生時代から建設省に奉職当初まで、地形には全く無縁であった。そうした状況でスタートした砂防屋が、最初の現場、建設省関東地方建設局利根川水系砂防工事事務所で、崩壊調査や砂防計画の立案に携わる過程で、次第に地形に関心を持つこととなった。

　私は、建設大学校、国土交通大学校の「専門課程砂防研修」で、1976（昭和51）年から2007（平成19）年まで約30年、空中写真判読や砂防に関わる微地形をテーマに講義させていただいたが、数年前に受講者から、砂防屋がなぜ微地形なのか、その傾斜の過程が知りたいといった要望があり、2006（平成18）年、2007（平成19）年の講義では、現役時代の地形に関わる断片的な思い出を話すことになった。本章の内容は、その講義内容の概要である。当然のことながら、職場での仕事を通して芽ばえ、現場を移るごとに次第に成長したものであるので、それぞれの現場での経験を追ってゆくこととなる。

7.2 砂防調査のスタート（昭和20年代後半～31年）

　私が建設省河川局砂防課に在籍したのは、1953（昭和28）年12月から1956（昭和31）年6月にかけてで、木村弘太郎氏が課長、木村正昭氏が専門官であった。あとになって思うと、当時砂防課の中で砂防計画法が議論されていたこと

は間違いないが、そのことについて私は全く知らなかった。木村課長は1960（昭和35）年本省を去られたが、その後も木村正昭専門官が引き続き計画法を検討し、練り上げられたと推察される。これらの事情は、「土木技術資料」（昭和44年5月号）［木村弘太郎、1969。木村正昭、1969］のお二人のレポートからうかがえる。

　この時期に、なぜ公共事業の計画手法が問題にされたか、それは当時、わが国の公共事業が占領軍（GHQ）による強い指導下にあって、公共事業の適正な樹立と経済的な実施が要求され、砂防事業もその投資効果についての評価が求められていたからである。

　また、GHQからの同様の趣旨で「直轄砂防事業および砂防事業調査費補助」の制度が1947（昭和22）年度から設けられ、カスリン台風直後の群馬県などで調査が始められた。当時の砂防調査の内容は、水源崩壊調査、流出土砂量調査、それに水文観測を主とする基礎調査であった。私が砂防課に在籍した1953～1956（昭和28～31）年には、1947（昭和22）年度以降、各直轄工事事務所や府県でまとめられた砂防調査報告書がボツボツ本省砂防課に届いており、砂防課の末席でそれらに目を通したのが私の砂防調査の始まりである。

　また、1955（昭和30）年、河川局河川計画課がまとめ役で、「土砂調査要綱」が作られた。私も作業班の一人として砂防課から参加したが、崩壊現況、河床現況を将来のためにいわば台帳的に残そう、崩壊については現地調査結果を地質別、斜面傾斜角ごとに整理しておこうという以上の発想は、私からは浮かばなかった。この「土砂調査要綱」は、1958（昭和33）年に発刊された「建設省河川砂防技術基準（案）」の前段階の一つの資料であった。このような状況のまま1956（昭和31）年7月利根川水系砂防工事事務所に転勤した。

7.3　土砂生産・移動現象の実態把握のはじまり　（昭和31年後半～36年）

7.3.1　崩壊調査

　1956（昭和31）年7月から1961（昭和36）年12月まで、利根川水系砂防工事事務所で調査を担当した。当時は、今日のようにコンサルタント事業は見られなかったので、専門的な内容に関わる調査を大学や研究機関に委託するほかは、ほとんど直営で実施していた。当事務所でも、地質・地形調査、崩壊調

査、水文調査、河床変動測量、根利川での洪水観測、ボーリング、コンクリート試験等々、すべて職員が担当した。本省時代と同様、将来の生産土砂量につながるような崩壊調査の手法は相変わらず見えなかった。東京大学の多田文男先生、東京教育大学の三野与吉先生、市川正巳先生を何度か訪問した。地理学会誌「地理学評論」中の、こうした先生方の研究報告に動機づけられたものと思う。

神流川の崩壊調査［建設省関東地方建設局（1960）］で、左支住居附川で1910（明治43）年に発生した「与作のくえ」（崩壊土量：約110,000m^3）（写真7-1)、「糸沢5号のくえ」（同30,000m^3）が、山腹の標高1,000m付近の山腹傾斜の遷急帯で発生していることを知った。神流川左支橋倉沢、右支野栗沢、滝沢等でも同様の現象が見られた。山地の崩壊が山腹の微地形と関係することを意識した最初の経験である。崩壊調査は、新潟大学の地質出身であった故榎本真君（旧姓皆川）が担当し、私もよく同行したが、私のその後の微地形への傾斜は同君に負うところが極めて大きい。

写真 7-1　住居附川流域 1910（明治 43 年）「与作のくえ」の崩壊跡付近［建設省関東地方建設局（1960）］
　　　　　（1：崩壊前の地形に類似した地形、2：「与作のくえ」）

7.3.2 柿平試験地における洪水観測

利根川水系砂防工事事務所は、片品川左支根利川筋に柿平試験地を持っていた。この試験地は、洪水時の土砂の流出を直接観測、測定する施設を持つわが国唯一のものであった。1947(昭和22)年カスリン台風時をはじめ、終戦直後の相次ぐ土砂災害によって、砂防調査の必要性がクローズアップされ、建設省としてこれに対応する気運が高まる中、当時の大石博愛所長の構想のもとに一連の洪水観測施設、実験施設が実現したものである。当時の土木研究所砂防研究室の研究内容は土質研究が主で、砂防プロパーの研究はほとんど行われていなかったという事情も関わりがあるのかもしれない。

柿平試験地では、洪水時の流砂量を直接測定することを柱として、種々の調査が行われた［建設省関東地方建設局（1957・1960）］。施設としては図 7-1 に示すように、洪水時の流出土砂量を直接観測するため、柿平床固工左岸から洪水流を導入する幅2m、深さ2m、長さ23m の導水路と容量 800m³ の沈砂池が設置されていた。また、柿平床固工での流量を知るために、試験地の直下流にある南郷堰堤の水通しで流量を測定した（**写真 7-2、写真 7-3**）。そのため、図 7-2、図 7-3 で見るように、南郷堰堤の左岸袖部からトラス形式の片持梁を水通し中央部まで突出させ、その上を測定車が移動するようになっていた。

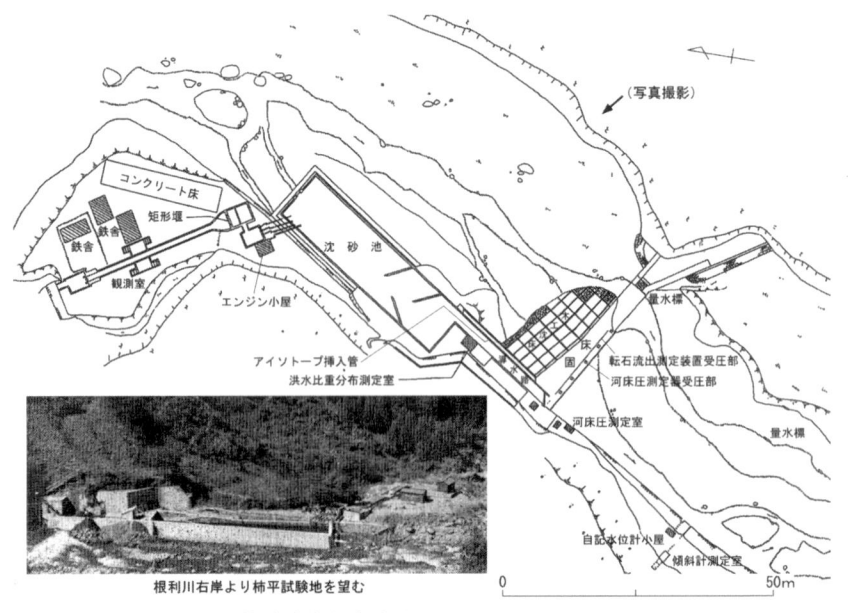

図 7-1　柿平試験地平面図［建設省関東地方建設局（1957）］

第 7 章　砂防は微地形からという考えが次第に身についてきた過程　249

写真 7-2　南郷堰堤の流量測定施設
[建設省関東地方建設局（1957）]

写真 7-3　堰堤流量測定儀を上流左岸より眺む
[建設省関東地方建設局（1957）]

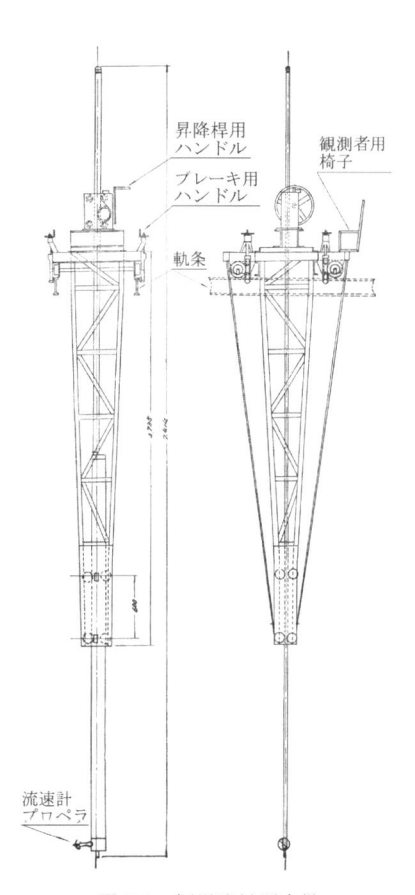

図 7-2　堰堤流量測定儀
[建設省関東地方建設局（1957）]

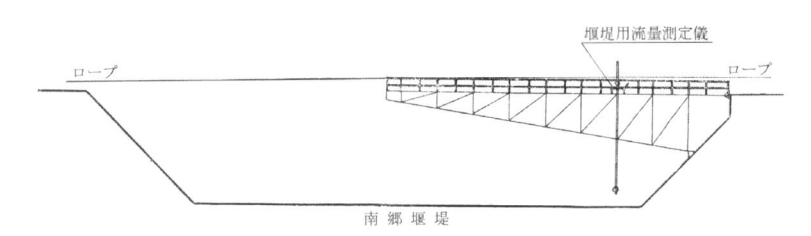

図 7-3　堰堤流量測定儀の設置状況 [建設省関東地方建設局（1957）]

測定車には上下に移動するロッドがセットされ、その下端にプライス型流測計が固定されていた。測定車が任意の位置でロッドを上下して、水通しでの流速と水深を測定した。ロッドに、ナップの流向を測定すべく流向計を試作して取り付けたが、ナップに入れた途端に見事に飛ばされて失敗した。また、柿平試験地上流の照尾地先ほか1カ所に流量観測施設を設け、50m区間の流速、水位を測定し、流量を求めた。どうしてか洪水観測は夜間が多かった。水中で衝突する礫が音と火花を発した。観測用の真赤な風船浮子は流心から離れ、渓岸で遊び、再び流心を突進した。流速とは何だろうと疑問を持った。

洪水観測は南郷出張所と調査課が担当したが、工務課の電気担当、機械担当の職員の応援なしにはできなかった。いわば事務所と南郷出張所あげての大仕事であった。女子職員の握り飯の炊き出しから配給、暴風雨の中、特に夜半、懐中電灯片手に流量観測場所まで潅木を分けての「選手交替」など、当時の活気を目の当たりに思い出す。現在では、あのような世界はとても考えられない（**写真7-4**）。

導水路のゲートにぶつかる洪水流のしぶきには迫力があった。ゲートは設置当初はスルース・ゲイトのタイプであったが、洪水時にはゲートに加わる圧力

写真7-4　1956(昭和31)年台風15号時の柿平沈砂池［建設省関東地方建設局（1957）］
洪水のピークと思われる時間帯に、導水路入口のゲートを一定時間昇降して、流入量を計測する。洪水が治まった後、下流の角落しから沈砂池の水を抜き、流入土砂量を測定する。沈砂池末端の人影は溢流水をすくい取っているところ。

と河床を流れる石礫のために開閉がほとんど不可能に近かった。そのため、私の赴任前からゲートの操作、構造について検討、改良が重ねられ、1956（昭和31）年度に耐圧ローラー、サイドローラーが工夫されて落ちついた。

在任中の1956〜1961（昭和31〜36）年に観測した台風は、1956（昭和31）年に1回、1958（昭和33）年に4回、1959（昭和34）年には3回で、このうち1958（昭和33）年7月の11号台風については、さらに試験地内に縮尺1/15の現地模型を作成し、三次元水理模型実験によって導水路に流入する土砂量と本川を流下する土砂量の比率を求めた。こうして得られた台風11号時の流砂量の実測値は、当時の流砂量公式に計算諸元を入れて得られたそれとはかなり相違し、表7-1に示すように、佐藤・吉川・芦田公式では実測値の2倍弱、Shields式では同じく6倍強、椿式やBrown式ではその中間であった（Shields式、椿式は浮遊砂も含んだ式であって単純に比較はできないが）。このことから、土石流や高濃度の土砂流を対象とする場合にはなおさら、土砂水理学的な方法で流砂量を推定することは極めて困難なことと思えた。

表7-1 掃流砂量公式による理論値と実験値［建設省関東地方建設局（1960）］

実測値	Shieids 式	椿式	佐藤・吉川・芦田式	Brown 式
	$a=v/U*$	-0.435	$\tau*\cdot\varphi\cdot F\cdot U*\cdot b$	$10\tau*^{2}\cdot U*\cdot d$
	$6.23a\tau*(\tau*-\tau*_c)U*d$	$2.5\tau*^{0.8}(\tau*-0.8\tau*_c)(h_s/d)U*d$		
cc/cm-sec 1.148	7.209	3.657	2.011	5.413

7.3.3　ラジオ・アイソトープを利用した調査

調査のもう一つの特徴は、当時としてはほとんど使われていなかったラジオアイソトープ（RI）を利用した転石移動調査［建設省関東地方建設局（1957・1960）］と、洪水比重分布調査［建設省関東地方建設局（1957・1960）］である。

（a）転石移動調査

転石移動調査は、1950（昭和25）年に北海道大学中谷宇吉郎先生が、当時問題となりつつあった貯水ダムへの流入土砂調査に当たり、河床礫の移動の実体を知るために、RIを礫に充填し、線源として利用することを提唱され、これに着目した赤木正雄先生の助言によって、当時の大石博愛所長がこの手法を根利川の転石移動調査に適用し、1953（昭和28）年から理化学研究所に委託して調査が開始されたものである。

転石移動調査は、昔の蓄音機の針に似た形の3〜6ミリキューリーの^{60}Co

を、漬物石大よりやや大きい河床礫に埋め込み、河床に横断して帯状に配置し、これらが洪水によって流下した後、ガイガーミューラーカウンターでその所在を探知し、転石の移動距離を確認して、河床礫の移動の実体を調査しようというものである。観測は1953(昭和28)年から照尾地先の流量観測地点で実施され、1956(昭和31)年までの4回の台風時に観測された。礫の配置個数は年度によって異なり23個から100個で、礫の発見率は80〜100%であった。しかし、この個数では解析に堪えられないというので、1958(昭和33)年に700個の着色礫に代え、台風17号時の観測で比較的まとまった資料が得られた。この調査は、これを担当した故高橋正佑氏(宮崎大学名誉教授)が宮崎大学に移った1960(昭和35)年から1964(昭和39)年まで、柿平試験地で実験を継続し、成果を学位論文［高橋(1967)］にまとめ、1967(昭和42)年に発表して完結した。

(b) 洪水比重分布調査

転石移動調査とは別に、洪水比重分布調査［建設省関東地方建設局(1957・1960)］が行われた。この調査は、導水路を流下する洪水流に含まれる砂礫の垂直分布を密度の変化として、ガンマ線の透過度を利用して捉えようというもので、線源として ^{60}Co 5キューリーが用いられた。しかし、実験の過程でこの目的のためには ^{60}Co は線源としては適当でないことがわかり、^{137}Cs 1キューリーに変えて実験し、光電効果による吸収エネルギーの特定レベルのパルス計数値から濃度変化を知ることができた(図7-4)。しかし、濃度変化が1/100のオーダー以上のものでなければ、この方法が適用できないことも明らかになった。この段階での一応の結果は、研究機関紙「RADIOISOTOPES」［大石(1962)］に掲載された。この間、理化学研究所の岡野真治氏には一方ならぬご指導、ご援助をいただいた。

RIの調査は、当初理化学研究所に委託して行われていたが、原子力平和利用が活発となるにつれ、理化学研究所に100%依存することができなくなり、私は柿德市所長にお願いして日本原子力研究所ラジオアイソトープ研修所での研修に参加し、他領域からの研修生とともに1カ月の研修を受けた。ここで、実験用原子炉で、金片に照射する中性子の線束密度と照射時間を設定すれば、金片を計算値に見合う放射性金として取り出すことができることを知った。それに引き換えほとんど計算に乗らない、再現性の得られない、山崩れ、土石流といった現象を対象とする砂防屋の宿命をしみじみ感じたことだった。本調査は、放射線障害の防止の立場から厳しい環境となったため、1962(昭和37)年で終了した。

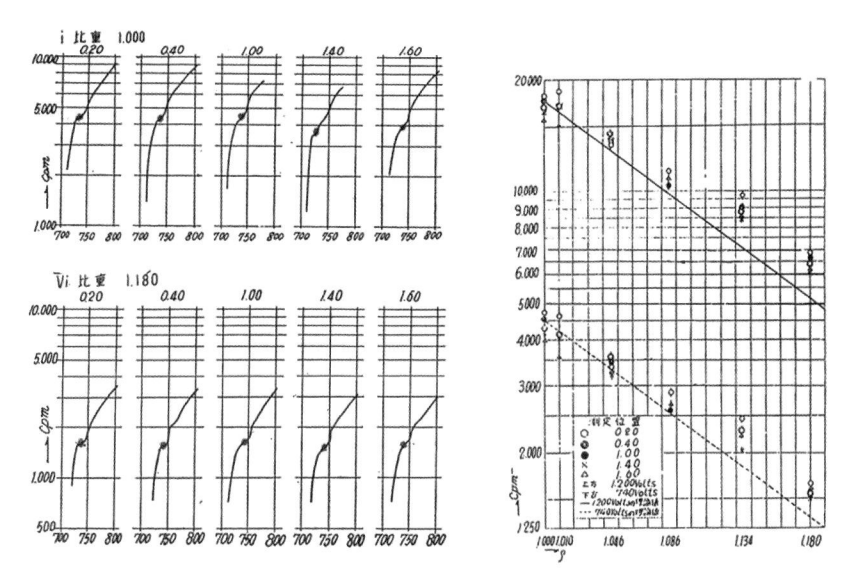

図 7-4　^{137}Cs 1 キューリーの場合の ρ：cpm［建設省関東地方建設局（1960）］

図の赤点は、^{137}Cs 1 キューリーを線源とした場合の γ 線の光電効果による計数率値で、この値から各濃度（比重）の変化を知ることができた。洪水比重分布試験の結果は、ラジオアイソトープ関係の機関紙に報告した。ラジオアイソトープ関連調査は、理化学研究所山崎研究室に委託してスタートしたが、原子力平和利用が活発になるにつれ自前でやる比率が大きくなった。後半の洪水比重分布調査では、理化学研究所の岡野真治氏に最後までご指導いただいた。

7.3.4　柿平試験地でのその他の調査

(a) 河床圧測定、転石流出測定

このほか柿平試験地では、いろいろの調査や実験が行われた［建設省関東地方建設局（1957・1960）］。柿平床固工の天端には河床圧測定装置受圧部、転石流出装置受圧部が設置された。

河床圧測定装置は、洪水時河床上を掃流状態で流下する砂礫量の時間的変化を知る目的で試作された装置で、床固工に埋設した受圧部とこれと連結する指示部とよりなっている。本装置は昭和 30 年度に設置されたが、調整のため取り外され実用化しなかった。

転石流出測定装置は、洪水時に河床上を転動して流下する石礫の個数を知るための装置である。床固工上に設置された受圧部（ϕ 3 インチ高圧ゴム管）に転動する石礫が乗り上げたとき、受圧部と ϕ 3/8 インチの塩ビ管で結ばれた記録計が衝撃の回数と大きさを記録するというものである。これも 1956（昭和 31）

年には調整のため取り外され、計測に至らなかった。図 7-5 に設置位置、図 7-6 に河床圧測定装置の概要を、図 7-7 に転石流出装置の概要を示している。

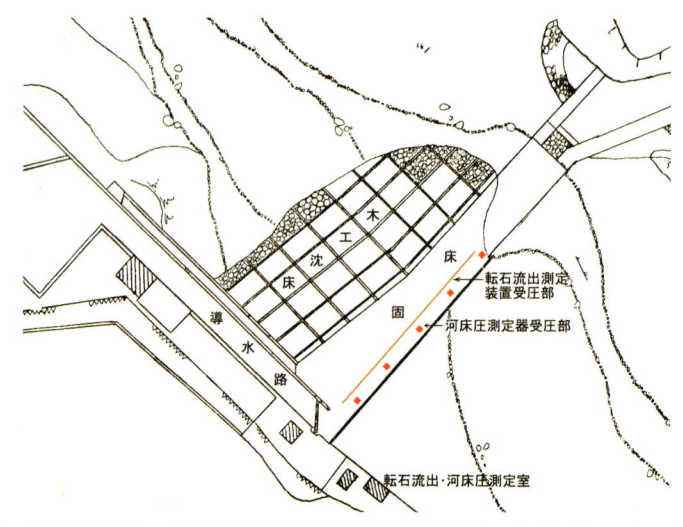

図 7-5　転石流出測定・河床圧測定装置設置位置図［建設省関東地方建設局（1957）、部分］

河床圧測定装置の受圧部

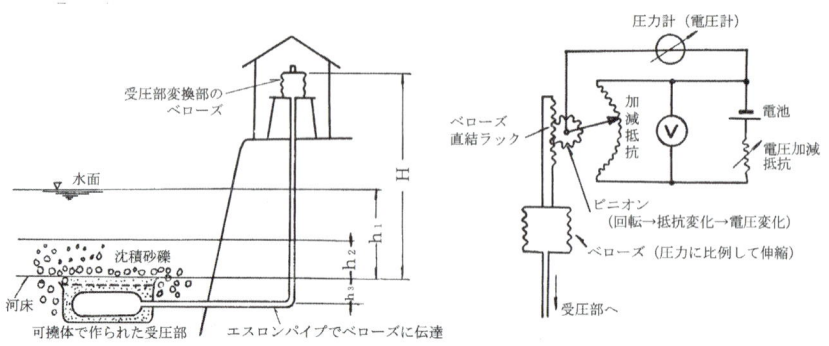

河床圧測定装置受圧部模式図　　　河床圧測定指示部模式図
図 7-6　河床圧測定装置［建設省関東地方建設局（1957）］

第7章　砂防は微地形からという考えが次第に身についてきた過程　255

転石流出測定装置記録部 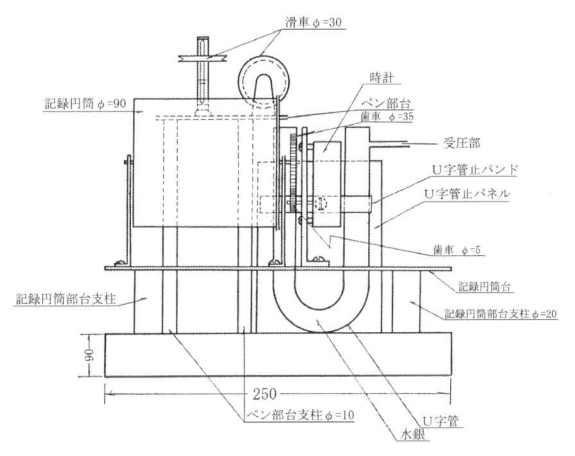　　　　　転石流出測定装置記録部模式図
　　　　　　　　　　　　　　　　1週間巻自記装置構造図（立面図）（単位：mm）
図 7-7　転石流出測定装置［建設省関東地方建設局（1957）］

(b) 岩盤測定

柿平床固工直上流左岸側の岩盤に掘削した横坑にツェルナー吊り型傾斜計を設置し、洪水時の水位変化、含砂量変化に伴う岩盤のひずみを測定して、洪水の比重を求める試みがなされ、1回の洪水時のみ測定値をとることができたが解析には至らなかった。この調査は京都大学防災研究所に委託して行われた。

(c) 堰堤構造調査など

砂防堰堤の光弾性模型実験やカールソンゲージを堤体に埋設しての堰堤構造調査等が、土木研究所構造研究室に委託して行われた。このほか、実験水路でジェットホールダムによるダム下流洗掘実験やスリットダムによる調節機能実験なども行われた。

　考えてみると、戦後10年に満たない昭和20年代後半に、砂防屋にとって現在もなおまさに必要としている洪水時の流砂量などについて、根利川を試験流域と定め、諸種の試験施設を柿平地先の現場に設け、また先端技術としてのRIを利用するなどして画期的な調査、観測を開始した大石博愛所長（初代所長）の慧眼と努力に感服すると同時に、この貴重な施設で6年間勉強させていただいたことをありがたく感謝している。

　また一方、次に述べるように、砂防の幅広い領域にわたってつねに論理的なご意見をいただき、また砂防計画の検討に当たっては、技術的な限界の中で具

体化していく真摯な砂防技術者の姿を、身をもって示してくださった柿徳市所長に深い感銘を覚えると同時に、柿所長の下で自由に仕事をさせていただいたことを深く感謝している。

7.3.5 砂防全体計画の立案

当時の調査課が担当した最も重要な業務は、利根川水系4支川の砂防全体計画の立案であった。砂防計画立案手法は1958(昭和33)年に発行された「建設省河川砂防技術基準(案)」に示されていた。この方式の成立の経緯は前述したとおりである。

当時、柿徳市所長は、ご自身の経験から砂防河川を、花崗岩風化地帯の諸渓流や立山に見られるような比較的間断なく土砂が生産され流出する「活動性河川」と、六甲山系の諸渓流や利根川水系のように数十年、数百年に一度というようにアクシデンタルに大量の土砂が生産、流出する「休眠性河川」とに分け、それぞれに対する砂防計画の考え方を流砂量曲線の形で示されていた。流砂量曲線は、図7-8、図7-9に示したように計画年度ごとの流送土砂量が、年度ごとの貯砂量、直接かん止量の増加状況に従って低減するとし、その様子を

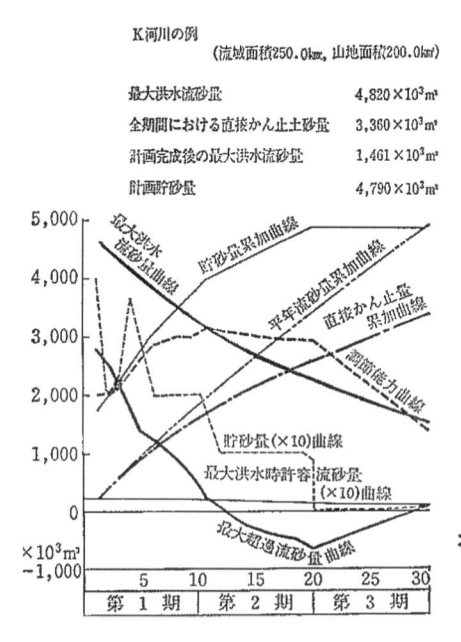

図7-8　休眠性砂防河川に適用する計画流砂量曲線図（間接調節方式）[柿 (1983)]

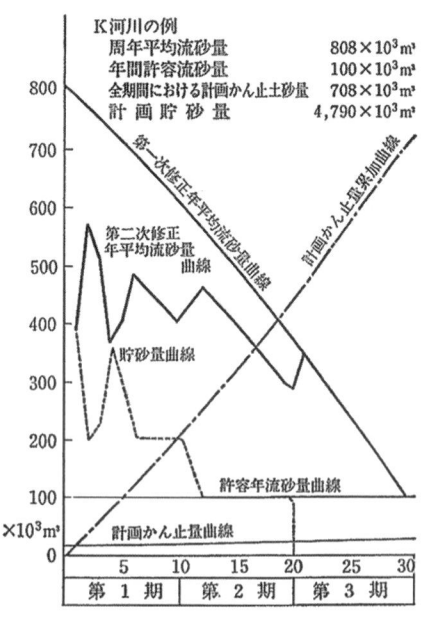

図7-9　活動性砂防河川に適用する計画流砂量曲線図（直接かん止方式）[柿 (1983)]

グラフで示したものである。

　当時、私たち調査課では、柿所長の意向に従い、休眠性砂防河川である利根川水系の 4 支川（片品川、吾妻川、烏川、神流川）の流砂量曲線の作成に携わった。その過程で、最大洪水流砂量、平年流砂量、直接かん止量、調節量、許容流砂量等のすべてに具体的な資料がなく、いわば浅い技術的経験からあれこれと思いをめぐらして形にしていかざるをえないという実態を痛切に感じたことだった。

　一方、柿所長のいわゆる休眠性河川、活動性河川の地形的・地質的特性を少しでも具体的に分別するため、皆川真君と常願寺川、手取川、浦川等の現地を駆け足で見て回った。その際、当時東京大学に在籍されていた町田洋先生（東京都立大学名誉教授、前日本第四紀学会会長）から常願寺川の鳶崩れ、安倍川の大谷崩れ等の研究資料を提供していただいた。これが縁で、その後折に触れ長い間いろいろとご指導いただいた。

　利根川水系砂防工事事務所での 6 年間は、砂防の漠とした世界に足を踏み入れた自分を意識した、いわば私にとって砂防の原点である。と同時に、砂防に関わる微地形の種が地に落ちたときでもあった。

7.4　釜無川流域の微地形からみた土砂流出（昭和 37 年前半）

　1961（昭和 36）年 12 月から翌年 7 月までの約半年間は、富士川砂防工事事務所（現富士川砂防事務所）で工務課長として過ごした。新沢直治氏が所長であった。砂防計画基本土砂量中の生産土砂量に渓床堆積物の侵食量を見込むべきことをはじめて提唱［新沢（1952a・b）］された方である。

　釜無川右岸流域には、1959（昭和 34）年の土石流災害に見舞われた小武川、大武川、その他尾白川、濁川（現神宮川）、流川が南から北に並列して東流し、それぞれその下流に特徴のある堆積地をつくっている。1959（昭和 34）年の災害時、私は利根川水系砂防工事事務所から応援調査に出かけ、大武川扇状地の南半分、小武川埋積谷の下流部と釜無川本川筋の濁川（神宮川）合流点より下流等を駆け足で見て回ったが、大武川扇状地や小武川埋積谷の土砂氾濫、土砂堆積の様態が印象的であった。1962（昭和 37）年の赴任時には災害当時の状態がまだかなり残っていて、1959（昭和 34）年の大武川扇状地災害時の土砂の氾濫や堆積が、災害前の空中写真に見られる流路跡の凹地や、釜無川合流点付近

の若い扇面にみられた。このあたりの情報は前著［大石（1985）］に紹介している。

　また、たまたま昭和34年災で削られた断面の地層を見ると、泥っぽい堆積物、礫っぽい堆積物と、層相を異にする古い土石流堆積物が見られ、昭和34年災のようなアクシデンタルな現象が今日まで繰り返されて扇状地が形成されたことを示していた。ちなみに、1966(昭和41)年に富士五湖の一つである西湖の根場部落を全滅させた根場の沖積錐でも、ガリ状に削られた深さ1mくらいの断面に古い土石流堆積物の重なりがみられた。沖積錐や扇状地の発達の経緯は、テストピット掘削、ボーリング等によって腐食土を採取し、^{14}C分析することによって、事変の年代と規模を引き出す手がかりが得られると思う。日光大谷川の事例を6.2.2項で紹介している。

　前記した5渓流流域の山地部を縦走（釜無川と平行に北北西−南南東方向に流れる）する顕著な断層（藪の湯から南南東、青木鉱泉に向かう線）は、恐らくこれに付随する断層群とともに山体をモザイク状に乱している。また、早川本川筋、同右支雨畑川、春木川は、流域全体が著しい破砕帯で大規模な崩壊跡地が見られ、今後も大規模な崩壊が続発するであろうと思われる。

　また、早川上流右支の大樺沢では、中流左岸側に氷期から後氷期にかけての凍結・融解と関連すると考えられる比高の高い段丘が、さらに大樺沢の早川との合流点には新鮮で活動的な沖積錐が見られ、利根川水系では見られないタイプの活動的な荒廃性がうかがえた。

　濁川（神宮川）扇状地は典型的な扇状地である。しかし、扇面の左岸側半分には松の疎林が見られ、ごく最近まで土砂が動いたと想像された。それに対し、右岸側の扇面は左岸側扇面より30〜40mほど高く、本川沿いにえぐるように削られた露頭には地表から十数m下位に延長50mほどテフラが挟まれていた。たまたま、現地におみえになった町田洋先生から木曽御岳のテフラ［平川ほか（1980）］とお聞きした。また扇頂部に当たる道路際、現河床より数十m高い露頭に直径1mを超す巨礫を含む礫層が見られた。数万年にわたる濁川（神宮川）扇状地の堆積と侵食の履歴の中で、この礫層がどのように位置づけられるのか、興味を覚えた。

7.5　神通川上流流域の荒廃の 3 要素（昭和 37 年後半〜 38 年）
7.5.1　神通川上流域の特徴的な地形

　北陸地方建設局神通川水系砂防工事事務所（現神通川水系砂防事務所）に赴任したのは、岐阜県焼岳が噴火した翌月の 1962(昭和 37)年 7 月であった。前任地の甲府市から車で松本市、安房峠、平湯を経て、神岡町に移動する途次、梓川の広大な扇状地、梓川上流の中の湯の手前坂巻あたりに見られる温泉変質帯の渓岸斜面、安房峠を越えると（当時は安房トンネルはなかった）、眼下に開ける平湯温泉の平坦面、平湯から栃尾にかけての 2 段の段丘、さらに栃尾から下流、神通川左岸に大規模に美事に展開する高位、中位、低位の段丘と、私にとって極めて刺激的な地形が次々に展開した。

　このような地形の洗礼を受けて、着任後、最初に訪れた現場は焼岳を水源に持つ足洗谷であった。噴火後 1 カ月ほどだったので、足洗谷ではまだ小規模の土石流が頻発しており、堰堤を這い下る泥流をたびたび見ることができた。足洗谷 3 号堰堤に土石流の衝撃（恐らく巨礫）によって天端に堤体方向に走る幅 2 〜 3mm、場所によって 5 〜 6mm 程度、長さは 3 〜 4m のクラックを見て思わず緊張したことを思い出す。

　一段落してから、まず気にかかったのは、現河床から 150m から 200m も比高のある鍋平の段丘状の緩斜面、足洗谷下流の中尾集落の立地する中尾台地、外ヶ谷の大崩壊とその脚下の堆積地形、そのほか、蒲田川右俣谷上流白出沢の巨礫の押し出し、左俣沢右支穴毛谷、秩父谷の堆積地形、それに平湯川筋白谷の押し出し等々である。このどれもが、神通川水系砂防工事事務所管内の荒廃性を印象づけるものであった。

　図 7-10 に、神通川上流域の上記の特徴的な地形箇所を示している。図中①は鍋平、穂高平等の段丘状地形、②は穴毛谷、秩父沢の高山性埋積谷、③は鍋平より上流白出沢に至る巨礫堆の崖錐斜面と白出沢の押し出し斜面（図では ［藤岡（1985）］ に従って融氷河流堆積面とした）、④は足洗谷下流中尾台地の火砕流堆積面、⑤は外ヶ谷の大崩壊(A)とこれと一連の崩壊地形、昭和 28 年の崩壊跡地(B)、黒谷左岸の崩壊地(C)、ヒル谷の埋積谷(D)である。

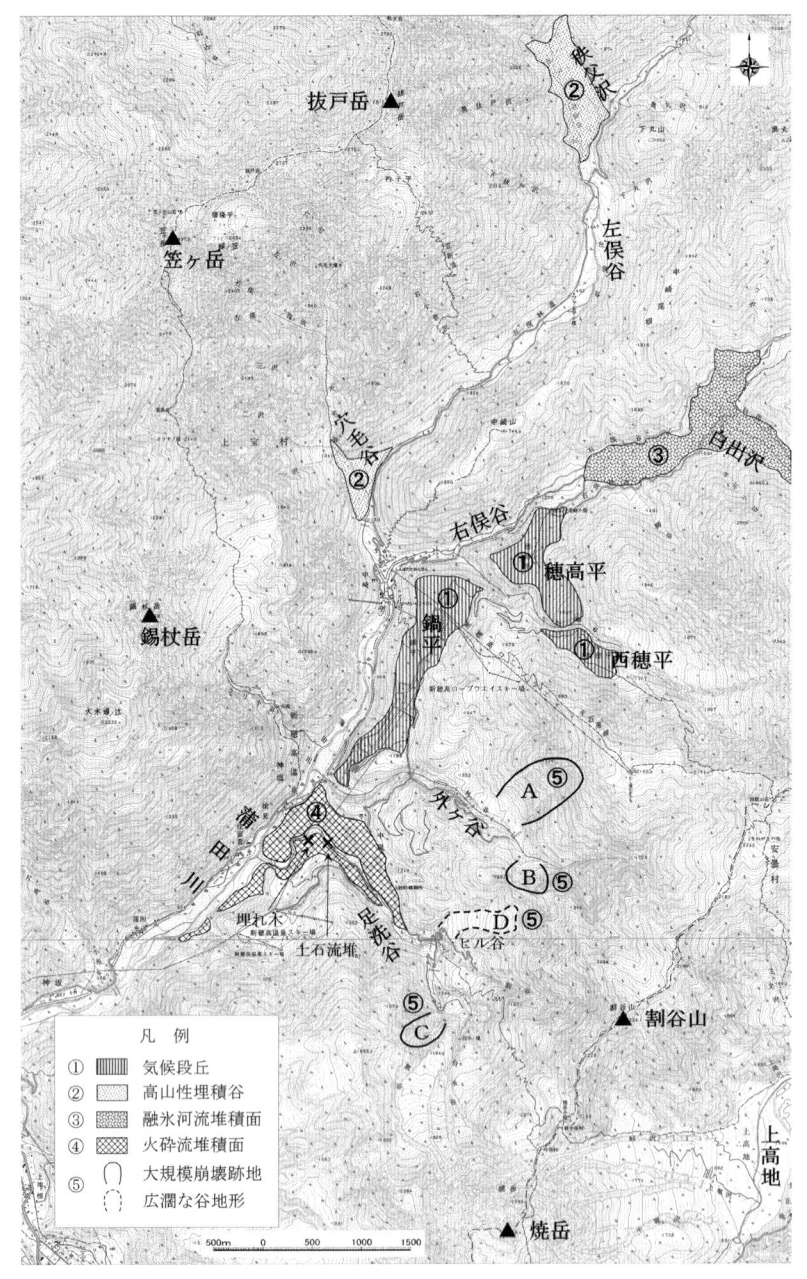

図 7-10　神通川上流域の特徴的な地形
[国土地理院、縮尺 1/25,000 地形図「笠ヶ岳」、1993(平成 5)年 9 月 1 日発行、
「佐世保北部」、1993(平成 5)年 8 月 1 日発行]

写真 7-5　土石流先端の巨石：1963(昭和 38)年 6 月

7.5.2　気候地形

　まず、鍋平と穂高平、これは段丘状ではあるが、現在の営力では 150m から 200m もある厚い堆積層はできそうにないこと、また、この堆積物の層相はほとんど無層理の亜角礫〜角礫であることから、とても河成段丘とは思えない。私は、湊正雄先生の単行本『後氷期の世界』［湊 (1954)］を思い出し、これが氷期から後氷期にかけての気候下（古気候）で形成されたいわゆる気候段丘ではなかろうかと思い、富山大学の深井三郎先生に現地においでいただき、いろいろとお話をうかがって、右俣谷流域から鍋平にかけて気候地形があることを知った。深井先生を訪ねたのは、先生の飛騨山脈周辺の河岸段丘についての論文［深井 (1958)］を目にしていたからである。

　鍋平と穂高平の堆積面の成因については、後に最終氷期に形成された気候段丘、アウトウォッシュ堆積物とする考え［藤岡 (1985)、式 (1974)、Ono (1984)］や、西穂高岳周辺の山体崩壊による土石流堆積物とする考え［町田 (1979)］、それに段丘堆積物［原山 (1990)］とする考えが報告されている。

　鍋平から上流、右俣谷左支白出沢は、右俣谷との合流点に円磨された花崗岩の巨礫堆からなる堆積原（融氷河流堆積面）をつくっている。これがよく円磨され、新鮮にみえるけれども径 1m から 2m ほどの巨礫も累々と重なり、大規

模な土石流堆かとも考えたが、とても現在の営力で形成されるようなものではないと思った。また、鍋平から白出沢に至る道路沿いの斜面には、角ばった巨礫の累積した、規模の大きな崖錐（当時はこのようにうけとっていた）が連続する。さらに、左俣谷右支穴毛谷と秩父沢が、谷というより幅広い新鮮な礫の堆積からなる緩斜面（高山性埋積谷）を形成している。このような谷の堆積物も、やはり古気候に由来するもので、神通川上流域が利根川水系などとは異質な極めて活発な土砂生産源となっていることを感じた。こうしていわゆる高山性の土砂生産源を知ることとなった。

　また、鍋平、穂高平、その上流に続く西穂平、どんびき平は、下流に向けて扇状に続く一連の堆積面で、堆積土砂の供給源は穂高連峰であることが地形から読み取れた。この堆積面を小鍋谷が切る谷壁斜面には新鮮な崩壊が見られたが、この堆積面を切って小鍋谷に合流する支谷はほとんど見られない。このことから、堆積面の透水性が著しいこと、堆積面の形成が新しい、あるいは堆積面への土砂供給が継続していること、小鍋谷本川が極めて急速に下刻したことが感じられた。

7.5.3　火山噴出物堆積面

　足洗谷の下流に広がる中尾台地は、足洗谷の谷床に近い渓岸部分に見られる火山泥流堆積層（石英斑岩、角閃石安山岩）の上に約 30m 厚の火砕流が堆積した台地である。**写真 7-6** の渓岸で、写真中央の下位が火山泥流の堆積、上位が火砕流である。

　当時入手した「震災予防調査会報告第 75 号」[加藤（1911）]では、「今より 200 年前、硫黄ヶ岳（焼岳）が破裂し、その噴火は 7 年間継続した」とか、「1584

写真 7-6　中尾第 1 号堰堤上流 300m 付近右岸側の渓岸崩壊
写真中央に立木の根（**写真 7-7**）が見られる

（天正12）年に硫黄ヶ岳が噴火し、西麓の白水の渓谷をうずめ、現今の中尾区にある平地を作った」といったことが、いずれも口碑によるものとして報告されている。しかし、私が中尾区に住む長老西谷氏と小瀬氏にうかがったところによると、西谷家の過去帳には1581（天正9）年に男性の死亡、およびその方の配偶者と思われる女性の死亡が1590（天正18）年であったことが記録されている。このことから、震災予防調査会報告でいう天正12(1584)年の噴火によって中尾区のある平地が造られたという表現は適当ではなく、1584（天正12）年の噴火は、既に台地上に立地していた中尾区の集落にもある程度の降灰がみられたということではなかったか。こうして、中尾台地の形成期は数百年より古いことがわかった。

　たまたま、足洗谷右岸の中尾台地を削る谷壁に無炭化立木（写真7-7）や無炭化木幹を見つけ、無炭化立木から採取した木片2個の ^{14}C 分析を学習院大学木越先生に依頼した。これらの ^{14}C 年代測定の結果は、ネズコ：$2,060 \pm 120$ 年 B.P.、ヒメコマツ：$2,460 \pm 120$ 年 B.P. で、この立木を埋めた火砕流の流下時期が約 $2,000 \sim 2,500$ 年前であることを知った。

写真 7-7　足洗谷下流右岸の火砕流堆積層中に見られる無炭化立木（ねずの大木）

その後富山大学の藤井昭二先生ほか［藤井ほか(1971)］は、足洗谷の渓岸の立木、木片、木炭、土壌等から採取した23個の^{14}C年代測定資料のうち、二次的移動がなかったと考えられる資料から中尾火砕流の層序とその年代を考慮して以下のような形成史を推定し、火砕流堆積物は2,500年、2,000年、1,500年前の3層に大別される［藤井ほか(1974)］とされている（図7-11）。

① 中尾泥流堆積物の土壌化（約4,500年前）
② 中尾埋没段丘堆積物の堆積と土壌化（約3,000年前）
③ 埋没土壌面上での立木成育（約2,500年前）
④ 中尾火砕流の下部層堆積（約2,500年前）
⑤ 中尾火砕流の中部層堆積（約2,000年前）
⑥ 中尾火砕流の上部層堆積（約1,500年前）

足洗谷谷床内には、写真7-8のように2段の堆積痕跡が見られる。植生の侵入していない手前の堆積痕跡は1962（昭和37）年6月の泥流流出時のもので、背後の段丘は最近で最大であった1920（大正9）年の土石流段丘と思われる。この段丘の勾配は1/11で、現河床勾配1/13より急となっている。これは大規模

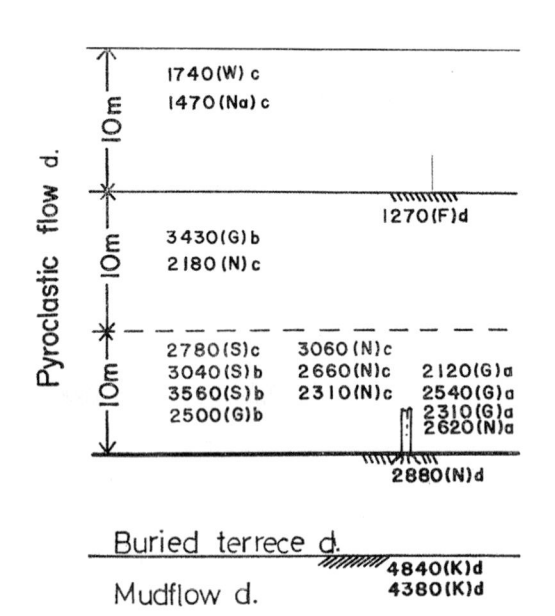

図7-11　^{14}C年代と火砕流堆積物との関係［藤井(1974)］
W：割谷　Na：中尾第1堰堤　F：深谷　G：岐阜高下　N：野尻坂　S：梨の木
K：中尾第3堰堤　a：直立樹幹　b：木片　c：木炭　d：古土壌

写真 7-8　中尾第 1 号堰堤上流 500m 付近右岸側の 1920（大正 9）年出水時の土石流段丘

な土砂流出の場合、堆積勾配は現河床勾配より急になる場合が多いことの一つの事例である。また、**写真 7-6、写真 7-8** は、現況と比較して河床変動の推移を推定する一つの資料ともなる。

7.5.4　変動地形

先に示した図 7-10 の外ヶ谷大崩壊 A は、1889（明治 22）年 7 月に崩落し、周囲約 1 里の池を作ったといわれている［加藤（1911）］。**写真 7-9** で見る崩壊面の地質は古生層の輝緑凝灰岩で、遠望して帯状に白く見える部分は珪長質の岩脈である。この崩壊は基岩が平板状に滑り落ち、谷にかまぼこ状に埋積した。現在の外ヶ谷は、この崩積土堆の左岸寄りを切っている。渓岸に、この岩脈が比較的原形をとどめているのが見られる。

図 7-10 の B は 1953（昭和 28）年 7 月の崩壊、C は黒谷 1 号堰堤左岸側の山腹斜面の崩壊である。D はヒル谷で、谷型斜面は船底状である。これは A、B、C を結ぶ帯状の箇所が恐らく断層破砕帯で、ヒル谷の部分では右岸側の稜線が、隣りの山稜をえぐったような形になっていることから、過去に右岸側が大きく崩れ、谷を埋め、その後中・小規模の崩壊土砂がその上に堆積し、低平な谷型となったものと推定される。この A、B、C、D と続く帯状の断層破砕帯の地区は平湯川筋のおぞぶ谷に続く。恐らく、今後とも地表の変動が活発に継続するであろう。

5.3.3 項で、急速な地形変化の事例の一つとして外ヶ谷の渓岸侵食を紹介した。**写真 5-49（2）** に示した M′ もルーズな堆積物で、記述したように、1962（昭和 37）年当時 M から M′ にかけての渓岸沿いの崖面の数カ所から大量の湧水が噴出していた。湧水量は全体で毎秒ドラム缶 1 本以上はあった。このことから、地下水がこの古い堆積土堆 M′ と 1889（明治 22）年崩壊の崩積土堆 M を不安定化し、崩壊を誘うのではないかと気になった。

写真 7-9　外ヶ谷右岸崩壊地の遠望 ［神通川水系砂防事務所（2006）］

　そこで、堤体の打設に入り始めた外ヶ谷 5 号堰堤への影響を心配し、さしあたり堤体と右岸崩積土堆との縁を切り、その部分を上・下流とも擁壁でつなぎ、下流側擁壁の背部にフィルターを設け、堤体右端部の渓岸からの湧水をここから放流することとした。この湧水がどこから来ているのか、崩壊を誘発する危険性が考えられないか等、土砂移動との関連で思いをめぐらせていたところ、たまたま北陸地方に来られていた東京教育大学の渡部景隆先生に連絡が取れ、お願いして現場でご指導いただき、メンバーの方々と一緒に地下水の観測を実施した。

　まず、湧水量は調査初日の 7 月 17 日では谷の全流量約 $1m^3/sec$ のうち 20〜30% と推定された。この湧水の源を探るため水比抵抗法による予察調査を行った。その結果について渡部先生から以下のようなコメントをいただいた ［渡部

(1963)］。コメントのあらましは次のとおりである。

① 外ヶ谷の旧池跡地点（図 7-12 参照）の上流では、水比抵抗値は16,000Ω-cm 内外（No.5、8、22）で、この川の表流水である。
② 旧池付近の右岸側の流水は 4,000〜5,000Ω-cm（No.17、18、19、4）で、比抵抗値が表流水の 1/3 くらいに減じているので、すべて伏流したものが再び湧出したものである。なお、沢の水（No.6、7）はほぼ表流水である。
③ 旧池の下の表流水はすべて 8,000Ω-cm（No.2、16、14、13）であって、この比抵抗値からみると、右岸の湧水が相当混入している。
④ 外ヶ谷第 5 号堰堤付近の湧水は、No.12 以外はすべて 5,000Ω-cm（No.1、10、11）で、かなり伏流してから湧出したものである。
⑤ No.12 の湧水は 12,000Ω-cm で、表流水の性質を示す。これは多分、支流から相当の流速をもって流下しているものと思われる。
⑥ 支流の表流水（24〜29）は 13,000〜12,000Ω-cm で、下流になるにつれて、若干水比抵抗値が小さくなっている。支流の河床は本流より高く、渓谷をなしていないので、本流へ伏流水が出やすい条件を備えている。

この予察調査の結果から、フルオレッセンを 5 カ所から投入して 2 度の追跡調査を実施したが、湧水に蛍光を認めることができず、本調査は翌年に持ち越

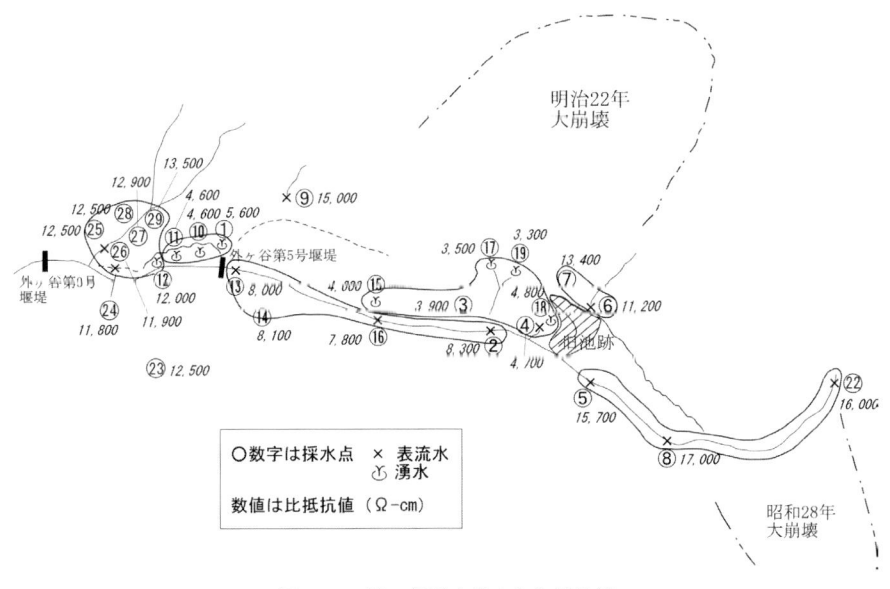

図 7-12　外ヶ谷採水地点と比抵抗値

された。

7.5.5 微地形砂防の萌芽

1963(昭和38)年度の神通川水系砂防工事事務所の調査報告書［神通川水系砂防工事事務所（1964）］の最後に、私は次のように記している。「……従来は流域の崩壊あるいは流出土砂を線的、点的（抽象的表現ではあるが）に捉えようとしてきたが、本流域では山体全体を……平面的、立体的に捉えることが必要であるように思われる。ではそれをどうすればよいか、……まとまった姿で将来の崩壊、流出土砂の様態を推定できるような調査方法はまだ見いだされていない。……巨視的なものの中で微視的な現実を捉え、工事計画と結び付けることこれがわれわれの課題……」と。

既述したように、1947(昭和22)年から始まった砂防調査が進展するにつれて、調査資料も次々に公にされはじめた。一方、1951(昭和26)年に木村弘太郎氏が提唱された砂防計画法は、生産土砂量と流出土砂量を2本の柱とするものであったため、大学や研究機関での研究対象は斜面崩壊と河床変動についての理論的、実験的研究に指向することとなり、時間の経過とともに研究の内容は分化、専門化し、砂防計画を立案する立場とのギャップが次第に明らかになっていった。

私が利根川水系砂防工事事務所から神通川水系砂防工事事務所に在勤したのはちょうどその頃で、私はこうしたギャップを埋める手法として「砂防調査における地形解析について」［大石ほか（1956・1961）］、「崩壊調査のあり方について」［大石ほか（1962）］、「砂防調査における地形調査試案」［大石ほか（1966）］など、地形的な切り口から砂防計画に接近しようとする模索の内容を『新砂防』に投稿した。これらは、利根川水系砂防工事事務所以来協力し合ってきた故榎本真君（当時松本砂防工事事務所調査課長）との共同発表である。

7.6　日光大谷川の災害履歴と流路工計画（昭和39年）

1964(昭和39)年5月、私は日光砂防工事事務所に転勤した。ここで最も気にかかったのは大谷川の流路工計画であった。日光・今市間7kmの紡錘形の扇状地は明らかに土砂調節地である。大谷川流路工はこの中に幅約200mで鬼怒川合流点まで流路を固定することになっていた。

当地では、1662(寛文2)年に女峰、赤薙火山を水源に持つ荒廃河川稲荷川の

上流の大崩壊によって、大谷川本川との合流点で死者140余名を出す大災害が発生した。また、6.2.2 項で述べたように、大谷川の紡錘形扇状地に相当量の土砂が堆積している。大谷川の流路工が完成すれば、日光・今市間の堤内地の土地利用が一気に進むこととなる。稲荷川の砂防施設は集中的に進められてはきたが、こうしたアクシデンタルな災害を防除するに十分だろうか。このような点を早急に検討しなければならないと感じた。

　私が在勤した1964(昭和39)年は、東京オリンピックが開催された年である。日光一番の金谷ホテルには外国人選手が宿泊し、外国からの観光客も多かった。東武バス会社からは、金を出すから堤外地に駐車場を作らせてほしいとか、ある会社からは紡錘形扇状地内に延長1,000mの軽飛行機の滑走路を作らせてほしいとか、そうした要求が持ち込まれた。私は技術的に断るのが得策と考え、利根川水系砂防工事事務所時代の経験から、目下大谷川流路工水理模型実験を計画中であり、結果が出るまでは応じかねると返事した。1965(昭和40)年4月、私はこのような宿題を残したまま、在勤10カ月半で科学技術庁に出向し、国立防災科学技術センターに赴任した。

7.7　総合研究の世話と微地形判読（昭和40年～60年）

　科学技術庁国立防災科学技術センター（現独立行政法人防災科学技術研究所）第2研究部地表変動防災研究室長としての仕事は、「特別研究促進調整費」による共同研究の世話が主体であった。特別研究促進調整費というのは、研究領域が、例えば地すべりの研究のようにいくつかの省庁の所管に跨るようなテーマについて、一つの試験地を対象として選び、参加した各省庁研究機関がそれぞれ専門の立場から共同で研究するといった総合研究のための予算項目で、予算が大蔵省から科学技術庁に示達され、科学技術庁から各省庁に配布される。この予算項目による研究が「防災科学技術総合研究」である。

　地表変動防災研究室長であった私は、地すべり、山崩れ、がけ崩れ等の研究領域の総合研究に関わった。在任期間中に担当した総合研究は、箱根大涌谷を試験地とした「火山性地すべりの発生機構および予知に関する研究」、九州多良岳を試験地とした「噴出岩地帯におけるがけくずれ・山くずれ等の機構および予知に関する研究」、1964(昭和39)年7月に被災した島根県東部地域のうち斐伊川支赤川流域を対象とした「風化花崗岩地帯におけるがけくずれ・山くず

れ等の機構および予知に関する研究」、「1965年岐阜・福井県境付近に発生した山地崩壊に関する研究」、長崎県北部から佐賀県北西部にかけての「北松型地すべりの発生機構および予知に関する研究」、「昭和42年7月豪雨災害に関する研究」、「昭和42年7月豪雨災害に関する研究」、川崎市立生田緑地公園での「ローム台地における崖崩れに関する総合研究」などである。

　このほか、在任中、国内で発生した主要な土砂災害について研究室でグループを組んで緊急に調査したものもある。私が参加したのは、1967（昭和42）年の羽越櫛形山脈東側斜面の土石流災害、1969（昭和44）年4月26日の新潟県広神村水沢新田の地すべり性崩壊である。

　これらの災害調査や総合研究に携わる過程で、他の所場で育って地殻変動防災研究室に赴任してきた研究員や他省庁研究機関の研究者たちと密接なつきあいが始まった。その中で、行政官と研究者の発想の相違、調査と研究との質の相違、そうしたことがとまどいの中から次第に感じ取れてきた。科学と技術との違いや技術と経験的判断との違いも、おぼろげながら見えてきた。と同時に、砂防調査マンとしての自分の姿と、砂防屋としての今後の方向を見定める手がかりも探り当てたように思えた。これらのことは、防災センターで得た最大の収穫であった。

　前述した「ローム台地における崖崩れに関する総合研究」は1969（昭和44）年度から3カ年計画で始められた。しかし、最終年度の1971（昭和46）年11月11日、研究の一環として川崎市北部公園（生田緑地公園）で実施した崩壊実験によって発生した事故は、誠に不幸な出来事であった。泥の中から引き上げられた私はその刑事責任の被疑者、刑事被告人として15年余を送ったが、1987（昭和62）年4月幸い無罪となった。亡くなられた方々のご冥福を祈るとともに、この間多くの方々から慰めと励ましをいただいたことは生涯忘れられない。

　この期間は、一方ではある意味で安定した立場でもあった。元建設省砂防部長田畑茂清氏の勧めもあって、それまでに多少とも経験した現場の空中写真を判読、整理し、7年間27回にわたって判読事例を「新砂防」の口絵［大石（1974～1981）］に紹介した。1985（昭和60）年、それらに何件かの判読事例を加え、冊子にまとめたものが鹿島出版会から『目でみる山地防災のための微地形判読』として刊行された。この内容は、砂防の立場からみた山地地域とその縁辺堆積地域の微地形を、100余点の空中写真判読事例で示したものである。

7.8 まとめ

　砂防計画の策定、土石流対策計画の見直しなどハード対策に関わるすべての計画には、生産土砂量、流下土砂量、河道およびダムの調節土砂量、許容流砂量等の推定が必須の条件とされてきた。しかし、それらの土砂量を数理科学的手法で求めることは現状では不可能である。前述したように、私が利根川水系砂防工事事務所で洪水観測や、「建設省河川砂防技術基準」にのっとって利根水系管内4渓流の砂防全体計画を立案する作業に参加する過程でこのことを痛切に感じたことだった。「建設省河川砂防技術基準」[日本河川協会 (1977)]では、このような現状から「さしあたっての取り扱いとして」計画流出土砂量の参考値を地質別の「比流出土砂量」として示してきた。また既往の土砂流出の実績などを考慮し、計画規模については「対象降雨の降雨量の年超過確率で評価して定めるものとする」などと苦しい表現がなされている。

　一方、ここ数十年の学会のシンポジウムや研究発表会のテーマを見ると、年々砂防計画という点から遠のいていくのを感ずる。砂防計画が持っている様々な内容が細分化を重ね、専門化して、個々の内容が深められていくのは自然の成り行きであり、学問の世界としては望ましいことであるが、1年、2年あるいは数年先の砂防（ハード・ソフト対策）計画を組み上げる立場からは、それらの研究成果が計画立案に寄与する割合はわずかで、大部分は技術者の技術的判断に委ねざるをえないのが現状である。

　このような状況の中、1997（平成9）年に社団法人建設コンサルタント協会は、当時進行中であった「建設省河川砂防技術基準」の改定に関連して、「技術的裏付けのない規定、技術的水準からみて妥当な計画策定が困難な規定を削除するか、あるいは体系を変えることにより回避する」とし、その事例として「砂防計画の土砂抑制に関わる規定」を挙げている。このことは、建設コンサルタント協会から指摘されるまでもなく、私たちは早くから意識していたことであるが、ただこれに代わる方式が見つからないというのが実情である。

　さて、われわれは土砂移動現象を「建設省河川砂防技術基準」の流砂量という形で捉えようとしてきた。しかし前述したように、土砂移動現象は地表の微地形変化とみることができ、現在の地形は過去から繰り返されてきた微地形変化の履歴書であり、これは空中写真を判読することによって、微地形分類図として表現される。医師が病人を診察し、カルテを作り今後の処方を決めるよう

に、われわれは詳細な微地形分類図を基礎にして、ここから対策を検討することができる。私のこのような考えは、20年前の前著執筆当時には既に固まっていて、退官して業者の立場になってから、受注業務の中で少しずつそれを形にしてきたところである。

　また、ネパール、ブラジル、インドネシア、フィリピンなど、海外での砂防計画にもわずかながら関わってきたが、海外では「比流出土砂量」から出発する手法は馴染まない。その都度対象としている流域の荒廃特性、土砂移動特性を現在の地形から読み取って、そこから出発する手法でなければ先に進めない。幸い、どの国でも一応空中写真は撮影されていて、現地では借り出して判読することもできた。私はそうした海外での調査の過程で微地形から出発する砂防計画立案手法がインターナショナルなもので、その意義とその重要性をあらためて痛感したことだった。

　また、計画立案のためには、将来土砂移動現象の起こりそうな箇所だけではなく、その規模を想定しなければならないが、そのために河道の堆積履歴を調査することが極めて有効である。それは、河道の微地形が流域の土砂移動特性を示唆しているからである。微地形分類図に示された河床の堆積状況は平面的な広がりを示しているが、堆積履歴を知るためには、平面的な広がりだけでなく堆積の三次元構造を知ることが必要である。樹木年代学的な手法のほか、堆積層中から時間の指標となる降灰年代の明らかな火山灰や堆積層中の腐植土の ^{14}C 年代を知ることによって、土砂生産、流出、堆積の履歴を編むための有力な資料が得られる。堆積地にテストピットや観測井を掘削する意味は非常に大きい。日光大谷川で実施してきた事例は既述したとおりである。

　私は、現在砂防の現場が抱えている業務、すなわち流域の施設配置計画や土石流危険渓流の見直し、もっと広くいわゆる土砂災害とこれに対する対策や、土砂災害防止法に基づく警戒区域、特別警戒区域の決定や避難に関わる一連の対策等、ハード・ソフトのいかんにかかわらず、すべての対策の立案には、対象としている流域あるいは地域の潜在的な荒廃特性、それに由来する土砂移動特性を出発点としてスタートしなければならないと確信している。私は今後、侵食、堆積に関わる微地形を時間的な変化の中で詳細、精緻に捉えることの意味が砂防界に認識され、本書で提示したような微地形調査が広く行われ、これをベースとしてハード・ソフト両面の砂防計画・山地地域の土砂災害対策計画へとつないでいく、このような調査、計画の流れが、砂防にとって当然のこと

となることを期待している。

参考文献（五十音順）

安藤 武・大久保太治・古川俊太郎（1970）：地すべり層準の研究（Ⅰ）—佐世保北部地域について—、防災科学技術総合研究報告 第 22 号、防災科学技術研究所自然災害情報室
井口 隆（2005）：日本の第四紀火山における土砂災害の実態と発生予測に関する研究、千葉大学学位申請論文
宇津徳治（1974）：日本付近の震源分布、科学 vol.44, no.12、岩波書店
大石道夫（1956）：砂防調査における地形解析について、新砂防 no.23、砂防学会
大石道夫（1962）：洪水比重分布測定器の改良について、RADIOISOTOPES, vol.11, no.4、日本アイソトープ協会
大石道夫（1974〜1981）：空中写真判読シリーズ no.1〜27、新砂防 vol.27, no.1〜vol.33, no.4、砂防学会
大石道夫（1985）：目でみる山地防災のための微地形判読、鹿島出版会
大石道夫（1997）：建設省建設大学校平成 9 年度専門課程砂防科 研修テキスト「山地砂防と地形判読」
大石道夫・榎本 真（1966）：砂防における地形調査試案（Ⅰ）〜（Ⅲ）、新砂防 vol.18, no.4、vol.19, no.2、vol.19, no.3、砂防学会
大石道夫ほか（1956, 1961）：砂防調査における地形解析について（第 1 報〜第 3 報）、新砂防 no.23、vol.14, no.2、砂防学会
大石道夫・皆川 真（1959）：砂防調査における地形解析について（第 2 報、第 3 報）、新砂防 vol.12, no.2、砂防学会
大石道夫・皆川 真（1962）：崩壊調査のあり方について、新砂防 vol.14, no.3、砂防学会
大石道夫ほか（1962）：崩壊調査のあり方について、新砂防 vol.14, no.3、砂防学会
大石道夫ほか（1966）：砂防における地形調査試案（Ⅰ）（Ⅱ）（Ⅲ）、新砂防 vol.18, no.4、vol.19, no.2〜no.3、砂防学会
大矢雅彦（1956）：木曽川流域濃尾平野水害地形分類図［水害地域に関する調査研究 第 1 部付図、総理府資源調査委員会］
大八木規夫・寺島治男・森脇 寛（1977）：1976 年台風第 17 号による兵庫県一宮町福知抜山地すべり、及び香川県小豆島の災害調査報告、主要災害調査 第 13 号、国立防災科学技術センター
大八木規夫（1982）：日本の代表的な地すべり 8 鷲尾岳・平山、アーバンクボタ no.20、クボタ
岡本 隆（2006）：ノルウェーにおける土砂災害—フィヨルドの岩盤地すべりとクィッククレイ地すべり、新砂防 vol.59, no.1、砂防学会
尾崎順一・前海眞司・金 俊之・楢垣大助・鈴木啓介・櫻田 勉・佐藤徹憲（2011）：八幡平山系流域におけるAHP 法を用いた大規模な土砂生産場の評価、平成 23 年度砂防学会研究発表会概要集
Ono. Y.（1984）：Last glacial paleoclimate reconstructed from glacial and periglacial landforms in Japan, Geographical Review of Japan、67（series B）
貝塚爽平（1997）：世界の変動地形と地質構造［貝塚爽平編：世界の地形、東京大学出版会］
貝塚爽平（1998）：発達史地形学、東京大学出版会
貝塚爽平・鎮西清高編（1986）：日本の山 日本の自然 2、岩波書店
科学技術庁資源調査会（1956〜68）：水害地形分類図、科学技術庁
柿 徳市（1983）：砂防計画論、全国治水砂防協会

活断層研究会編（1991）：［新編］日本の活断層—分布図と資料—、東京大学出版会
加藤鉄之助（1911）：震災予防調査会報告第75号
門村 浩（1977）：地形分類［日本第四紀学会編：日本の第四紀研究 その発展と現状、東京大学出版会］
茅原和也ほか（1976）：赤禿山付近に分布する来馬層の内部構造と力学的性質、姫川流域の地質構造特性と崩災概観
気象庁（2011）：平成23年6月7日報道発表資料「火山噴火予知連絡会による新たな活火山の選定について」（別紙2付表）
気象庁編（1993）：日本の気候図1990年版、大蔵省印刷局
木村弘太郎（1969）：砂防計画の発展のあゆみ、土木技術資料、vol.11, no.5、土木研究センター
木村正昭（1969）：砂防事業の問題点と将来の方向、土木技術資料、vol.11, no.5、土木研究センター
九州の活構造研究会編（1989）：九州の活構造、東京大学出版会
熊本県菊池地域振興局菊池県土整備事務所（2002）：平成13年度単砂調 第9115-5-205号 菊地管内単県砂防調査委託報告書、砂防エンジニアリング
建設省河川局監修・日本河川協会編（1976）：建設省河川砂防技術基準(案)計画編、山海堂
建設省河川局監修・日本河川協会編（1986）：改訂建設省河川砂防技術基準(案)計画編、山海堂
建設省河川局監修・日本河川協会編（1997）：改訂新版建設省河川砂防技術基準(案)同解説 計画編、山海堂
建設省関東地方建設局（1957）：根利川流域砂防調査報告書 第2回
建設省関東地方建設局（1960）：利根川水系砂防調査報告書 第3回
建設省関東地方建設局富士川砂防工事事務所（1999）：平成10年度釜無川・早川流域微地形調査「微地形分類図」、砂防エンジニアリング
建設省関東地方建設局利根川水系砂防工事事務所編（1960）：利根川水系砂防調査報告書 第3回
建設省九州地方建設局雲仙復興事務所（1995）：雲仙普賢岳平面図 7-6 1/10,000
建設省中部地方建設局・砂防・地すべり技術センター（1986）：昭和61年度震後対策調査検討業務委託報告書
建設省中部地方建設局多治見工事事務所（1999）：平成10年度木曽川流域荒廃特性調査業務委託「微地形分類図」、砂防エンジニアリング
建設省中部地方建設局天竜川上流工事事務所（1984）：昭和36年6月災害 大西山崩壊変貌写真集
建設省東北地方建設局新庄工事事務所（1998）：平成9年度管内微地形分類図作成報告書、砂防エンジニアリング
建設省東北地方建設局新庄工事事務所（1999）：管内微地形分類図作成報告書 別冊 微地形分類図（寒河江川流域・赤川流域・鮭川流域）1/25,000「大井沢」、砂防エンジニアリング
建設省東北地方建設局新庄工事事務所（2000）：平成11年度微地形解析砂防計画検討調査報告書、砂防エンジニアリング
建設省日光砂防工事事務所（1981）：砂防事業社会経済調査業務委託報告書（その2）
建設省日光砂防工事事務所（1984）：大谷川流域地形発達史調査業務委託報告書（その2）
建設省日光砂防工事事務所（1988）：日光砂防70年のあゆみ—あなたと守る命と郷土
建設省日光砂防工事事務所（1996）：平成7年度大谷川・鬼怒川流域土砂調査業務報告書
建設省日光砂防工事事務所（2002）：大谷川土砂調査業務報告書
建設省日光砂防工事事務所（2004）：平成15年度稲荷川砂防施設機能・効果検討業務報告書
建設省北陸地方建設局神通川水系砂防工事事務所（1964）：昭和38年度神通川水系砂防事業調査実績報告書
建設省北陸地方建設局神通川水系砂防工事事務所（2001 or 2002 ?）：JINZUSABO 斜写真集
合田周平（1976）：予測の科学—その理論と考え方、講談社

国土交通省河川局監修・日本河川協会編（2005）：国土交通省河川砂防技術基準 同解説 計画編、山海堂
国土交通省北陸地方整備局神通川水系砂防事務所（2006）：神通砂防管内土砂災害の歴史
国土地理院地図部地理課（1970）：北松地域における最近の地すべり変動の地形特性（予報）、防災科学技術総合研究報告 第22号、北松型地すべりの発生機構および予知に関する研究（第1報）、科学技術庁国立防災科学技術センター
国立防災科学技術センター（1969）：第四紀地殻変動図 no.3「集成隆起沈降量図」
国立防災科学技術センター（1973）：第四紀地殻変動図 説明書（概要）
後藤宏二（2012）：深層崩壊―その実態と対応―、平成24年度国土技術政策総合研究所講演会、国土交通省国土技術政策総合研究所危機管理技術研究センター
小林美幸（2005）：白山甚之助谷地すべり大規模中間尾根ブロックの動き、2005年度地域調査実習報告書「白山」、金沢大学文文学類地理学教室
埼玉県秩父県土整備事務所（2000）：通常砂防工事土石流危険渓流カルテ、砂防エンジニアリング
佐藤 久・町田 洋編（1990）：地形学 総観地理学講座6、朝倉書店
砂防エンジニアリング（2006）：平成17年度姫川流域荒廃情報整備検討業務報告書
砂防学会監修・「砂防学講座」編集委員会編（1992）：砂防学講座 第10巻 世界の砂防、山海堂
砂防広報センター編（1992）：世界の砂防、山海堂
砂防・地すべり技術センター編：土砂災害の実態、砂防・地すべり技術センター
式 正英（1974）：中央日本の山地における洪積世氷期の堆積段丘、第四紀研究 vol.12, no.4、日本第四紀学会
地盤工学会（2009）：2009年 Morakot 台風による台湾の被害調査に対する災害緊急調査団報告書、地盤工学会
日本河川協会（1977）：建設省河川砂防技術基準（案）計画編
島 通保（1987）：兵庫県一宮の地すべり［二次災害防止研究会編：二次災害の予知と対策 no.2、全国防災協会］
新澤直治（1952a）：砂防計画試案、砂防 no.10、砂防学会
新澤直治（1952b）：崩壊調査について、河川、1952年7月号
鈴木隆介（1997～2004）：建設技術者のための地形図読図入門 第1巻～第4巻、古今書院
鈴木隆介（2000）：建設技術者のための地形図読図入門3 段丘・丘陵・山地、古今書院
鈴木隆司ほか（2003）：航空レーザー計測による出力図を用いた詳細微地形解析、平成15年度砂防学会研究発表会概要集、砂防学会
Strahler（1964）
善光寺地震災害研究グループ（1984）：長野市信更町の岩倉山（虚空蔵山）と中条村の虫倉山で発生した地すべり、善光寺地震と山崩れ
高橋止佑（1967）：渓床砂礫の流送に関する実験的研究、宮崎大学農学部研究時報 第14巻第2号、宮崎大学農学部
高橋正佑（1974）：えびの市西内堅地区に発生した山腹崩壊に関する研究、新砂防 vol.26, no.4、砂防学会
武居有恒（1987）：昭和28年有田川災害［二次災害防止研究会編：二次災害の予知と対策 no.2、全国防災協会］
竹下敬司（1961）：微細地形及び地形解析と土壌に関する森林立地学的研究、林業試験場時報 no.14、福岡県林業試験場
谷口義信（2003）：2003年7月九州地域豪雨災害調査報告（速報）―水俣土砂災害―、砂防学会誌 vol.56, no.3、砂防学会
田畑茂清・井上公夫・早川智也・佐野史織（2001）：降雨により群発した天然ダムの形成と決壊に関する事

例研究─十津川災害（1889）と有田川災害（1953）─、砂防学会誌 vol.53, no.6、砂防学会
田村俊和（1974）：谷頭部の微地形構成、東北地理、vol.26
千木良雅弘（1995）：風化と崩壊 ─第3世代の応用地質─、近未来社
千木良雅弘（1998）：災害地質学入門、近未来社
千木良雅弘（2007）：崩壊の場所─大規模崩壊の発生場所予測、近未来社
塚本良則（1973）：侵食谷の発達様式に関する研究（Ⅰ）、新砂防、vol.25, no.4、砂防学会
土屋 智（2008）：地すべり学会中部支部設立10年記念講演 演題「地震による大規模斜面災害」、日本地すべり学会中部支部
土砂災害防止法研究会編著（2001）：土砂災害防止法解説、大成出版社
長崎県農林部林務課（2006）：空中探査を用いた地すべり斜面崩壊の危険地判定法の開発、昭和18年度林野庁地すべり調査報告会資料
中里裕臣・黒田清一郎・奥山武彦・伊藤吾一・佐々木裕（2004）：地すべり危険度区分における空中電磁法の適用性、農村工学研究所技報 第202号、農村工学研究所
中野尊正（1967）：日本の地形、築地書館
中村裕昭（1993）：1990～1993 雲仙岳噴火に関する文献、普賢岳の火山災害、土質工学会ほか
日本河川協会編（1958）：建設省河川砂防技術基準（案）、山海堂
日本地質図体系中部地方30 上高地周辺地域の地質（1991）：通商産業省工業技術院地質調査所監修、朝倉書店
日本地図センター（2000）：空中写真の知識（改訂版）、日本地図センター
沼本晋也・鈴木雅一・太田猛彦（1997）：航空写真を用いた蒲原沢土石流発生源崩壊地周辺の地形解析、月刊［地球］19（10）
羽田野誠一（1970）：北松型地すべりの発生機構および予知に関する研究（第1報）、防災科学技術総合研究報告 第22号、国立防災科学技術センター
原山 智（1990）：上高地地域の地質、地域地質研究報告5万分の1地質図幅金沢(10)第45号、地質調査所
平川一臣ほか（1980）：山梨県の地形に関する研究（Ⅰ）甲斐駒ヶ岳東北麓における神宮川による堆積・侵食、山梨大学教育学部研究報告 no.31
深井三郎（1958）：飛騨山脈周辺の河岸段丘─気候変化と段丘およびその変位─、富山県の地理学的研究Ⅰ、山地の地理
藤井昭二ほか（1971）：岐阜県足洗谷の火砕流と14C年代（演旨）、第四紀研究 vol.10, no.1、日本第四紀学会
藤井昭二ほか（1974）：焼岳火山の中尾火砕流堆積物とそれらの放射性炭素年代、第四紀研究 vol.13, no.1、日本第四紀学会
藤井昭二ほか（1993）：焼岳火山群火砕流堆積物中の炭化木の^{14}C年代、富山県地学地理学研究論集10、藤井昭二教授退官記念、富山地学会
藤岡 毅（1985）：北アルプス南西部蒲田川の堆積段丘、日本地理学会予稿集27
藤岡謙二郎（1966）：歴史地理学における微地形研究の意義と問題点［松下進教授退官記念事業会編：松下進教授記念論文集］
藤田和夫（1983）：日本の山地形成論─地質学と地形学の間、蒼樹書房
藤田和夫（1985）：変動する日本列島、岩波新書
Hujita, K., Y.and Shiono, K.（1973）：Neotectonics and seismicity in the Kinki area, Southwest Japan, Jour. of Geosciences, Osaka City Univ., 16
古谷尊彦（1996）：ランドスライド─地すべり災害の諸相、古今書院
古谷尊彦（2001）：1999年9月21日台湾集集地震に起因した大規模地すべり現象について、地すべり

vol.37, no.4、日本地すべり学会
町田 貞（1981）：地形学辞典、二宮書店
町田 洋（1979）：信濃川上流と姫川の自然と歴史、松本砂防のあゆみ、松本砂防工事事務所
町田 洋（1984）：巨大崩壊、岩屑流と河床変動、地形 vol.5, no.3、日本地形学連合
町田 洋・新井房夫（1992）：火山灰アトラス—日本列島とその周辺、東京大学出版会
町田洋ほか編（1986）：日本の自然 8 自然の猛威、岩波書店
Machida, H.（1966）：Rapid erosional development of mountain slopes and valleys caused by large landslides in Japan, Geographical Repoert of Tokyo Metropolitan University, 1
丸井英明・古松弘行・千木良雅弘・八木浩行・山崎孝成・阿部真郎（2006）：パキスタン北部地震による地すべり災害に関する調査団報告、日本地すべり学会誌 vol.43, no.2、日本地すべり学会
丸井英明・渡部直喜（1997）：平成 7 年姫川土砂災害と平成 8 年 12 月 6 日蒲原沢土石流災害、月刊地球 vol.19, no.10
水谷武司（1987）：防災地形—災害危険度の判定と防災の手段 第 2 版、古今書院
水野秀明ほか（2003）：2003 年 7 月の梅雨前線豪雨によって発生した九州地方の土石流災害（速報）、新砂防 vol.56, no.3、砂防学会
湊 正雄（1954）：後氷期の世界、築地書館
村井俊治監修・スペーシャリストの会編（2008）：空間情報ガイド 空中写真・衛星画像、日本地図センター
森山裕二（1986）：「空中ガンマ線による不安定土砂の調査法」の開発実験について、砂防と治水、vol.18, no.4、全国治水砂防協会
八木浩司・檜垣大助・日本地すべり学会平成 14 年度第三系分布域の地すべり危険箇所調査手法に関する検討委員会（2009）：空中写真判読と AHP 法を用いた地すべり地形再活動危険度評価手法の開発と阿賀野川中流域への適用、日本地すべり学会誌 vol.45, no.5、日本地すべり学会
山田正雄・蔡 飛・王 功輝（2010）：中国をよく知る地すべり研究者の四川大地震と山地災害、理工図書
吉川虎雄（1985）：湿潤変動帯の地形学、東京大学出版会
吉ളり紳一・村井政徳・Eddie L. Listanco・諸岡慶昇（2007）：レイテ島・ギンサウゴン村の大規模山体崩壊—岩屑なだれ災害調査の概要 フィールドワーク研究報告⑤、黒潮圏科学 第 1 巻 1 号、高知大学大学院総合自然人間科学研究科
米倉伸之・貝塚爽平・野上道男・鎮西清高編（2001）：日本の地形 1 総説、東京大学出版会
米倉伸之ほか（1990）：変動地形とテクトニクス、古今書院
力武常次監修・国会資料編纂会編（1996）：近代世界の災害
林野庁：ホームページ
渡部景隆（1963）：外ヶ谷調査報告メモ

おわりに

1. 砂防は現地調査から

「獣になって山に分け入る。魚になって澤を上る。モグラになって地質の肌に触れる。鳥になって空から眺める。澤ごとに谷ごとに驚くほどの違いをみせる川のカオ、カタチを素手で丸ごとつかむのだ」

これは神通川上流域のビデオとテキスト＊作成中に、制作仲間の故安武道夫氏が砂防マンに代わって表現した文章です。

私が1956（昭和31）年に利根川水系砂防工事事務所に赴任し、調査を担当し、ここで微地形と砂防との関わりに気づいてから50余年になる。直轄砂防工事事務所、国立防災科学技術センター（現防災科学技術研究所）、退官後は砂防エンジニアリング株式会社と勤務先は変わったが、"砂防は歩くにあり"とばかりに現地を歩く一方、空中写真を判読するうちに、砂防計画、山地防災は砂防微地形から出発すべきであるという考えに傾斜していった。

砂防微地形から出発する砂防計画立案の流れは**第2章**以降に述べているが、この流れに沿って作業を進めるにはまず現地・現場と親しくならなければならない。それには現地・現場に足しげく通うと同時に空中写真を読まなければならない。

本文で紹介しているように、私は長年空中写真を見てきたが、やっと大規模な崩壊について、崩壊の危険性の高い箇所を多少とも拾い出せるところまで辿りついた感じである。しかし大規模崩壊だけでなく、様々な崩壊パターンについて、崩壊箇所や崩壊のポテンシャル、土砂移動規模、移動土砂によるトラブルスポットの様態など、まだまだ研究しなければならない。いや、研究はいま始まったばかりといえる。

＊ 建設省北陸地方建設局神通川水系砂防工事事務所（1994）：ビデオ＋テキストで学ぶ 神通川上流域の微地形（蒲田川・平湯川編）、砂防広報センター

「はじめに」にも触れたが、土砂災害の発生の場は、その場の自然属性と社会、経済、文化属性を反映している。社会、経済、文化属性は、しばらくおいて自然属性だけに注目しても、その内容は極めて豊富、複雑で、その諸要素に関わる専門領域は次表―砂防に関わる専門領域―に示すように極めて多岐にわたっている。さらに学際領域を考えると、その広がりはますます広く深くなる。

空中写真判読の対象は、地表地形である。この地形を読み取るには、この表中のいくつかの専門領域の知識が判断の基礎となる。したがって、判読技術には要するにどういった荒廃要素が地表地形にどのように現れ、それが写真上にどのように表現されているかを解析する能力が要求される。これは、ほかの学問領域と同様一朝一夕に得られるものではなく、判読のための勉強は避けられない。判読の世界の裾野を広げれば、写真判読によって得られる情報は極めて多く、得られた情報から、例えば全国の微地形分類図、あるいは全国の土砂災害ハザードマップといった資料が作成され、これが有効に活用されれば国全体の財産となる。こうした領域へ向って組織立った対応が望まれる。

2. 砂防に関連する専門・学際領域（自然的属性に関わるもの）

土砂移動現象に関わる自然現象は極めて複雑で、これに関わる研究の世界も広範である。研究の専門領域を拾ってみると、次表のようになろうか。現実には、この領域に学際領域が加わり、非常に広範な領域の知恵が、砂防計画、山地防災計画を支えることとなる。

3. 現地調査にもっと力を

砂防計画立案の方法がどんなものであれ、共通して言えることは、まず、現地渓流の荒廃特性を追いかけるという姿勢で出発し、これを計画立案まで貫き通すことである。

われわれ人間の場合と同じく、小渓流は一つひとつ個性を持っている。われわれは、この一つひとつの渓流に絶えず対峙することになる。人と人との付き合いの場合、お互いに接触の機会が多くなればなるほど、またつきあいが深くなればなるほど、相手をよりよく知ることができる。われわれは、現場に出向けばその都度新しい何かを感じ、渓流に語りかけ、そしてまた考え始める。このようにして、相手渓流の姿がよりよく見えてくる。谷を歩き、ヘリコプターで空から観察し、試錐やテストピットの掘削によって土中の様子を知る。このような現地調査は、手法のいかんにかかわらず調査の基本である。

表 砂防に関わる専門領域 (1)

専門領域	砂防に関わる内容	砂防計画に関わる要素	事例
地質学 岩石・鉱物学	断層、断層破砕帯	崩壊ポテンシャルの評価	
	活断層	(地球物理学・地震学の欄参照)	
	ネオテクトニクス	山腹の傾斜変換線(帯)の形成、崩壊の集中箇所	
	岩石の風化現象	変動地形(構造地形)	小起伏面縁辺部
	粘土鉱物	変動地形(構造地形)	
地形学	一般山地の微地形	傾斜変換線(帯)	有田川、南山城災害(1953) 神流川土砂災害(1910)
		断層地形 断層破砕帯の微地形	神通川流域、釜無川流域その他多数
	氷河・周氷河地形	(第四紀学の欄参照)	
	火山地形	(火山学の欄参照)	
	土砂氾濫、堆積に関わる微地形	扇状地のインターセクションポイントと土砂氾濫	タイプI：野尻川・大沢川 タイプII：新潟県大日原扇状地土砂氾濫(1965)、岩木山南麓土砂氾濫(1975) タイプIII：竜西扇状地
		扇状地の開析幅と蛇行のパターン 流路工幅、流路工法線	吉野左支川、天竜川右支川(三田切川)、立谷沢川、白雪川等
火山学	テフロクロノジー	地形発達史の解析	日光大谷川流域
		生産・堆積土砂量の推定	日光大谷川紡錘形扇状地の堆積構造
	火山地形	被侵食性による分類	火山山麓扇状地の堆積構造
		マグマの活動による分類	
	火山活動史	火砕流、火砕降下堆積物の分布範囲、時期等の把握	活火山対策砂防 (十勝岳、焼岳、桜島、雲仙等)
第四紀学	古気候	氷河地形 (モレーン、アウトウォッシュ)	
		周氷河地形 (古崖錐、高山性埋積谷)	鍋平、蒲田川の土砂供給、古崖錐の崩壊(1959小武川の土砂災害)
		クイッククレイ、ソープライククレイ	
	^{14}C年代測定	土砂移動履歴検討	
	テフロクロノジー	(火山学の欄参照)	
	火山活動史	(火山学の欄参照)	
	活断層	(地球物理学・地震学の欄参照)	
土壌学	森林土壌	森林立地斜面の安定性	
	古土壌、埋没土壌	土砂生産、土砂流出履歴検討	大谷川日光～今市間紡錘形扇状地の堆積履歴
		斜面の安定性(古期赤色土)	呉市警護屋のペディメントの安定性
	山砂利層(クサリ礫)	土砂生産	木曽川左支
	酸性土壌	植生活力度、植生回復等の検討	足尾山地
気候学	古気候	(第四紀学の欄参照)	
	降雨	ハード対策における降雨量 ソフト対策における E.L., W.L.	
	降雪	雪崩対策、雪崩による土砂生産、融雪期の地すべり等	
	植生気象	森林生態、植生	環境保全砂防
水文学	河川水文学	ハード対策における計画流量	
	地下水水文学	崩壊、地すべりの素因としての地下水の挙動	
		ソフト対策における C.L., W.L., E.L.	

表　砂防に関わる専門領域（2）

専門領域	砂防に関わる内容	砂防計画に関わる要素	事　例
地球化学	岩石の風化現象	風化作用と地形 深層崩壊と大規模崩壊	島根県赤川流域の花崗岩閃緑岩の深層風化と崩壊
	粘土鉱物	地すべり粘土	地すべりのすべり面 （第三紀層型地すべり）
	水の比抵抗	湧水の源	神通川外ヶ谷の湧水
地球物理学 地震学 地球電磁気学	地震の発生傾向 （時間的・空間的分布）	地震の履歴	関東地震に伴う丹沢山地の崩壊
	地殻変動、活断層	褶曲による山体の脆弱化	魚沼丘陵の地すべり
		活断層による扇状地の変形	善知鳥川扇状地
		地震時の巨大崩壊	鳶崩れ（1858）
		地震断層沿いの崩壊	伊豆半島沖地震の中木の崩壊（1974）
		深層風化	
	人工地震	弾性波探査による岩盤調査、基礎地盤調査	
	地磁気	残留地磁気による火砕流の同定	
	電磁波	地質構造	
考古学	遺跡、貝塚等の分布	堆積の時期、堆積物の分布、量	利根川右支吾妻川、浅間山の火砕流
		巨視的な土砂の流出量	福知山盆地の埋積
動植物生態学	植物	環境に見合う植物、汚染に強い樹種、土砂移動調節	裸岩地の復旧（足尾） 砂防樹林帯（富士山大沢扇状地） 渓畔林 環境条件の破壊に要注意
	動物	淡水魚、蛍	魚道、蛍の里、多自然型工法
林学 造園学	森林の生態	流出量の評価、根系の評価	
	森林の造成	林地保全、荒廃地復旧、山腹工事	
	流域管理	環境保全、修景、樹木の年輪（アテ）による堆積年代の推定	
土質力学	斜面崩壊、地すべり等の物理的解析	生産土砂量、地形変化のチェック	
	クイッククレイ	クイッククレイをすべり面とする緩勾配斜面の地すべり	北欧の地すべり
土砂水理学	流砂理論、土石流理論、河床変動理論など	流出土砂量、地形変化のシュミレーション	
構造力学	砂防施設の力学解析	透過型ダムの構造チェック	
材料学	施設の機能と工種	砂防ソイルセメント	
環境工学	渓流環境	動植物生態との関連	
	景観	砂防施設の周辺との調和	
	大気汚染、放射能汚染	山腹の禿赭地	煙害：足尾山地
	土壌汚染、放射能汚染	酸性土壌	
	開発	開発に伴う流出土砂量の変化	陶土：瀬戸地方 砂鉄：島根斐伊川 ゴルフ場、大規模宅開
集落地理学	扇状地・自然堤防の発達と集落の発生・分布	危険地のゾーニング等	浦川支平川扇状地上の集落の発達
GIS リモートセンシング	地形情報	巨視的にみた流域荒廃特性	足尾山地、その他
	植生情報	植生活性度等	
数値シミュレーション	土石流・火砕流シミュレーション	砂防施設の効果検証	
		土石流・火砕流警戒・避難システム	
統計学 あいまい工学	AHP法、ファジー法	危険度・優先度の評価	
IT技術	情報伝達システム		

最近のGIS、IT技術の発達は著しく、砂防調査に利用されているケースも多い。しかし、砂防技術者は、あくまで現場との対話、つまり、どこで、どの程度の土砂移動が、どのような様態で起きるのか、それによってどこにどのようなトラブルが発生するのか、それに対する対策は、といった内容の対話から最終のゴールを目指すというあり方で利活用すべきである。現場を離れては、渓流は何も語りかけてくれない。

とはいえ、私は本書で、さらに大縮尺空中写真で確かめる必要ありと認めながら実行していない事例、現地を歩かないで分帯もする等、作業のいきさつ上とはいえ、無責任な所業が多く、この点お詫びしたい。

4. 情報の伝達に工夫が必要

微地形分類図は、流域計画検討の基礎資料として常時利用されるべきはずのものである。しかし、これが2～3年でお蔵入りしてしまっている例が極めて多い。その理由の一つは、微地形分類図が利用者側のニーズに合わないからである。情報提供者側の情報（微地形分類図）が客観的に自負し、評価されるべき内容であるにもかかわらず、これがそのまま受領者側に受け入れられることとは限らない。それは提供内容が専門的で、表現にも専門用語が使われていて、内容を早速に理解し、利用することができないからである。

受領者側が欲しいのは、いつどこでどのような土砂移動現象が起こり、それがどのようなトラブルを起こすかという極めて直截的な情報である。情報提供者側は、微地形分類図やこれをもとに検討した土砂移動危険度マップなどを日常的な言葉に翻訳し、さらにヘリコプターから撮影した斜写真（動画）などを駆使して説明するなど、情報を伝達する方法を考えなければならない。同時に、当然のことながら情報受領者側の勉強が大事である。そのための手立てについても工夫して実行される必要がある。

5. 判読の視野を広げる

2012（平成24）年、全国地質調査業協会連合会が「第1回応用地形判読士資格検定試験」を行った。これは「地形と地形判読に関する知識を身につけ、"防災・減災"に役立てる人材を広く育成する」ことを創設目的の一つとしている。この人材を育てるための方策として、縦割り行政の枠内ではなく、内閣府の自然災害に関する防災基本計画の中などで、例えば高度な空中写真判読士を養成するための組織づくりが望まれる。

筆者はかつて、直轄砂防事務所職員やキャンプ砂防に参加した学生たち（空

写真1　ステレオミラービューワで立体視しながら説明を聞く。

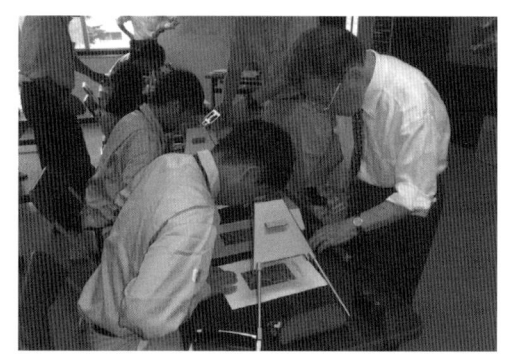

写真2　講師が説明した箇所を反射実体鏡で確認している

中写真の立体視は初めてという方が過半）を対象に、空中写真判読実習をしたことがあった。写真1、写真2は2012年キャンプ砂防in月山で参加した学生、事務所の技術職員の方々に空中写真の判読に馴染んで頂くための講話をしているところである。研修生の机上に反射実体鏡または簡易実体鏡、研修用写真（簡易実体鏡用にはステレオ・ペア写真）、ステレオミラービューワを準備し、ステレオミラービューワで正面スクリーンのステレオ写真による講師の説明を聞き、これと同じ机上の写真を実体鏡で眺めるというもので、小人数でたっぷり時間をかけて行った。何しろ初めて体験することだったので、皆さん大変興味を持って実習された。これも一つの方法であろう。こうした内容の研修もあってもよいのではないかと思う。空中写真判読士の世界が急速に発達することを期待する。

おわりに

　おわりに当たり、今日まで全面的に応援してくださった旧建設省、国土交通省、県砂防の方々をはじめ、武居有恒先生、町田洋先生、故貝塚爽平先生、一般社団法人全国治水砂防協会、特に大久保駿氏、一般財団法人砂防・地すべり技術センター、一般財団法人砂防フロンティア整備推進機構の方々、特に田畑茂清氏、井上公夫氏には、前著の発刊にご協力いただいて以来、今日までのご支援・ご鞭撻に厚く御礼申し上げます。また、空中写真の使用にあたり快くご許可いただいた国土地理院、林野庁、宮崎県、独立行政法人防災科学技術研究所などの官公庁、同じく朝日航洋株式会社、アジア航測株式会社、国際航業株式会社、中日本航空株式会社、株式会社パスコの諸会社、および鈴木雅一先生に厚く御礼申し上げます。それに砂防エンジニアリング株式会社の故半田博幸社長はじめ会社の方々に感謝いたします。特に山中和子さんには、長年の間、細部にわたりご協力いただき厚く御礼申し上げます。最後に、鹿島出版会の橋口聖一様の一方ならぬご協力とご支援に感謝いたします。

　この小著を、ローム斜面崩壊実験事故犠牲者の霊に捧げます。

2014 年 1 月

大石 道夫

著者略歴

大石 道夫（おおいし みちお）

1952 年	京都大学 農学部 農林工学科 卒業
1959 年	建設省 利根川水系砂防工事事務所 調査課長 （土木研究所 河川部 併任）
1961 年	建設省 富士川砂防工事事務所 工務課長
1962 年	建設省 神通川水系砂防工事事務所長
1964 年	建設省 日光砂防工事事務所長
1965 年	科学技術庁 国立防災科学技術センター 地表変動防災研究室長を経て、流動研究官
1985 年	日本サーベイ株式会社 専務取締役
1987 年	日本工営株式会社 非常勤顧問
1990 年	砂防エンジニアリング株式会社設立 代表取締役社長、代表取締役会長、 取締役会長、最高顧問を経て、
現　在	砂防エンジニアリング株式会社 顧問（非常勤） 農学博士（京都大学）

主な著書
『目でみる山地防災のための微地形判読』鹿島出版会
『写真と図で見る地形学』東京大学出版会（共著）

微地形砂防の実際
微地形判読から砂防計画まで

2014 年 2 月 20 日　第 1 刷発行

著　者　大　石　道　夫

発行者　坪　内　文　生

発行所　鹿　島　出　版　会
104-0028　東京都中央区八重洲 2 丁目 5 番 14 号
Tel. 03(6202)5200　振替 00160-2-180883

無落丁・乱丁本はお取替えいたします。
本書の無断複製(コピー)は著作権法上での例外を除き禁じられています。また、代行業者等に依頼してスキャンやデジタル化することは、たとえ個人や家庭内の利用を目的とする場合でも著作権法違反です。

装幀：西野 洋　　DTP：エムツークリエイト
印刷・製本：三美印刷
© michio OOISHI. 2014
ISBN 978-4-306-02457-1　C3052　　Printed in Japan

本書の内容に関するご意見・ご感想は下記までお寄せください。
URL：http://www.kajima-publishing.co.jp
E-mail：info@kajima-publishing.co.jp